U0251590

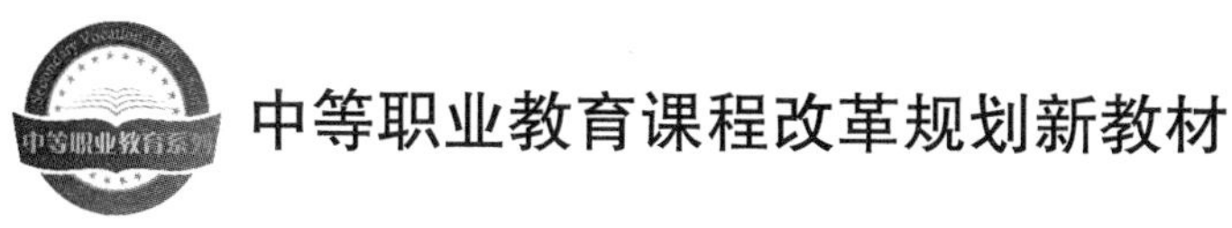

JISUANJI YINGYONG JICHU

XIANGMUSHI JIAOCHENG WINDOWS7+OFFICE2010

计算机应用基础

项目式教程

Windows7+Office2010

主　编／陈升权　林　腾

副主编／黄志宏　彭　舟　黄志鹏

龙锦才　陈群娣

编　委／王玉蓉　徐慧琴　李钱粮

周红珍

四川大学出版社

·成　都·

责任编辑:梁　平
责任校对:秦　妍
封面设计:原谋设计工作室
责任印制:王　炜

图书在版编目(CIP)数据

计算机应用基础项目式教程：Windows 7+Office 2010 / 陈升权，林腾主编. —成都：四川大学出版社，2014.9（2023.8 重印）
ISBN 978-7-5614-7998-8

Ⅰ.①计… Ⅱ.①陈… ②林… Ⅲ.①Windows 操作系统-中等专业学校-教材②办公自动化-应用软件-中等专业学校-教材 Ⅳ.①TP316.7②TP317.1

中国版本图书馆 CIP 数据核字（2014）第 207693 号

书名　**计算机应用基础项目式教程:Windows 7+Office 2010**

主　　编　陈升权　林　腾
出　　版　四川大学出版社
地　　址　成都市一环路南一段 24 号 (610065)
发　　行　四川大学出版社
书　　号　ISBN 978-7-5614-7998-8
印　　刷　四川五洲彩印有限责任公司
成品尺寸　185 mm×260 mm
印　　张　14
字　　数　335 千字
版　　次　2014 年 9 月第 1 版
印　　次　2023 年 8 月第 4 次印刷
定　　价　34.80 元

◆读者邮购本书,请与本社发行科联系。
电话:(028)85408408/(028)85401670/
(028)85408023　邮政编码:610065
◆本社图书如有印装质量问题,请寄回出版社调换。
◆网址:http://press.scu.edu.cn

前　言

21 世纪是以信息技术和生物技术为核心的世纪。信息技术对人类社会全方位的渗透，使许多领域的面貌焕然一新，而且正在形成一种新的文化形态——信息时代的计算机文化。

计算机文化的普及、计算机应用技术的推广，使得人们掌握新知识、新技能的渴望也在不断增强。在当今社会，掌握计算机的基本知识和常用操作方法不仅是人们立足社会的必要条件，更是人们工作、学习和娱乐中不可缺少的技能。为了适应社会改革发展的需要，为了满足中等职业学校计算机应用教学的要求，我们组织编写了这本教材。

本书编者是在教学一线从事多年计算机基础课程教学和教育研究的教师，在编写过程中，编者将长期积累的教学经验和体会融入知识系统的各个部分，采用项目化教学的理念设计课程标准并组织全书内容。

本书结合目前计算机及信息技术发展的现状，以中职学生信息素质的培养为切入点，精心设置课程内容，突出项目教学的特点。书中的案例与学生的学习、生活或就业密切相关，涵盖了 Windows 7 操作系统、网络和 Internet 应用、Word 2010 文字处理软件、Excel 2010 电子表格软件、PowerPoint 2010 演示文稿制作软件等模块。每个模块都精心选择了一些针对性、实用性较强的实例，并将知识点融汇于各个实例中，通过这些实例完成相应的工作任务。

全书共分为六个教学模块，每个模块又分为若干个工作项目，每项目有不同的工作任务。模块一介绍常用的输入法，模块二介绍了 Windows 7 的基本概念及操作，模块三介绍了 Word 2010 的应用，模块四介绍了 Excel 2010 的应用，模块五介绍了 Powerpoint 2010 的应用，模块六介绍了计算机的基础知识和操作技能。

该书可作为中、高职学校计算机应用基础教材，也可作为各中、高职学校计算机等级一级考证的参考资料。

本书由陈升权、林腾老师担任主编，由黄志鹏、龙锦才、陈群娣老师担任副主编；其中，模块一由林腾老师编写，模块二、三由陈升权老师编写，模块四、五由黄志鹏老师编写，模块六由龙锦才、陈群娣老师共同编写，全书由陈升权、陈群娣负责统稿、核稿。

本书编写过程中，参考了一些老师的文献，在此表示感谢！由于作者水平有限，加上时间仓促，本书还存在不足之处，欢迎广大读者批评指正。

编　者

2014 年 8 月

目　　录

模块一　输入法

输入法是指为将各种符号输入计算机或其他设备（如手机）而采用的编码方法。不同语言、国家或地区，有多种不同的输入法。在中国，为了将汉字输入计算机或手机等电子设备则需要中文输入法。汉字输入的编码方法，基本上都是采用将音、形、义与特定的键相联系，再根据不同汉字进行组合来完成汉字的输入的。中文输入法编码可分为几类：音码、形码、音形码、无理码等。广泛使用的中文输入法有数字（鼠标）输入法、拼音输入法、五笔字型输入法、二笔输入法、郑码输入法等。

五笔字型输入法（简称五笔）：王永民在 1983 年 8 月发明的一种汉字输入法。因为发明人姓王，所以该输入法也称为“王码五笔”。五笔字型完全依据笔画和字形特征对汉字进行编码，是典型的形码输入法。五笔是目前中国以及一些东南亚国家如新加坡、马来西亚等国最常用的汉字输入法之一。五笔相比于拼音输入法具有低重码率的特点，熟练后可快速输入汉字。五笔字型自 1983 年诞生以来，先后推出三个版本：86 五笔、98 五笔和新世纪五笔。

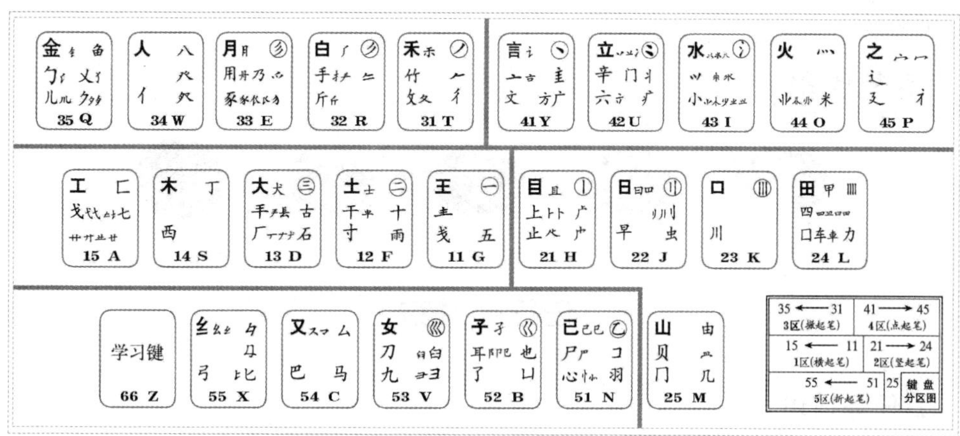

紫光拼音输入法：一个完全面向用户的，基于汉语拼音的中文字、词及短语输入法。提供全拼和双拼功能，并可以使用拼音的不完整输入（简拼）。双拼输入时可以实时提示双拼编码信息，无须记忆。大容量精选词库收录了 8 万多条常用词、短语、地名、人名以及数字，优先显示常用字词，而字词的使用频度（词频）则从一亿七千万字语料中统计而来。支持 GBK 大字符集。智能组词能力：对于词库中没有的词或短语，紫光拼音输入法可以搜寻相关的字和词，帮您组成所需的词或短语。组词算法同样以一亿七千万字语料的统计信息为基础，组词速度快，准确率高。词和短语输入中的自学习能力：包括自动造词、动态调整词频、自动隐藏低频词。智能调整字序：可根据用户前一次的输入情况，动态调整汉字的优先选择顺序。紫光拼音输入法的前身是李国华设计的考拉拼音输入法。

项目　五笔字型 86 版输入法

本项目以计算机中文输入为主，重点学习 86 版五笔输入法。20 课时。

知识目标

键盘的认识。

键位练习。

英文打字。

中文打字。

实施步骤

任务一　指法

任务描述

想提高输入速度，盲打是必须要掌握的技能。那么指法的熟练与否就成了能否掌握盲打的关键。6 课时。

任务分析

通过任务，要求掌握正确的指法；并掌握常用符号的使用。

📖知识链接

一、指法

指法是练就盲打必须掌握的基本技巧。

二、键盘功能

键盘功能如图 1—1—1—1 和表 1—1—1—1 所示。

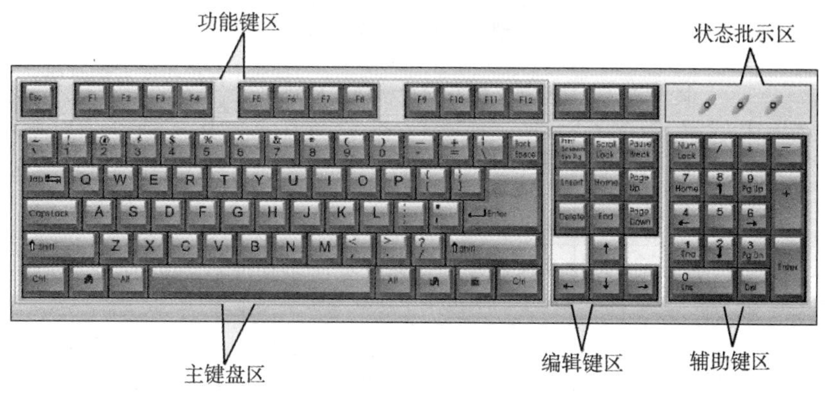

图 1—1—1—1

表 1—1—1—1

按键符号	按键名称	按键功能	操作方法
Shift	上档键 （或转换键）	控制输入双字符键的上位字符，控制临时输入英文字母的切换大小写字符	按下 Shift 不放，按下双字符键； 按下 Shift 不放，同时按下字母键
Caps Lock	大小写开关键	字母大小写输入的开关键	按下，对应指示灯亮，输入大写字母；指示灯灭则输入字母小写
Num Lock	数字开关键	数字小键盘区，数字输入和编辑控制状态之间的开关键	按下，对应指示灯亮，输入数字；指示灯灭则输入剪辑键
A~Z	字母键	对应大小写英文字母	同 Shift，Caps Lock 组合输入大小写字母
0~9	数字键	对应十进制数字符号	通过主键盘上排或小键盘在数字输入模式输入
其他符号	符号键	对应除字母、数字外的各种符号	下档键直接输入，上档键配合 Shift 键输入
Ctrl	控制键	与其他键组合使用，能够完成一些特定的控制功能	按下 Ctrl 键不放，再按下其他键

续表1－1－1－1

按键符号	按键名称	按键功能	操作方法
Alt	转换键	与其他键组合用时产生一种转换状态； Alt与数字小键盘组合输入	按下Alt不放，再按下其他键； 按下Alt不放，在数字小键盘数字状态下输入
空白键	空格键	输入空格	直接按键
Enter	回车键	启动执行命令或产生换行	在主键盘或小键盘处直接按键
Backspace	退格键	光标向左退回一个字符位，同时删掉位置上原有字符	直接按键
Tab	制表键	控制光标右向跳格或左向跳格	直接按键右向跳格； 按下Shift后，按键左向跳格
	Windows键	快速打开Windows的开始菜单或同其他键组合成Windows系统的快捷键	直接按键或者按下Windows键不放开，按下组合键
	应用程序键	快速启动操作系统或应用程序中的快捷菜单或其他菜单	直接按键，弹出快捷菜单
Insert	插入/改写键	在编辑文本时，切换编辑模式。插入模式时输入追加到正文，改写模式输入替换正文	按键后在两种模式间切换，在编辑区或数字小键盘处于编辑键模式下按Insert键
Delete	删除键	删除光标位置上的一个字符，右边的所有字符各左移一格	直接按键
Home	行首键	控制光标回到行首位置	直接按键，在编辑区或数字小键盘中编辑键模式下按键
End	行尾键	控制光标回到行尾位置	
PgUp	前翻页键	屏幕显示内容上翻一页	
PgDn	后翻页键	屏幕显示内容下翻一页	
↑	光标上移键	光标上移一行	直接按键，在编辑区或数字小键盘中编辑键模式下按键
↓	光标下移键	光标下移一行	
←	光标左移键	光标左移一字符	
→	光标右移键	光标右移一字符	
F1～F12	功能键	用于同应用软件的功能相挂接	直接按键
Esc	取消键	退出或放弃操作	直接按键
Print Screen	屏幕硬拷贝键	DOS环境，打印整个屏幕信息； Windows环境，将整个屏幕的显示作为图形存入剪贴板； 同Alt组合，拷贝当前窗口显示作为图形存入剪贴板	DOS环境直接按键； Windows环境直接按键； 按下Alt不放，再按下Print Screen键。
Pause/Break	暂停键	用于暂停程序执行或暂停屏幕输出	直接按键

续表1—1—1—1

按键符号	按键名称	按键功能	操作方法
[icon]	唤醒键	使 Windows 从睡眠状态启动起来	直接按键
Z^Z	睡眠键	使 Windows 进入睡眠状态	直接按键
[icon]	关机键	向 Windows 发出关机命令	直接按键

🕮任务实施

一、基准键位

基准键位如图 1—1—1—2 所示。

图 1—1—1—2

二、分管区域

分管区域如图 1—1—1—3 所示。

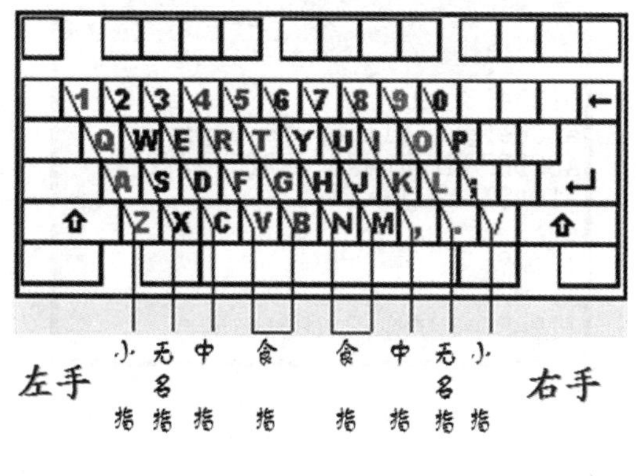

图 1—1—1—3

三、常用符号

1. 双字符键。

下方字符：直接单击。

上方字符：Shift + 该键。

2. 中/英文标点符号及半/全角。

通过观察状态条，为中文标点符号，为英文标点符号，为半角，为全角。

在以上四种状态下录入的字符和符号会有所不同，请同学们注意区分。

四、注意事项

1. 基准键要准确，击打的时候要复位；
2. 有意识慢慢地记忆键盘各个字符的位置，逐步养成不看键盘的输入习惯；
3. 进行打字练习时必须集中注意力，做到手、脑、眼协调一致，尽量避免边看原稿边看键盘，这样容易分散记忆力；
4. 初级阶段的练习不要盲目追求速度，要保证输入的准确性。

操作与提高

一、在记事本中练习输入中西文字字符

如图 1—1—1—4 所示进行输入，并且能对输入的内容进行修改和删除操作。

图 1—1—1—4

二、练习英语文章

The same lethargy, I am afraid, characterizes the use of our faculties and senses. Only the deaf appreciate hearing, only the blind realize the manifold blessings that lie in sight. Particularly does this observation apply to those who have lost sight and hearing in adultlife. But those who have never suffered impairment of sight or hearing seldom make the fullest use of these blessed faculties.

任务二　认识汉字

🕮任务描述

要学会五笔字型输入法，首先要了解汉字的组成以及它的书写方式，本任务主要介绍汉字的书写规则和汉字的组成。2 课时。

🕮任务分析

认识汉字，了解汉字的构成、拆分。

🕮知识链接

一、汉字笔画

汉字笔画如表 1—1—2—1 所示。

表 1—1—2—1

代号	笔画名称	运笔方向	笔画示例
1 区	横	从左到右	一
2 区	竖	从上到下	丨
3 区	撇	从右上到左下	丿
4 区	捺	从左上到右下	丶
5 区	折	带弯折	乙

横：运笔方向从左到右，提笔也属于横（现、场、特、冲）。
竖：运笔方向从上到下，左竖钩也属于竖（了、才、利）。
撇：运笔方向从右上到左下（川、毛、人）。
捺：运笔方向从左上到右下，点也属于捺（学、家、心）。
折：所有带转折的笔画（除左竖钩外）。

二、汉字的组成

汉字的组成如图 1—1—2—1 所示。

在五笔字型输入编码方案中，把由基本笔画组成的相对不变的结构（偏旁、部首）称字根。五笔字型精选了 130 多个常用字根为基本字根，它们是组成汉字的基本单位。

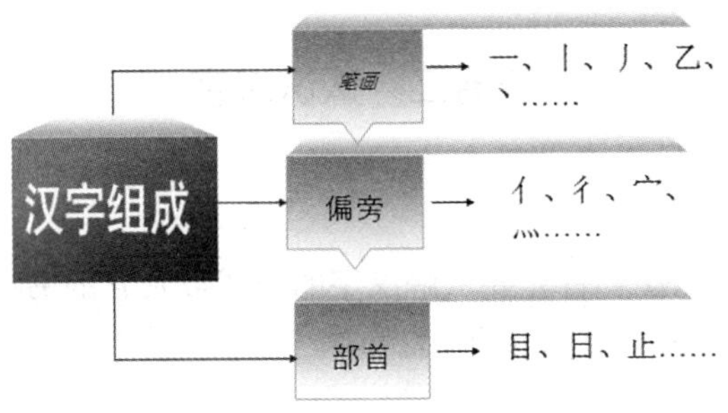

图 1—1—2—1

三、字根的分布

字根在键盘上分 5 个区（如图 1—1—2—2 所示），每个区按“横、竖、撇、捺、折”顺序以 1、2、3、4、5 作为区号，五区共占 25 个位，区号为首笔，位号为次笔。

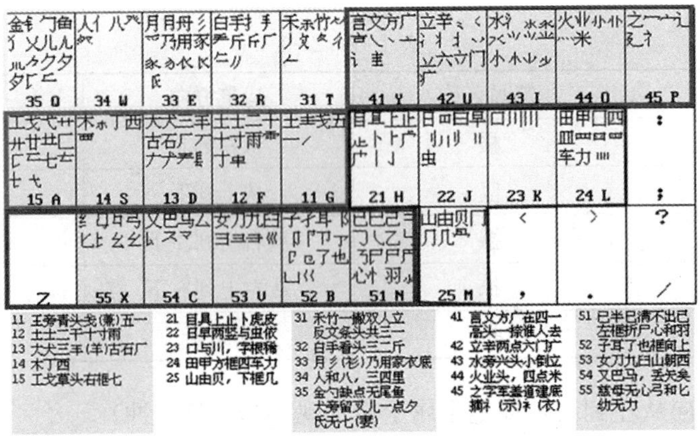

图 1—1—2—2

四、字根的分布规律

字根首笔笔画代号与所在区号一致（分区原则）。

部分字根的第二笔代号与其位号保持一致：王、石、白、文、之。

部分字根的单笔画数目与其位号保持一致：

一个点在 41 上，两个点在 42 上，

三个点在 43 上，四个点在 44 上。

一般相似的字根放在一起。

🕮任务实施

打开“金山打字通”软件，进入“五笔打字”，选择“字根练习”，按照界面提示，反复练习并默记字根，以期达到一定的熟练程度。

任务三　汉字的输入

📖任务描述

小丽要去某档案公司做文职工作，公司要求：虽不是要专职文档录入员，但中文输入速度要达到每分钟 30 字。4 课时。

📖任务目标

掌握非键面字的拆分与输入。

📖任务实施

一级简码：一级简码又称高频字，共 25 个。

一（G）地（F）在（D）要（S）工（A）

上（H）是（J）中（K）国（L）同（M）

和（T）的（R）有（E）人（W）我（Q）

主（Y）产（U）不（I）为（O）这（P）

民（N）了（B）发（V）以（C）经（X）

取码规则：字根对应键+空格键。

如：

我=Q+空格

地=F+空格

发=V+空格

键名字如图 1-1-3-1 所示。

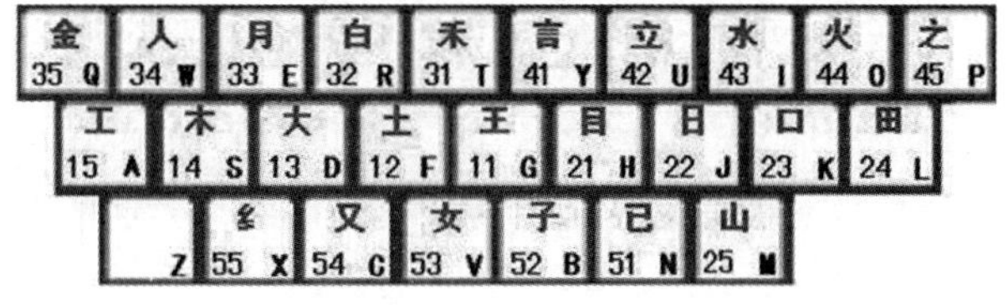

图 1-1-3-1

每个键左上角的字根（共有 25 个）：

王土大木工目日口田山禾白月人金言立水火之已子女又纟

取码规则：字根对应的键击四下。

如：

G+G+G+G=王

Y+Y+Y+Y=言

H+H+H+H=目

成字字根汉字：

1. 定义：除 25 个键名字外，还有几十个字根本身可单独作为汉字，称为成字根汉字。

2．取码规则：键名＋首笔代码＋次笔代码＋末笔代码。

其中首笔码、次笔码、末笔码是指单笔画所在的键：横 G、竖 H、撇 T、捺 Y、折 N。当成字根只有两笔时，只有三码，最后需补一空格键。

例：

五：GGHG　　力：LTN〖空格〗

雨：FGHY　　早：JHNH

3．五种单笔画的输入：五种单笔画为“一”“丨”“丿”“丶”“乙”，连击两下笔画所在键＋LL。

例：“丿”TTLL

操作与提高

一、字根练习

打开“金山打字通”软件，进入“五笔打字”，选择“字根练习”，按照界面提示（如图 1－1－3－2 所示），反复练习并默记字根，以期达到一定的熟练程度。

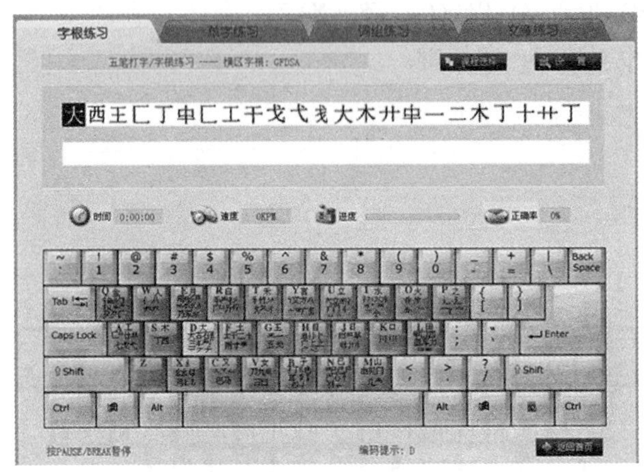

图 1－1－3－2

三、单字练习

打开“金山打字通”软件，进入“五笔打字”，自由输入，分别输入一级简码、成字根和键名字，内容如下：

一级简码：

我人有的和主产不为这工要在地一上是中国经以发了民同

键名字：

王土大木工目日口田山禾白月人金言立水火之已子女又纟

成字根：

一五戋，士二干十寸雨，犬三古石厂，丁西，戈弋廿七，卜上止丨，刂早虫，川，甲口四皿力，由贝冂几，竹夂攵彳丿，手扌斤，彡乃用豕，亻八癶，钅勹儿夕，讠文方

广亠丶，辛六疒门冫，氵小，火灬米，辶廴冖宀，巳已己心忄羽乙，孑耳阝，卩了也凵，，刀九臼彐，厶巴马幺弓匕

任务四　非键面字

📖任务目标

掌握识别码的输入。

📖知识链接

汉字的输入如图 1—1—4—1 所示。

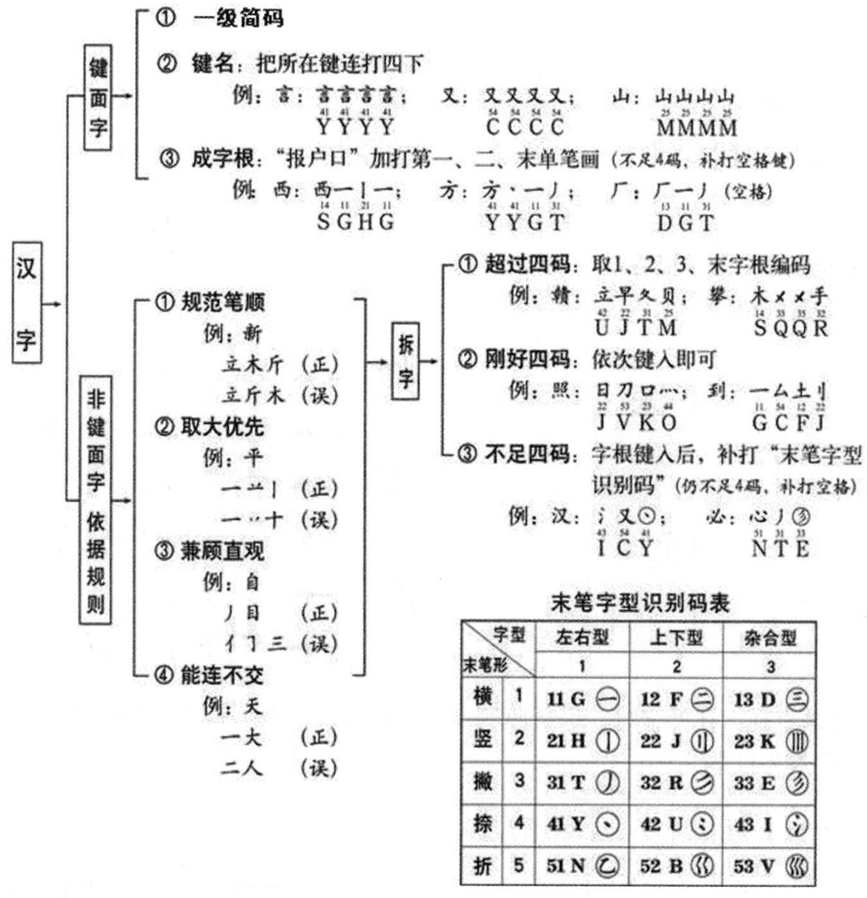

末笔字型识别码表

字型 / 末笔形		左右型 1	上下型 2	杂合型 3
横	1	11 G	12 F	13 D
竖	2	21 H	22 J	23 K
撇	3	31 T	32 R	33 E
捺	4	41 Y	42 U	43 I
折	5	51 N	52 B	53 V

图 1—1—4—1

📖任务实施

非键面字是指除键名汉字和成字字根汉字之外的汉字，也就是键面上没有的字，通称键外字。

1. 超过四个字根：按书写顺序取一、二、三、末四个码。

例如：缩（XPWJ）　　室（PWGF）　　赢（YNKY）

缩=缩+缩+缩+缩+缩

2. 刚好够四个字根：按书写顺序依次取码。

例如：毅（UEMC）　　掩（RDJN）　　野（JFCB）

毅=毅+毅+毅+毅

3. 不足四码时，字根码按顺序输完后要追加识别码，仍不够四个码则需加空格键。

一、汉字的拆分原则

1. 书写顺序：从左到右，从上到下，从外到内。

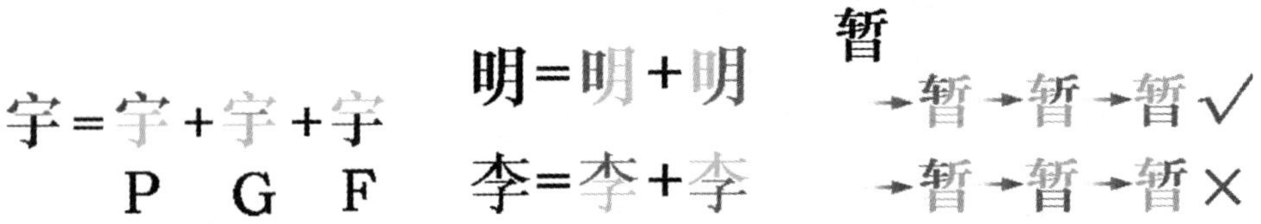

宇=宇+宇+宇
P　G　F

明=明+明
李=李+李

暂
→暂→暂→暂√
→暂→暂→暂×

2. 取大优先：指的是在各种可能的拆法中，保证按书写顺序拆分出尽可能大的字根，以保证拆分出的字根数最少。

例：除适判草产

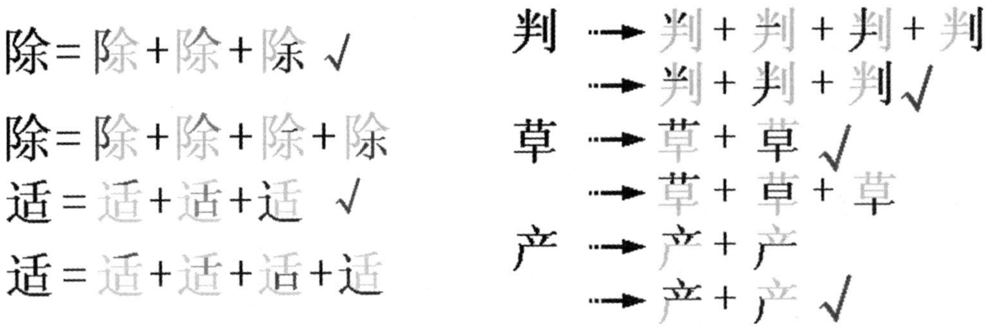

除=除+除+除 √
除=除+除+除+除
适=适+适+适 √
适=适+适+适+适

判 →判+判+判+判
→判+判+判√
草 →草+草√
→草+草+草
产 →产+产
→产+产 √

3. 兼顾直观：在拆字时，尽量照顾字的直观性，一个笔画不能分割在两个字根中。

例：甩卡久自丰

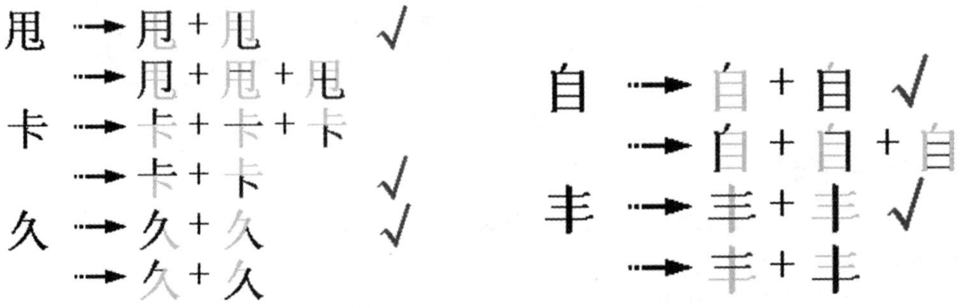

甩 →甩+甩 √
→甩+甩+甩
卡 →卡+卡+卡
→卡+卡 √
久 →久+久 √
→久+久

自 →自+自 √
→自+自+自
丰 →丰+丰 √
→丰+丰

4. 能连不交与能散不连：如果字可以拆成几个字根散的结构，就不要拆成连的结

构。同样，能按连的结构拆分，就不要按交的结构拆分。

例：于开午牛

于 → 于 + 于 √
→ 于 + 于

开 → 开 + 开 √
→ 开 + 开

午 → 午 + 午 √
→ 午 + 午

牛 → 牛 + 牛 √
→ 牛 + 牛

二、识别码

识别码是由“末笔”代号加“字型”代号构成的一个附加码。

1. 汉字字型：相当于一个十位数，“末笔”代号为“十位数”，“字型”代号为“个位数”，如表 1—1—4—1 所示。

表 1—1—4—1

字型代号	字型	字例
1	左右	相、怕、始
2	上下	支、需、想
3	杂合	国、凶、这、局、乘、本、年、天、果

2. 识别码：单字输入时，若不足四码，就需要追加识别码。其结构如表 1—1—4—2 所示。

表 1—1—4—2

字型结构 / 末笔画		左右型	上下型	杂合型
		1	2	3
横	1	11　G	12　F	13　D
竖	2	21　H	22　J	23　K
撇	3	31　T	32　R	33　E
捺	4	41　Y	42　U	43　I
折	5	51　N	52　B	53　V

例：

冰＝ 冫水捺的左右结构　　华＝ 亻匕十竖的上下结构

冰＝ U　I　Y　　华＝ W　X　F　F

同＝ 冂一口横的杂合结构

同＝ M　G　K　D

识别码＝末笔代码（区）＋字型代码（位），如表 1—4—3 所示。

表 1—1—4—3

字	字根	字根码	末笔	代码（区）	字型	代码（位）	识别码	输入编码
苗	艹田	AL	一	1	上下	2	12 F	ALF
析	木斤	SR	丨	2	左右	1	21 H	SRH
灭	一火	GO	丶	4	杂合	3	43 I	GOI
未	二小	FI	丶	4	杂合	3	43 I	FII
迫	白辶	RP	一	1	杂合	3	13 D	RPD

3. 词组。

（1）两字词组。

取码规则：取每个字的前两码字根。

例：热爱　汉语

热爱 → 热 → 热 → 爱 → 爱 RVEP

汉语 → 汉 → 汉 → 语 → 语 ICYG

再如：

机会：SMWF　上海：HHIT　艺术：ANSY

（2）三字词组。

取码规则：取前两字第 1 码+第 3 个字的前两码。

例：博物馆　计算机

博物馆 → 博 + 物 + 馆 + 馆 FTQN

计算机 → 计 + 算 + 机 + 机 YTSM

再如：

高中生：YKTG　邓小平：CIGU　公务员：WTKM

（3）四字词组和多字词组。

①四字词组：取每个汉字第一码。

例：操作系统

操作系统 → 操 + 作 + 系 + 统 RMTX

再如：

千钧一发：TQGN　一针见血：GQMT

培训中心：FYKN　社会主义：PWWY

②多字词组：取一、二、三、末字的第一码。

例：中华人民共和国

中华人民共和国

→ 中+华+人+国 KWWL

再如：

毛泽东思想：TIA S 百闻不如一见：DUGM

全国人民代表大会：WLWW

操作与提高

一、二级简码输入

打开记事本输入以下汉字，并以为两位学号及本人名字的文件名保存。

G 五于天末开下理事画现玫珠表珍列玉平不来与屯妻到互

F 二寺城霜载直是吉协南才垢圾夫无坟增示赫过志地雪支

D 三夺大厅左丰百右历成帮原胡春克太磁砂灰达成顾肆友龙

S 本村枯林械相查可楞机格析极检构术样档杰棕杨李要权楷

A 七革基苛式牙划或功贡攻匠菜共区芳燕东芝世节切芭药

H 睛睦盯虎止旧占卤贞睡肯具餐眩瞳步眯瞎卢眼皮此

J 量时晨果虹早昌蝇曙遇昨蝗明蛤晚景暗晃显晕电最归紧昆

K 呈叶顺呆呀中虽吕另员呼听吸只史嘛啼吵喧叫啊哪吧哟

L 车轩因困四辊加男轴力斩胃办罗罚较边思轨轻累

M 同财央朵曲由则崭册几贩骨内风凡赠峭迪岂邮凤

T 生行知条长处得各力向笔物秀答称入科秒管秘季委么第

R 后持拓打找年提扣押抽手折扔失换扩拉朱搂近所报扫反批

E 且肝肛胆肿肋肌用遥朋脸胸及胶膛爰甩服妥肥脂

W 全会估休代个介保佃仙作伯仍从你信们偿伙亿他分公化

Q 钱针然钉氏外旬名锣负儿铁角欠多久匀乐炙锭包凶争色

Y 主计庆订度让刘训为高放诉衣认义方说就变这记离良充率

U 闰半关亲并站间部曾商产瓣前闪交六立冰普帝决闻妆冯北

I 汪法尖洒江小浊澡渐没少泊肖兴光注洋水淡学沁池当汉涨

O 业灶类灯煤粘烛炽烟灿烽煌粗伙炮米料炒炎迷断籽娄烃

P 定守害宁宽寂审宫军宙客宾家空宛社实宵灾之官字安它

N 怀导居民收慢避惭届必怕愉懈心习悄屡忱忆敢恨怪尼

B 卫际承阿陈耻阳职阵出降孤阴队隐防联孙耿辽也子限取陛

V 姨寻姑杂毁旭如舅九奶婚妨嫌录灵巡刀好妇妈姆

C 对参戏台劝观矣牟能难允驻驼马邓艰双

X 线结顷红引旨强细纲张绵级给约纺弱纱继综纪弛绿经比

二、识别码练习

打开“金山打字通”软件，进入“五笔打字”，选择“单字练习”，按照表 1—1—4—4 所示拆解常用字，并追加识别码。

表 1—1—4—4

末笔字型识别码表

字型 末笔形		左右型	上下型	杂合型
		1	2	3
横	1	11 G (一)	12 F (二)	13 D (三)
竖	2	21 H (丨)	22 J (刂)	23 K (川)
撇	3	31 T (丿)	32 R (彡)	33 E (彡)
捺	4	41 Y (丶)	42 U (冫)	43 I (氵)
折	5	51 N (乙)	52 B (巛)	53 V (巛)

三、思考题

1. 汉字的末笔字型交叉识别码是由什么构成的？
2. 汉字的末笔字型交叉识别码有多少种？
3. 判断以下汉字的末笔字型交叉识别码：

岸、美、翔、走

头、户、元、岩

甘、码、丈、声、住

午、置、叱、卷、斗

模块二 Windows 7 操作系统

项目一 认识 Windows 7

本项目以 Windows 7 为平台，初步了解新一代操作系统 Windows 7，对自己的计算机进行个性化的设置。本项目推荐课时为 2 课时。

知识目标

学会 Windows 7 的开关机操作。

掌握系统桌面的操作。

掌握 Windows 7 的窗口操作。

了解开始菜单的应用。

实施步骤

任务一 初识 Windows 7

任务描述

本任务的主要工作是启动并登录 Windows 7 系统，认识桌面图标和任务栏，了解窗口、对话框及菜单的基本操作等。熟练掌握 Windows 7 的基本操作对学习其他软件的操作会有很大帮助。

任务分析

观察 Windows 7 桌面、任务栏、菜单、对话框、窗口等工作界面，并学会 Windows 7 的基本操作。

📖知识链接

一、桌面

启动 Windows 后，显示器的整个屏幕区域称为桌面。桌面由桌面图标、任务栏和桌面背景组成。

二、图标

Windows 桌面上的图标一部分是安装 Windows 后自动出现的，还有一部分是安装其他软件时自动添加的，双击图标一般可以打开相应的窗口。系统默认的图标有【我的电脑】、【我的文档】、【网上邻居】、【Internet Explorer】、【回收站】。如图2－1－1－1所示。

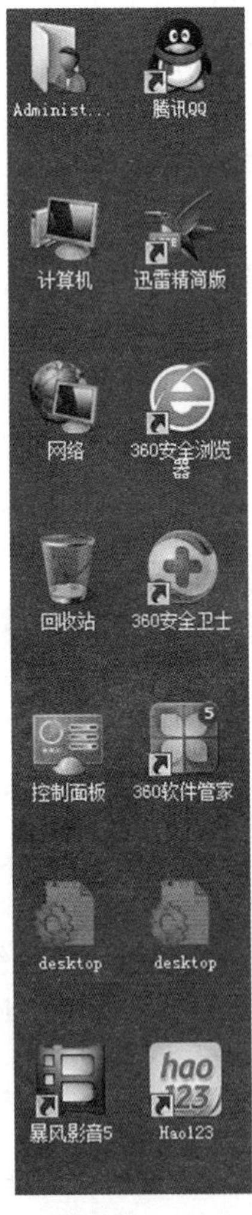

图 2－1－1－1

【我的电脑】：用来查看并管理计算机内的一切软、硬件资源程序。

【我的文档】：存放用户创建的文件，是系统默认的文档保存位置。

【网上邻居】：用来查看网络上其他的计算机。
【Internet Explorer】：启动网页浏览器。
【回收站】：用于存放被删除的文件。

三、任务栏的组成

任务栏由【开始】按钮、【快速启动栏】、【任务区域】、【系统托盘】等组成，如图2－1－1－2所示。

图 2－1－1－2

【快速启动栏】：放置着最常用的快捷方式，一般将自己常用的快捷方式添加到这里。
【任务区域】：正执行的任务所在的区域。
【系统托盘】：存放着系统在开机状态下常驻内存的一些程序。

四、窗口的组成

窗口的组成如图 2－1－1－3 所示。

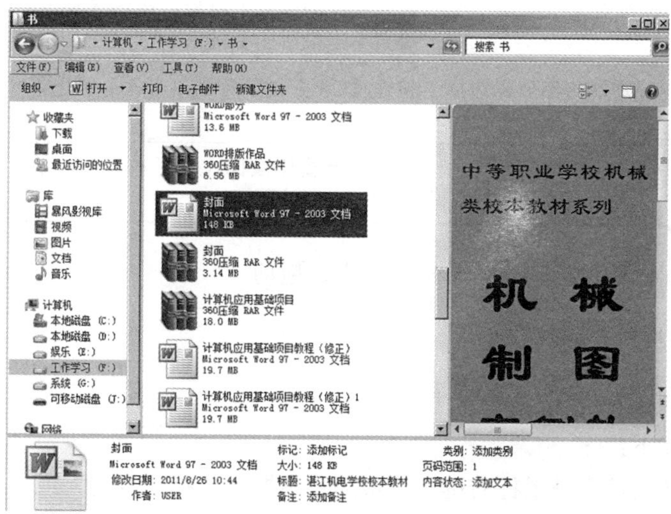

图 2－1－1－3

窗口的操作如图 2－1－1－4 所示。

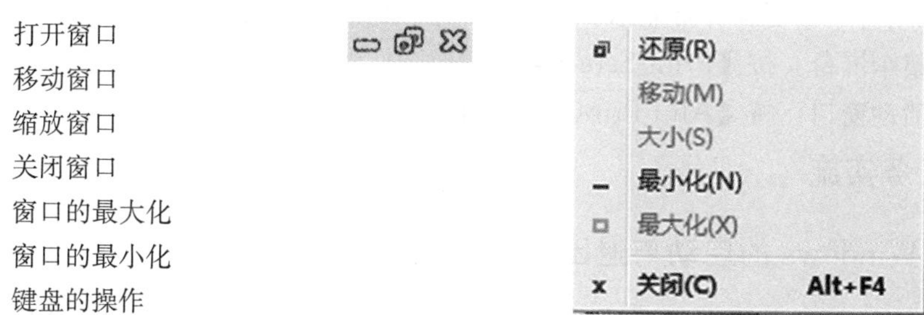

图 2－1－1－4

（1）“+”：表示按住前面的键不放，逐个按后面的键，如【Ctrl+C】表示先按住【Ctrl】键不放，再按字母键【C】，然后放开。

（2）“,”：表示先按下前面的键，释放后紧接着按后面的键，如【Ctrl】,【C】表示先按【Ctrl】，放开后再按【C】。

五、鼠标的操作

鼠标的操作如表 2−1−1−1 所示。

表 2−1−1−1

单击触发模式的操作	双击触发模式的操作	功能
指向对象	单击对象	选择对象
单击对象	双击对象	打开对象
右击对象	右击对象	打开该对象的快捷菜单
在空白区域按住左键拖动出一个包围多个连续对象的矩形区域，或按住【Shift】键，指向连续对象组的第一个和最后一个对象	在空白区域按住左键拖动出一个包围多个连续对象的矩形区域，或单击连续对象组的第一个对象，按住【Shift】键再单击最后一个对象	选择多个连续对象
按住【Ctrl】键，分别指向各个要选择的对象	按住【Ctrl】键，分别单击各个要选择的对象	选择多个不连续的对象
在对象上按住鼠标并移动鼠标到目的地，释放鼠标	在对象上按住鼠标左键并移动鼠标到目的地，释放鼠标	拖动指定对象

鼠标的基本操作包括定位、单击、双击、拖动。

六、剪贴板

1．利用剪贴板传递信息的方法。

操作步骤如下：

选择要传送的信息→鼠标右键→【快捷菜单】→选择“复制”或“剪切”命令。

将鼠标定位到目标区域需要插入信息的位置→鼠标右键→【快捷菜单】→选择“粘贴”。

2．利用剪贴板复制屏幕显示。

复制整个屏幕：按【Print Screen】键。

复制活动窗口：按【Alt+Print Screen】键。

🕮任务实施

一、Windows 的启动与退出

Windows 的启动：直接按下主机的电源键 POWER，计算机会启动 Windows，选择要登录账号即可进入系统桌面，如图 2−1−1−5（a）所示。

Windows 的退出：单击【开始】按钮→【关机】命令→选择关机的模式，如图 2－1－1－5（b）所示。

热启动（结束任务）的组合键：Ctrl+Alt+Del。

(a)

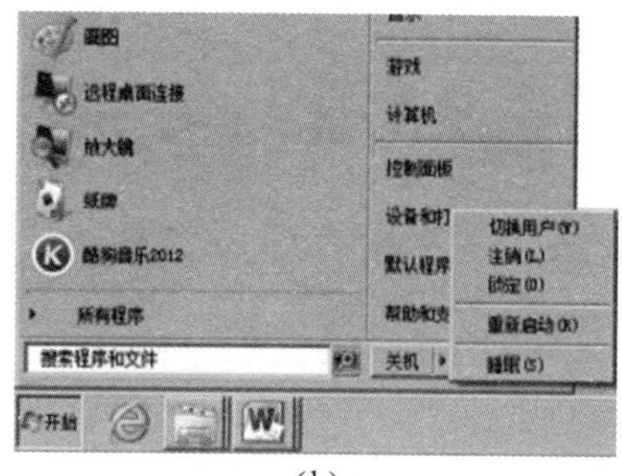

(b)

图 2－1－1－5

二、桌面图标的添加与删除

桌面→鼠标右键→【快捷菜单】→【个性化】选项→【个性化】对话框→【更改桌面图标】→【更改桌面图标】对话框。在“桌面图标”中“计算机”“用户的文件”“网络”前面的“□”中打“√”，然后单击“确定”，如图 2－1－1－6（a）所示，这时桌面上就可以看见新增加的“计算机”“网络”和“用户的文件”三个新的图标。

至于其他应用程序图标在桌面上的显示，在 Windows 7 的“桌面图标设置”中是找不到的。比如：我们要给 Word 程序在桌面上加快捷方式的图标，我们可以通过左键依次选择“开始”→“所有程序”→“Microsoft Office”→“Microsoft Word 2010”，然后右键单击，选择“发送到”→“桌面快捷方式”，如图 2－1－1－6（b）所示，这样在桌面上就会新增一个 Word 的快捷方式了。

三、窗口设置与操作

1. 窗口的打开：双击桌面上的任意图标均能打开与其对应的窗口。

2. 窗口的最大化、最小化和还原：

单击按钮——最大化窗口。

单击按钮——窗口缩小成任务栏上的一个程序窗口。

单击按钮——窗口恢复成最大化之前的大小，同时该按钮变成按钮。

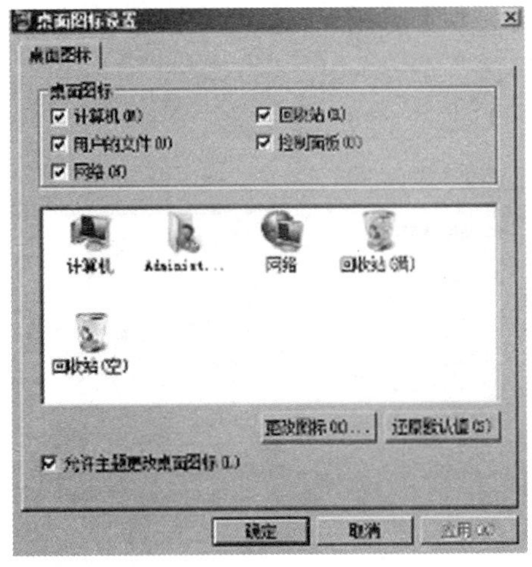

(a)

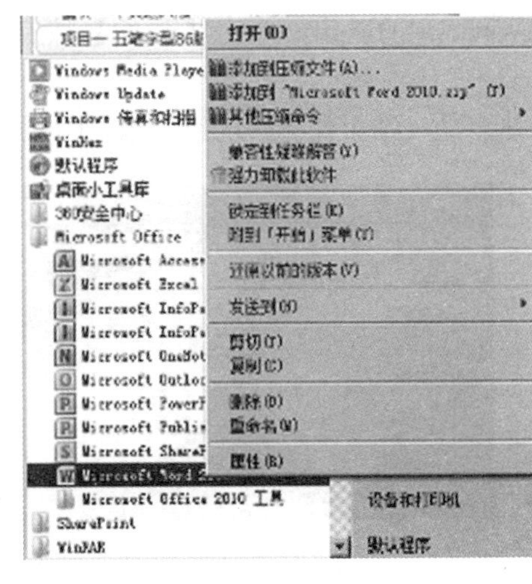

(b)

图 2-1-1-6

3. 窗口的移动：将鼠标指向窗口的标题栏，按住左键拖动，窗口随着鼠标的移动而移动。

4. 改变窗口的大小：把鼠标移至窗口的边缘，指针变成双向箭头↔，按住鼠标左键拖动可改变窗口大小。

5. 窗口的关闭：单击☒按钮。

6. 窗口的切换：

方法 1：单击任务栏上的程序按钮来实现程序间的切换。

方法 2：使用 Alt+Tab 键进行切换（按住 Alt 键不放，再通过按 Tab 键来选择不同的窗口）。

7. 窗口的排列：桌面上所有打开的窗口，可以采取层叠或平铺的方式进行排列，方法是在任务栏的空白处单击右键，在出现的图 2-1-1-7 所示的快捷菜单中选择排列方式。

图 2-1-1-7

四、“开始”菜单

“开始”菜单是计算机程序、文件夹和设置的主门户，一般在任务栏左端，可单击“开始”按钮或按下“ ”键，即可打开“开始”菜单。“开始”菜单如图 2-1-1-8 所示。

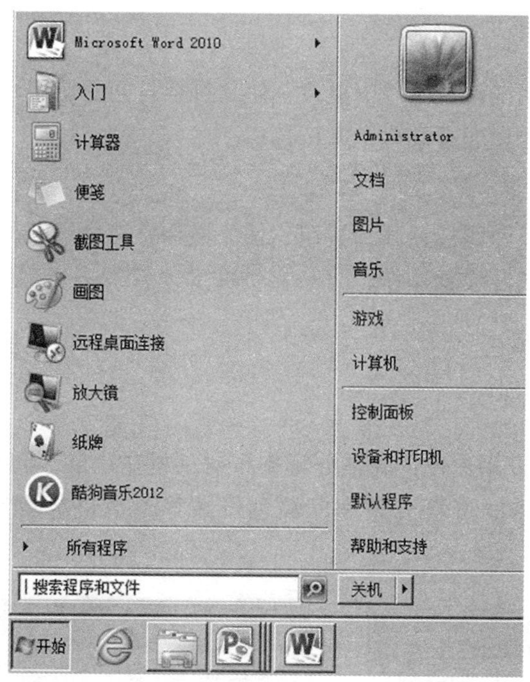

图 2-1-1-8

五、回收站

1. 从回收站将被删除的文件还原的方法：

双击回收站图标→选择需要还原的文件或文件夹（如图 2-1-1-9 所示）→单击工具栏中的“还原此项目”按钮，或者从右键菜单中选择“还原”命令。

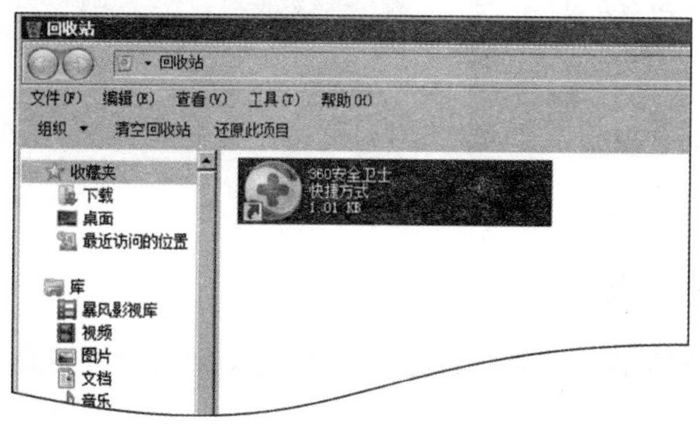

图 2-1-1-9

2. 要将回收站的内容真正从计算机中删除：

右击回收站图标→【快捷菜单－清空回收站】选项→弹出【回收站】窗口→清空回收站。

任务二　美化桌面

🕮任务描述

小王想把自己的系统设置做一下更改，使其符合自己的使用习惯，如桌面图案、背景、显示的颜色等，让桌面更具有个人特色！

🕮任务分析

桌面元素主要有桌面图标、开始按钮、任务栏和桌面背景等。要顺利完成任务，必须先熟悉各部分的组成及设置操作。

🕮知识链接

一、显示属性

在 Windows 7 中，用户在“调整分辨率”对话框中，除了可以设置显示器的刷新频率外，还能对显示器的屏幕分辨率、颜色位数等参数进行设置，如图 2－1－2－1 所示。

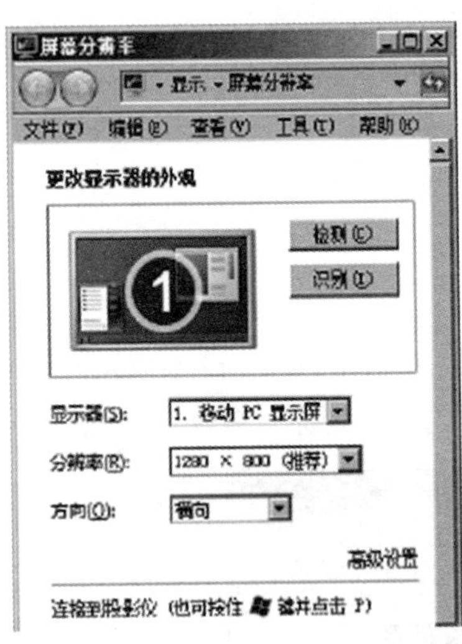

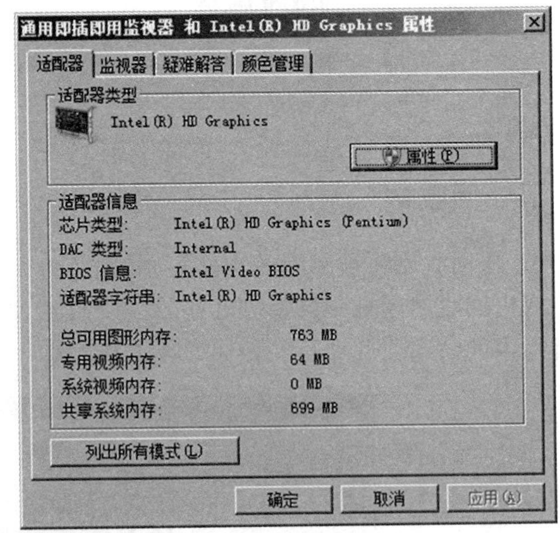

图 2－1－2－1

二、“个性化”对话框

在“个性化”对话框的“窗口颜色”选项卡中，可以设置桌面的外观，操作步骤如下：

1. 在“个性化”窗口中选择“Aero 主题”或“基本或高对比度主题”两种外观样

式之一，“Aero 主题”中的“Windows 7”样式是系统默认的外观样式，如图 2-1-2-2 所示。

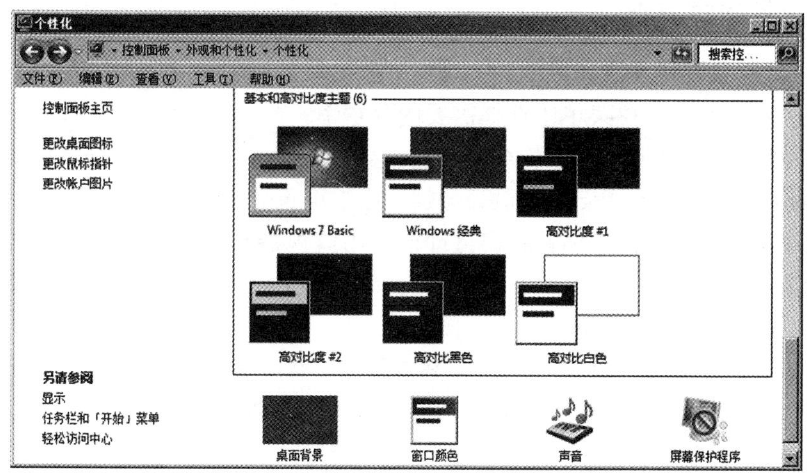

图 2-1-2-2

2. 在“窗口颜色和外观”窗口中选择自己想要选择的颜色，并且可以拖动“颜色浓度”右边的滑动按钮，单击保存修改完成设置。

3. 单击“高级外观设置”按钮，在“窗口颜色和外观”对话框中对桌面元素进行设置。

三、小工具库

在 Windows 7 中启用桌面小工具的方法：在桌面空白处单击右键，在菜单中选择“小工具”，即可打开桌面小工具库，如图 2-1-2-3 所示。

图 2-1-2-3

🕮任务实施

一、设置显示属性

桌面→鼠标右键→【快捷菜单】→【屏幕分辨率】选项→【屏幕分辨率】对话框。

1. 在“分辨率”下拉菜单中选择需要的分辨率。

分辨率越高，屏幕上的图像相对清晰些，显示的信息也越多。但分辨率与显示适配器有密切的关系，适配器能支持的最高分辨率影响屏幕分辨率。

2. 点击【高级设置】按钮，弹出【即插即用监视器】对话框，选择【监视器】选项卡。在“监视器设置”区域中的“屏幕刷新频率”下拉列表框中选择屏幕支持的较高刷新频率（如 60 赫兹），单击“确定”按钮。

3. 为计算机设置“三维文字”屏幕保护程序，文字为“欢迎使用中文版 Windows 7”，旋转类型为滚动，表面样式为纯色，旋转速度为较慢，字体为楷体，字形为粗体，倾斜，等待时间为 15 分钟。

屏幕保护是对显示器寿命和显示内容的一种保护措施。若用户在一定时间内没有操作计算机，系统启动“屏幕保护程序”，屏幕上显示一个背景为黑色的不断变化的图像，从而尽可能使显示器处于黑屏状态，既保护了屏幕，又增强了对工作内容的保密性。

二、桌面背景设置

【个性化】对话框→【桌面背景】→【选择桌面背景】窗口。

1. 设置系统默认的图片作为背景。

（1）在【图片位置】右侧的下拉列表中列出了系统默认的图片存放文件夹，选择不同的选项，系统将会列出相应文件夹包含的图片，选择自己喜欢的图片。

（2）选择背景显示方式，这里选择“拉伸”选项。

2. 设置自己保存的图片作为背景

（1）【桌面背景】→【浏览】→选择图片所在的文件夹→【确定】。如图 2−1−2−4 所示。

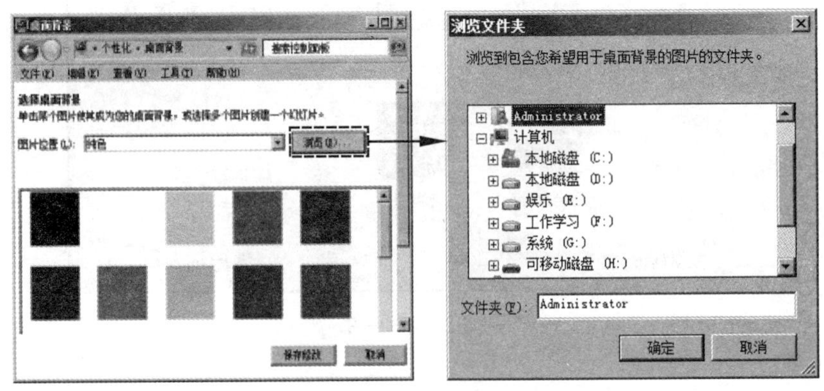

图 2−1−2−4

（2）文件夹中的图片被加载到【图片位置】下面的列表框中→选择一张图片→【保

存修改】按钮→返回【更改计算机上的视觉效果和声音】窗口→【我的主题】→右键保存主题。

三、窗口颜色

【桌面】→【右键】→【个性化】→【窗口颜色和外观】（如图 2－1－2－5 所示）→【高级外观设置】→选【窗口】→【颜色 1（L)】→【选择（其他)】。

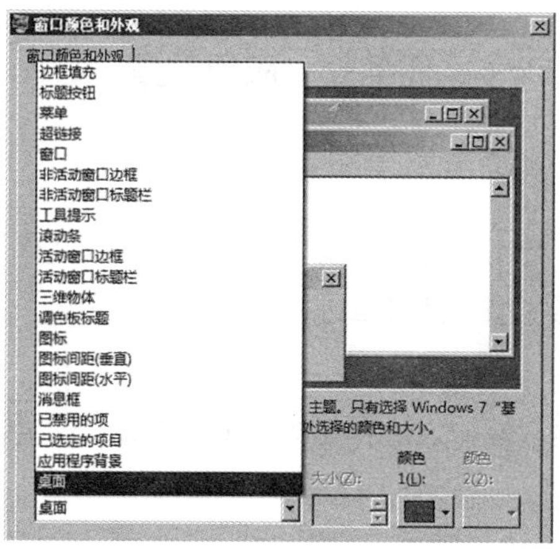

图 2－1－2－5

将色调自己设定为 85（默认是 160)，饱和度设为 90（默认是 0)，亮度设为 205（默认是 240)，→添加到自定义颜色→在自定义颜色选定→确定。

项目二　设置与应用

本项目以 Windows 7 为平台，讲述 Windows 环境下的设置及应用。本项目推荐课时为 2 课时。

知识目标

学会设置日期和时间。
学会鼠标设置。
掌握控制面板的使用方法。
掌握应用程序安装、删除、启动、退出的方法。
懂得查看自己的计算机信息。
学会使用系统自带的应用程序。

实施步骤

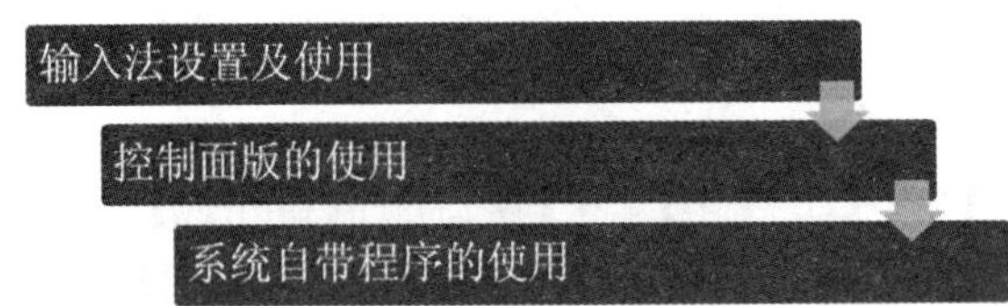

任务一　应用设置

📖任务描述

在我们运用计算机进行工作时，如何快速地打开另一文件或程序呢？小兰学会了五笔打字，想练习一下五笔字型，同时也可以上网聊天。

📖任务分析

要完成本任务，必须掌握输入法和其他应用的设置，学会添加、删除输入法。

📖任务实施

一、输入法设置

1. 添加、删除输入法。

右键输入法图标→【设置】选项→【文本服务和输入语言】对话框，如图 2－2－1－1 所示。

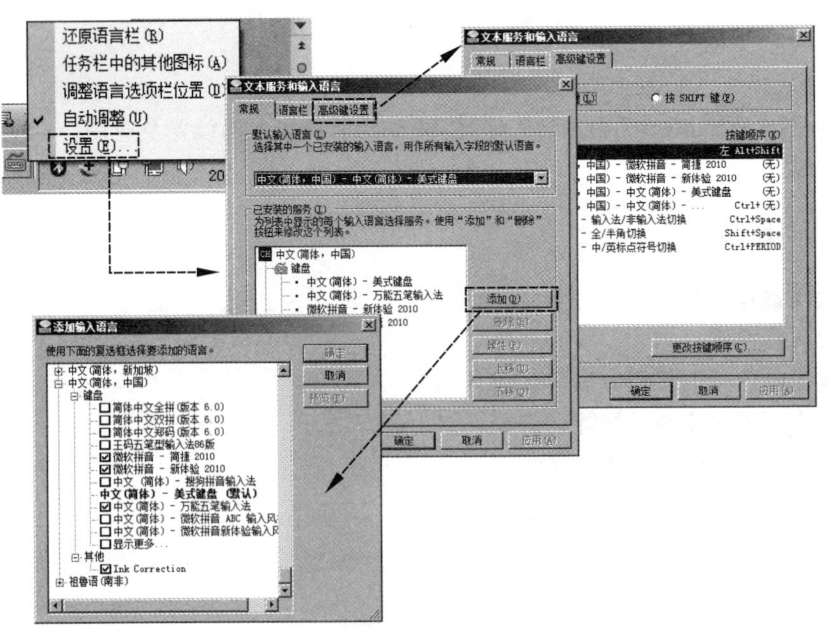

图 2－2－1－1

添加系统自带的【双拼】输入法：单击【文字服务和输入语言】→【添加】按钮，打开【添加输入语言】对话框，选择【简体中文双拼】后确定操作。

删除【微软拼音】输入法：单击【文字服务和输入语言】→【添加】按钮，打开【添加输入语言】对话框，去掉【微软拼音】复选框的“✓”即可。

2. 设置输入法切换的热键为【Ctrl+Shift】。

单击【文字服务和输入语言】→【高级键设置】选项，打开【高级键设置】对话框，选择【输入语言的热键】列表中的【在不同的输入语言之间切换】后，单击【更改按键顺序】按钮，在【更改按键顺序】对话框中，选中【切换键盘布局】复选框，设置其值为【Ctrl+Shift】，单击【确定】按钮，完成操作。

二、日期和时间的设置

1. 点击【任务栏】的系统托盘区域的【日期/时间】，更改日期和时间设置，如图2—2—1—2所示。

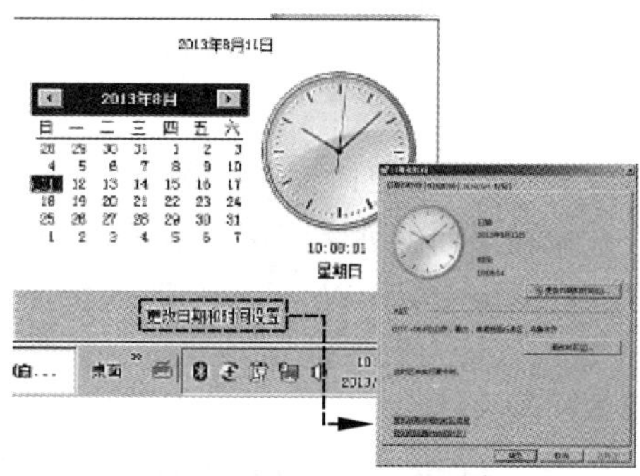

图 2—2—1—2

2. 点击【更改时区】选项，在列表框中选择【GMT+8:00北京、重庆、香港特别行政区、乌鲁木齐】。

3. 点击【更改日期和时间】选项，设置系统日期为【2013年10月10日】，时间为“下午6点5分30秒”。

4. 单击【确定】按钮，完成操作。

三、创建快捷方式

1. 首先，在桌面空白处右击，在弹出的快捷菜单中选择“新建”→“快捷方式(S)”选项，将会弹出“创建快捷方式”对话框，如图2—2—1—3所示。

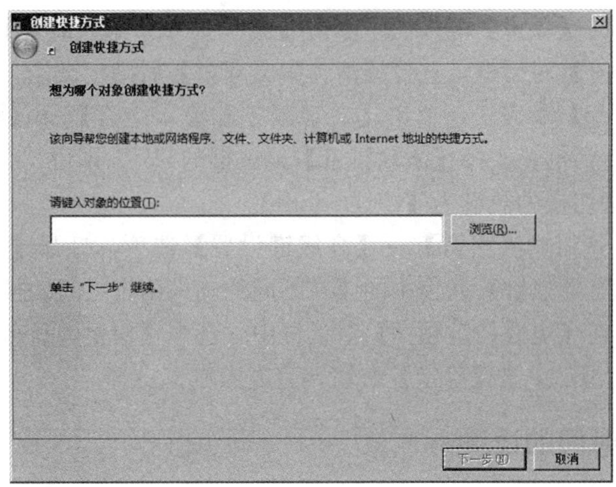

图 2-2-1-3

2. 在“请键入对象的位置”空白栏中选择快捷方式要指向的应用程序名或文档名，在这里要通过浏览按钮找到应用程序 Word 的准确路径，找到以后单击“下一步”按钮。

3. 在“键入快捷方式的名称”的空白栏中，键入“Microsoft Word 2010”，然后单击“完成（F)”按钮，系统在桌面上创建应用程序 Word 的快捷方式图标。

4. 最后，在桌面上双击“Microsoft Word 2010”的快捷方式图标，启动应用程序 Word。

任务二　控制面板

🕮任务描述

小明新装了一台计算机，电脑城的师傅帮小明装好了系统、驱动程序和部分应用软件。小明想对计算机的硬件和软件及其功能有一个全面的了解，他可以怎样做呢?

🕮任务分析

从控制面板中我们可以对电脑进行基本的系统设置和控制，如添加硬件、添加/删除软件、控制用户账户、更改辅助功能选项、调整声音设置和打印机设置等等都可以在控制面板中找到设置入口，对于电脑爱好者来说必须学会使用控制面板。

🕮知识链接

Windows 7 系统的控制面板缺省以“类别”的形式来显示功能菜单，“控制面板”提供了丰富的工具，可以帮助用户调整计算机设置。中文版 Windows 7 的控制面板采用了类似于 Web 网页的方式，并且将 20 多个设置按功能分为 10 个类别，每个类别下会显示该类的具体功能选项，如图 2-2-2-1 所示。

除了“类别”，Windows 7 控制面板还提供了“大图标”和“小图标”的查看方式，只需点击控制面板右上角“查看方式”旁边的小箭头，从中选择自己喜欢的形式就可以了。

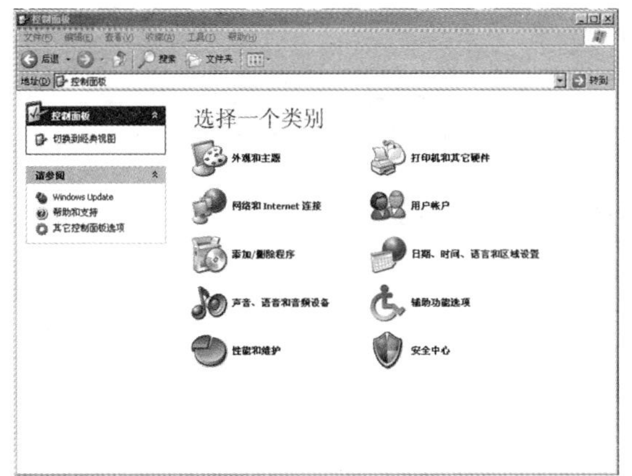

图 2—2—2—1

任务实施

一、添加或删除 Windows 组件

1. 打开【打开或关闭 Windows 功能】对话框。

【开始】→【控制面板】→【程序】→【打开或关闭 Windows 功能】选项→【Windows 功能】对话框，如图 2—2—2—2 所示。

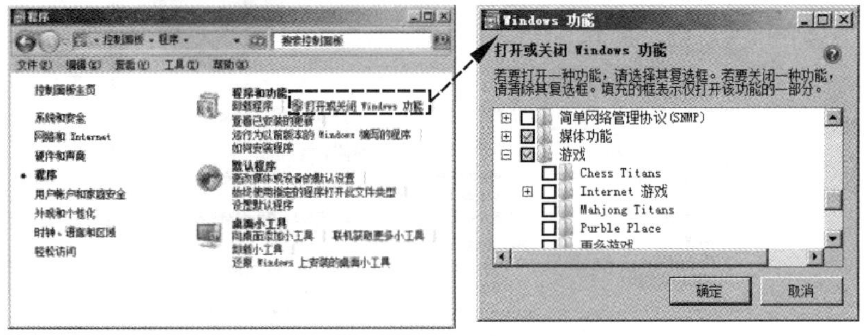

图 2—2—2—2

2. 添加 Windows 组件——Internet 游戏。

打开【Windows 功能】对话框→点击【游戏】左侧的“+”，将菜单列表展开，在 Internet 游戏左侧的“□”内打上“✓”，单击【确定】按钮。

3. 删除 Windows 组件——扫雷游戏。

【Windows 功能】对话框→点击【游戏】左侧的“+”，在列表中把【扫雷】前的“✓”去掉，单击【确定】按钮，即可删除。

4. 删除应用程序。

打开【控制面板】窗口→点击【卸载程序】→弹出【程序和功能】对话框→右击选中要删除的程序图标，在弹出的菜单中选择“卸载/更改”命令，系统就将运行与该程序相关的卸载向导，引导用户卸载相应的应用程序，如图 2—2—2—3 所示。

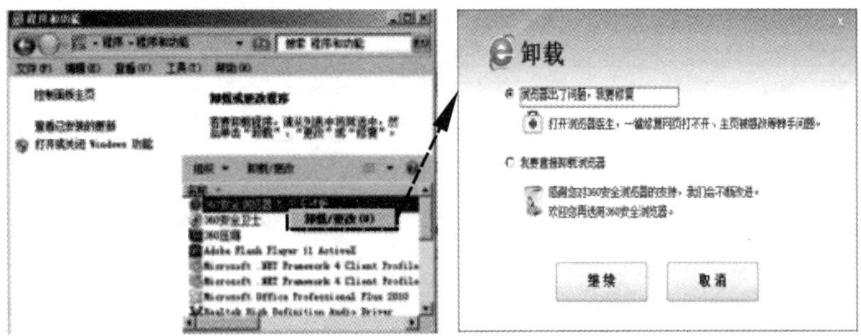

图 2－2－2－3

二、查看系统硬件设备

1. 了解本机的系统软件版本信息以及内存容量等信息。

方法一：右击桌面【我的电脑】图标，点击【属性】，弹出【系统】对话框，如图 2－2－2－4 所示。

图 2－2－2－4

方法二：【开始】→【控制面板】→【系统和安全】选项→【系统和安全－系统】选项。

2. 查看计算机安装的硬件设备信息。

【高级系统设置】→【系统属性】→【硬件】→【设备管理器】，如图 2－2－2－5 所示。

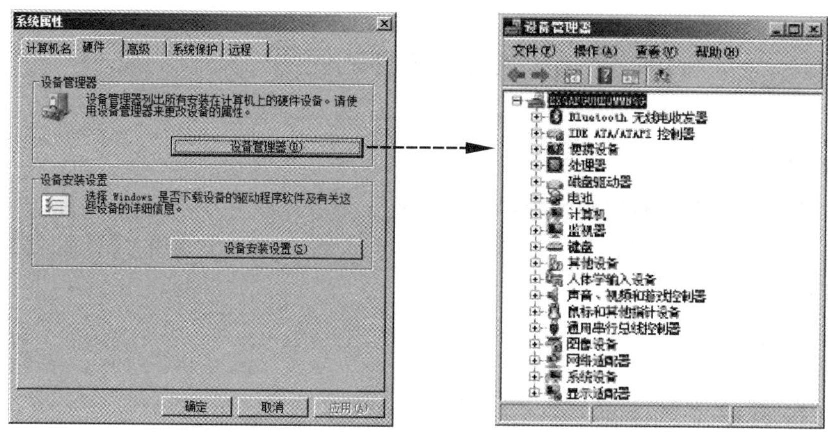

图 2—2—2—5

三、鼠标设置

【控制面板】→【硬件和声音】→【设备和打印机－鼠标】→【鼠标属性】对话框。

在【鼠标属性】对话框中，可以对鼠标的工作方式进行设置，设置内容包括鼠标主次键的配置、击键速度和移动速度、鼠标指针形状方案等属性，如图 2—2—2—6 所示。

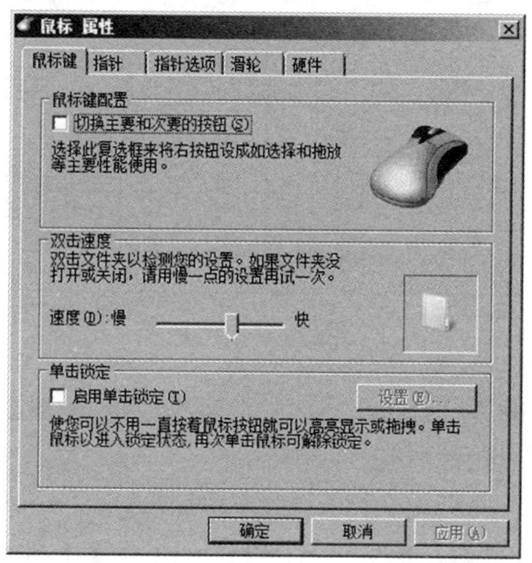

图 2—2—2—6

操作与提高

1. 学习控制面板的其他设置，如管理工具、任务计划、键盘设置、辅助功能等。
2. 设置当前的时间为“2014 年 8 月 19 日”。
3. 在【音量】选项卡中将【设备音量】设为静音。
4. 添加【双拼拼音】输入法。
5. 使用【添加或删除程序】卸载【迅雷下载】。
6. 打开系统信息查看更详细的计算机硬软件信息。

任务三　附件的使用

🕮任务描述

今天学习了计算机的数制转换，老师布置了很多作业，小李都完成了，但很想检验一下自己完成得是否正确，怎么办呢？小李想起 Windows 自带的【计算器】。事不宜迟，立刻动手检查。

🕮任务实施

一、计算器工具使用——进制互换

1. 打开【计算器】。

单击【开始】→【所有程序】→【附件】→【计算器】。如图 2−2−3−1 所示。

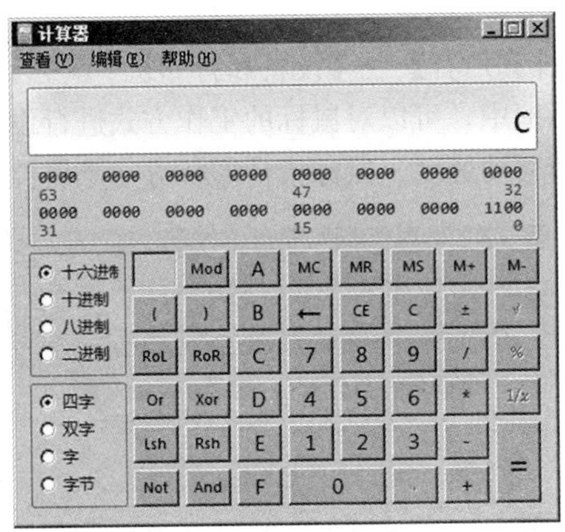

图 2−2−3−1

2. 切换【计算器】的界面。

单击【查看】菜单中【程序员】菜单项。

3. 计算。

单击【十六进制】单选项，输入“ABCD”，单击【十进制】单选项，文本框中的内容改变为“43981”。单击其他进制，可以将数值在各个进制之间进行切换。

4. 关闭计算器。

单击右上角的【关闭】按钮。

二、画图工具的使用——截图

1. 打开“计算器”窗口。

2. 按 Alt+PrintScreen 键，将活动窗口复制到剪贴板中。

3. 击“开始”→“所有程序”→“附件”中选择“画图”工具，打开“画图”窗口。

4. “画图”窗口的菜单栏中选择“编辑”→“粘贴”命令（或用 CTRL+V 组合键），粘贴剪贴板中的“计算器”窗口，如图 2-2-3-2 所示。

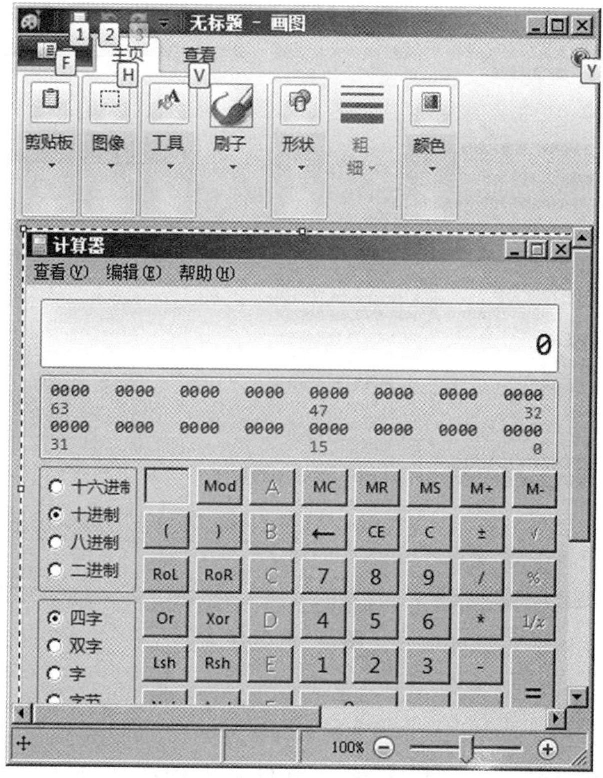

图 2-2-3-2

5. 选择“文件”→“另存为”命令（或用 CTRL+S 组合键），将“画图”窗口中饭的内容以 PC. bmp 为文件名保存。

6. “画图”窗口的右上角单击“关闭”按钮，退出“画图”应用程序。

三、整理磁盘和磁盘碎片

1. 磁盘清理。

清理磁盘，删除某个驱动器上旧的或不需要的文件，释放一定的空间，从而起到提高计算机运行速度的效果，如图 2-2-3-3 所示。

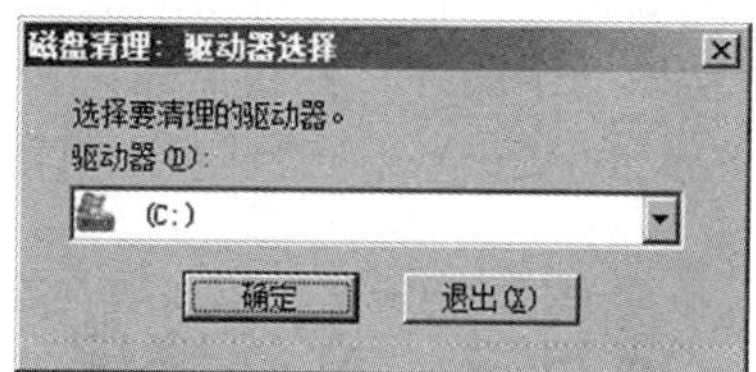

图 2-2-3-3

2. 整理磁盘碎片。

使用“磁盘碎片整理程序”，可重新整理硬盘上的文件和使用空间，以达到提高程序运行速度的目的，如图 2-2-3-4 所示。

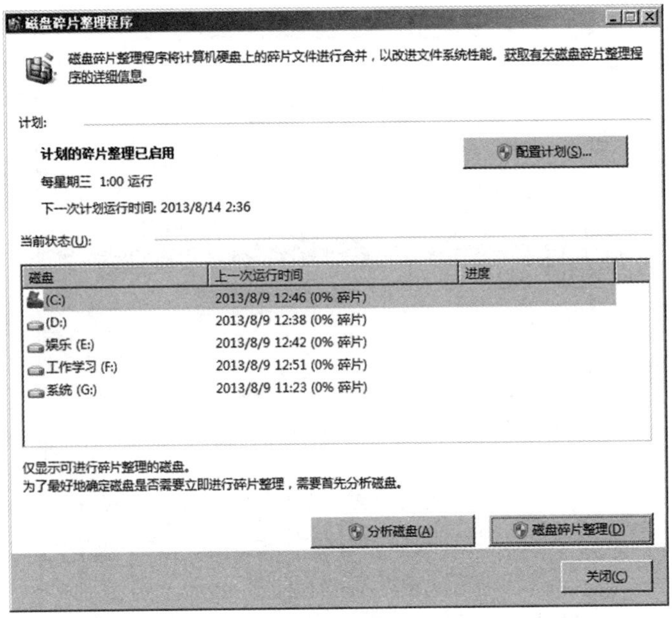

图 2-2-3-4

操作与提高

1. 在任意一个盘符（C、D、E 等）根目录下创建启动“记事本”的快捷方式图标。

2. 【开始】→【所有程序】→【附件】→【运行】工具→【浏览】按钮，在【打开】窗口中选择 C：\ Windows \ System32 \ notepad 来运行记事本。

3. 分别用不同的方法启动和退出应用程序“截图工具”和“便签”。

4. 分别用计算器中的科学型和统计信息两种功能来求 147、258、285、369 四个数的和。

5. 用“写字板”创建一篇文档。

6. 用“画图”画一张图画。

7. 用“便签”在桌面创建一张便签，并将自己当天的上课时间写到便签上。

8. 试一试：用“数学输入面板”编辑一个常用的数学计算公式。

9. 试着用“截图工具”截取一个图片，并将截取的图片放在剪贴板中，再打开其他应用程序（比如 Word 或 Power Point），从剪贴板中将图片复制到应用程序中去。

项目三　文件管理

小王想在 F 盘创自己的文件夹，在磁盘中搜索需要的文件或文件夹，把找到的文

件或文件夹复制到自己的文件夹中，设置文件夹的属性为隐藏方式，并加密。

知识目标

熟悉资源管理器的使用。

学会自行创建文件和文件夹。

掌握文件或文件夹的复制、移动、删除方法。

实施步骤

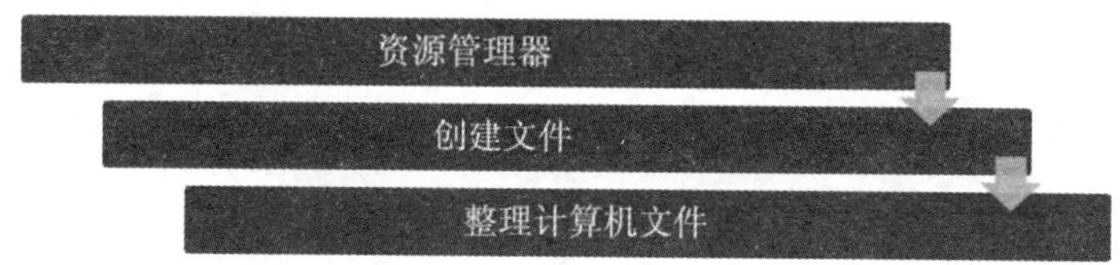

任务一　资源管理器

📖任务描述

小陈重装了 Windows 7 系统，硬盘上有多文件，小陈想能更清楚、更直观地认识电脑的文件和文件夹。

📖任务分析

要完成本任务，必须学会使用资源管理器来查看和管理自己的计算机数据，它提供了树形的文件系统结构的工作界面。

📖知识链接

一、“计算机”窗口的使用

盘符：硬盘空间分为几个逻辑盘，在 Windows 7 中表现为 D 盘、E 盘等。它们其实都是硬盘的分区，如图 2-3-1-1 所示。

库：Windows 7 中使用了“库”组件，可以方便我们对各类文件或文件夹的管理。

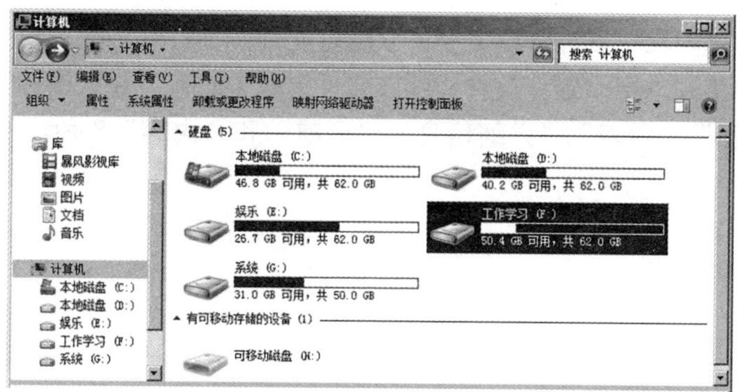

图 2-3-1-1

二、资源管理器

资源管理器是 Windows 7 主要的文件浏览和管理工具，资源管理器和“计算机”使用同一个程序，只是默认情况下“资源管理器”左边的“文件夹”窗格是打开的，而“计算机”窗口中的“文件夹”窗格是关闭的。

1. 资源管理器窗口的组成。

资源管理器窗口主要分为 3 部分：上部包括标题栏、菜单栏、工具栏等；左侧窗口以树型结构展示文件的管理层次，用户可以清楚地了解存放在磁盘中的文件结构；右侧是用户浏览文件或文件夹有关信息的窗格，如图 2-3-1-2 所示。

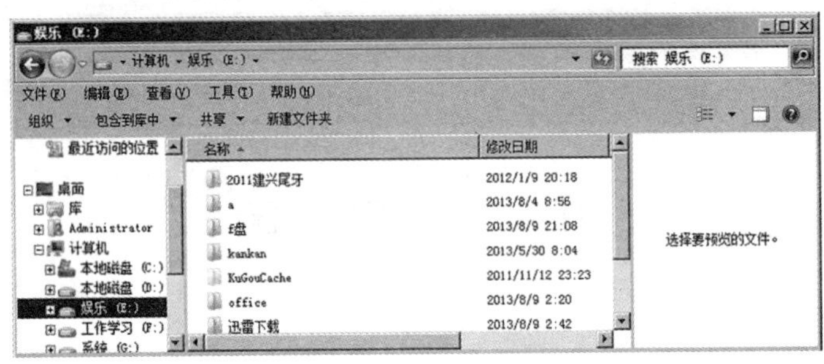

图 2-3-1-2

2. 资源管理器中的图标。

图标“ ”表示磁盘驱动器。此外，表示存储设备的还有其他图标，例如图标“ ”表示 DVD 光盘驱动器，图标“ ”则表示可移动磁盘等设备。

图标“ ”表示文件夹。其中图标“ ”形象地表示了文件夹下有若干的文件或是子文件夹，在右侧窗格中浏览到的是该文件夹下的内容；当文件夹左侧有“+”标志时，表示文件夹内有下一级文件夹，称为子文件夹，单击“+”标志后，标志就会变成“-”，就表示系统把文件夹展开了，下一层文件夹将全部显示。

三、文件和文件夹的显示格式

利用“计算机”和“资源管理器”可以浏览文件和文件夹，并可根据用户需求对文件的显示和排列格式进行设置。查看文件或文件夹的方式有“超大图标”“大图标”“中等图标”“小图标”“列表”“详细信息”“平铺”和“内容”8 种，如图 2-3-1-3 所示。

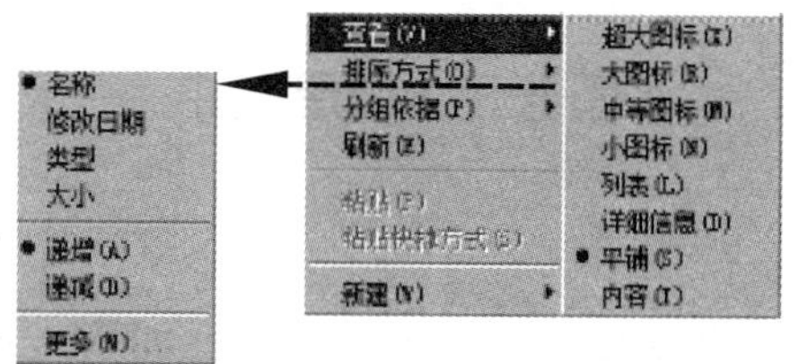

图 2-3-1-3

📖任务实施

一、根据路径找文件

找到“F：\微机应用\项目化\模块二\项目三\素材 3.jpg”，如图 2-1-3-4 所示，将其作为桌面背景图片。

图 2-3-1-4

二、资源管理器

打开“资源管理器”的方法如下：

方法 1：右击“开始”按钮，在弹出的快捷菜单中选择“资源管理器”命令。

方法 2：选择“开始”→“所有程序”→“附件”命令，在“附件”菜单中选择“Windows 资源管理器”命令。

方法 3：单击 Windows 7 的任务栏中“开始”按钮右侧的“Windows 资源管理器”按钮，即可打开资源管理器。

资源管理器的基本操作：

设置已知文件类型扩展名的显示或隐藏。

操作方法：

1. 单击【工具】→【文件夹选项】→【文件夹选项】→【查看】选项。

2. 单击【显示所有文件和文件夹】→【确定】，隐藏的文件被显示出来。

3. 撤销【隐藏已知文件类型的扩展名】复选项，再单击【确定】按钮，文件名后显示了已知文件类型的扩展名（如. exe、. doc、. xlsx 等）；选中该选项，文件的扩展名又被隐去。

任务二　创建文件

任务描述

小张想在F盘创建自己的文件夹和文件，并对其创建的文件夹和文件进行适当的保护，以免数据被人盗取查阅。

任务分析

为了顺利地完成本次工作任务，首先要了解文件和文件夹的基本概念，并从识别计算机中存放的文件类型和方式入手，在创建文件及文件夹之前熟悉其命名规则。

知识链接

1. 文件。

文件是计算机系统中数据组织的基本单位，文件系统是操作系统的一项重要内容，它决定了文件的建立、存储、使用和修改等各方面的内容。

文件由文件名和扩展名两部分组成，中间由小圆点间隔，如：ABC.doc，文件名是文件的名称，扩展名为文件的类型。扩展名对应的文件类型如表2-3-2-1所示。

表2-3-2-1

扩展名	文件类型	扩展名	文件类型
.txt	文本文档/记事本文档	.docx	Word文档
.exe　.com	可执行文件	.xlsx	电子表格文件
.hlp	帮助文档	.rar　.zip	压缩文件
.htm　.html	超文本文件	.wav　.mid　.mp3	音频文件
.bmp　.gif　.jpg	图形文件	.avi　.mpg	可播放视频文件
.int　.sys　.dll　.adt	系统文件	.bak	备份文件
.bat	批处理文件	.tmp	临时文件
.drv	设备驱动程序文件	.ini	系统配置文件
.mid	音频文件	.ovl	程序覆盖文件

文件的命名规则：

首先，一个完整的文件名称由文件名和扩展名两部分组成，两者中间用一个圆点“.”（分隔符）分开。在Windows 7系统中，允许使用的文件名最长可以是255字符。命名文件或文件夹时，文件名中的字符可以是汉字、字母、数字、空格和特殊字符，但不能是“?”“*”“\”“/”“:”“<”“>”和“|”。

其次，最后一个圆点后的名字部分看作是文件的扩展名，前面的名字部分是主文件名。通常扩展名由3个字母组成，用于标识不同的文件类型和创建此文件的应用程序，主文件名一般用描述性的名称帮助用户记忆文件的内容或用途。

2. 文件的类型。

计算机中的文件可分为系统文件、通用文件与用户文件三类。

3. 文件夹。

计算机是通过文件夹来组织管理和存放文件的，文件夹用来分类组织存放文件在Windows 7 中，文件的组织形式是树形结构。

4. 存储在磁盘中的文件或文件夹具有相对固定的位置，也就是路径。路径通常由磁盘驱动器符号（或称盘符）、文件夹、子文件夹和文件的文件名等组成。如：C：\ ABC \ PADDY \ ABC. TXT。

📖任务实施

1. 在计算机的磁盘中建立如图 2—3—2—3 所示的文件夹结构。

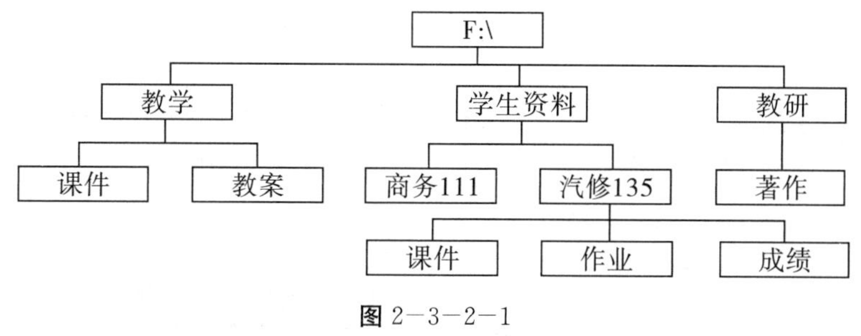

图 2—3—2—1

（1）双击桌面上“计算机”图标，打开“计算机”窗口。双击“本地磁盘 F”，进入 F 盘的根目录下。

（2）右击空白处，在弹出的菜单中选择“新建”→“文件夹”，在右侧窗格中会生成一个“新建文件夹”。

（3）右击“新建文件夹”，选择“重命名”，在文件夹图标下方的空白栏中输入“教学”，再左击文件夹的图标，这样就在 F 盘的根目录下创建了“教学”文件夹。

（4）重复操作步骤（2），按照图例结构，分别创建文件夹“学生资料”“教学”“教研”等文件夹。

2. 在“作业”文件夹中建立如图 2—3—2—1 所示的文件。

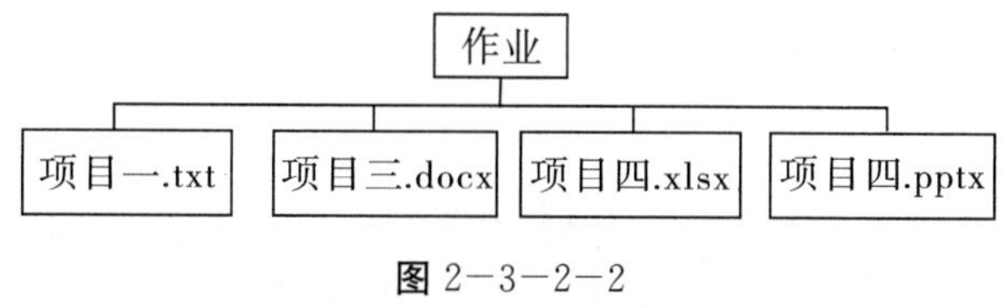

图 2—3—2—2

双击“作业”文件夹，进入作业的目录，然后单击“文件”→“新建”→“文本文档”，在新建文档图标的下方空白栏中输入“项目一”，然后单击文档图标完成创建。接着，用类似的方法创建“项目三. docx”、“项目四 . xlsx”“项目四. pptx”。

3. 请将“教研”文件夹及其里面的所有子文件夹和文件设为隐藏文件。

具体步骤如下：

（1）右击需要隐藏的文件，在弹出的快捷菜单中选择“属性”命令。

(2) 在弹出的对话框中选中“隐藏”复选框，单击“确定”按钮。

(3) 返回到文件夹窗口后，该文件已经被隐藏。

4. 请将“教研”文件夹及其里面的所有子文件夹和文件设为加密文件夹。

具体步骤如下（如图 2-3-2-3 所示）：

(1) 右击需要隐藏的文件，在弹出的快捷菜单中选择“属性”命令。

(2) 在弹出的对话框中点击“高级”按钮，弹出“高级属性”窗口。

(3) 在弹出的对话框中选中“加密内容以便保护数据”复选框，单击“确定”按钮。

(4) 加密后用户只能看到文件夹，文件内容不能显示，需要解密才能显示。

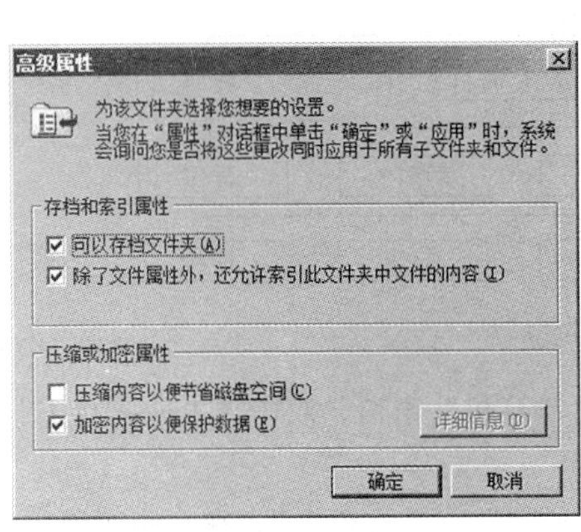

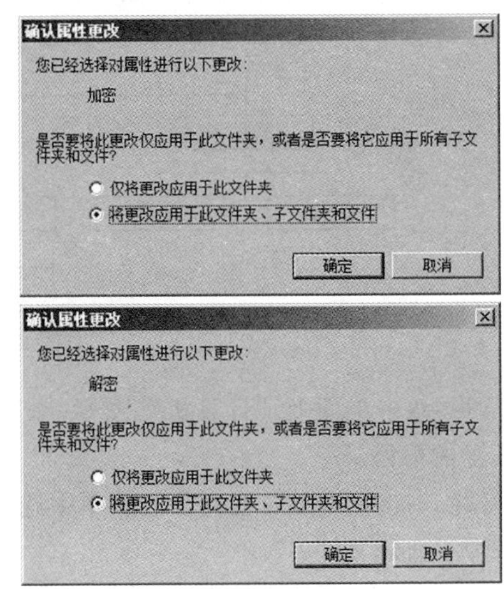

图 2-3-2-3

任务三　整理我的文件

任务描述

掌握对文件或文件夹的常规操作。

任务分析

为了顺利地完成本次工作任务，必须学会在系统中移动、复制、删除文件及文件夹，利用 Windows 7 搜索功能快速找到所需的文件或文件夹。

知识链接

一、文件和文件夹的选定

操作方法：

(1) 单选：鼠标单击。

(2) 连续多选：按住鼠标左键不放，拖动鼠标形成一个矩形框，则框内的文件将被

选中。

（3）不连续的多选：按住 Ctrl 键不放，再逐一单击。

（4）全选：Ctrl ＋ A 组合键。

二、文件与文件夹的复制、移动

复制是将选定的文件或文件夹复制到其他位置，新的位置可以是不同的文件夹、不同磁盘驱动器，也可以是网络上不同的计算机。复制包括“复制”与“粘贴”两个操作。复制文件或文件夹后，原位置的文件或文件夹不发生任何变化。

移动是将选定的文件或文件夹移动到其他位置，新的位置可以是不同的文件夹、不同的磁盘驱动器，也可以是网络上不同的计算机。移动包含“剪切”与“粘贴”两个操作。移动文件和文件夹后，原位置的文件或文件夹将被删除。

1. 方法一（如图 2−3−3−1 所示）：

（1）选择要复制或移动的文件或文件夹。

（2）右键该文件夹，在弹出的快捷菜单中（移动）选择【剪切】命令（复制时选择【复制】命令）。

（3）打开要把对象复制或移动到的目标文件夹，在工作区空白处右键在弹出的快捷菜单中选择【粘贴】命令。

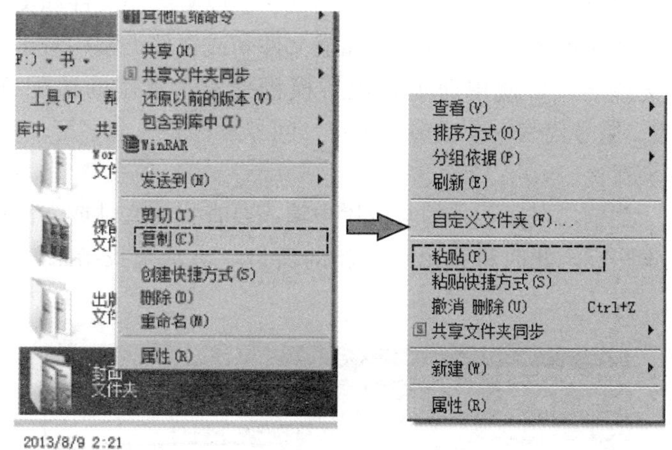

图 2−3−3−1

2. 方法二（如图 2−3−3−2 所示）：

（1）选择要复制或移动的文件或文件夹。

（2）单击【编辑】菜单选择【剪切】命令（移动），或单击【编辑】菜单选择【复制】命令（复制）。

（3）打开要把对象复制或移动到的目标文件夹，在菜单中选择【编辑】→【粘贴】命令。

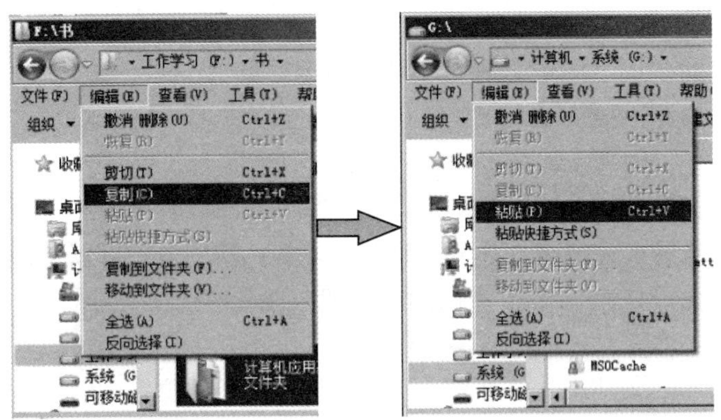

图 2-3-3-2

3. 方法三：

(1) 分别打开要复制或移动的对象所在的文件夹和目标文件夹窗口。

(2) 用鼠标左键将对象拖动到目标文件夹窗口（移动），或按住 Ctrl 键的同时用鼠标左键将对象拖动到目标文件夹窗口（复制）。

三、搜索

Windows 7 的“搜索”功能可以快速找到某一个或某一类文件和文件夹。在计算机中搜索任何已有的文件或文件夹，首先要知道文件名或文件类型。对于文件名，用户如果记不住完整的文件名，可使用通配符进行模糊搜索。常用的通配符有两个：星号“*”和问号“?”。星号代表一个或多个字符，问号只代表一个字符。

搜索的操作步骤：

单击“开始”菜单，在最下方的空白栏中输入要查找的文件或文件夹名，然后点击空白栏右侧的搜索图标，此时将弹出一个新的窗口，显示查找结果，如图 2-3-3-3 所示。

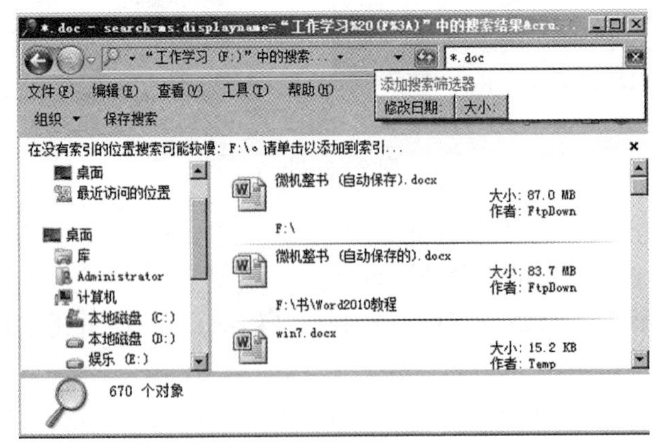

图 2-3-3-3

四、文件删除与还原

1. 文件删除。

删除文件或文件夹时，首先选定要删除的对象，然后用以下方法执行删除操作：

（1）右击，在弹出的快捷菜单中选择“删除”选项。

（2）按 Del 键。

（3）选择“文件”→“删除”命令。

（4）在工具栏中单击“删除”按钮。

（5）按组合键 Shift+Del 直接删除，此方法不可还原，被删除对象不在放到“回收站”中。

（6）用鼠标直接将对象拖到“回收站”。

2. 文件还原。

在 Windows 中，删除的文件被存放到【回收站】中，如图 2-3-3-4 所示。

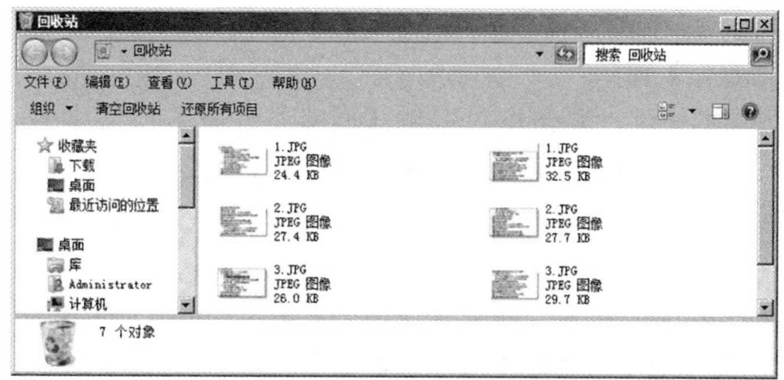

图 2-3-3-4

（1）查看【回收站】属性。

操作方法：

用鼠标右键单击桌面上【回收站】图标，选择【属性】命令，可打开如图 2-3-3-5 所示【回收站属性】对话框，如果选中【不将文件移入回收站。移除后立即将其删除】选项，以后在删除文件或文件夹时便可直接删除，而不是存放到回收站。

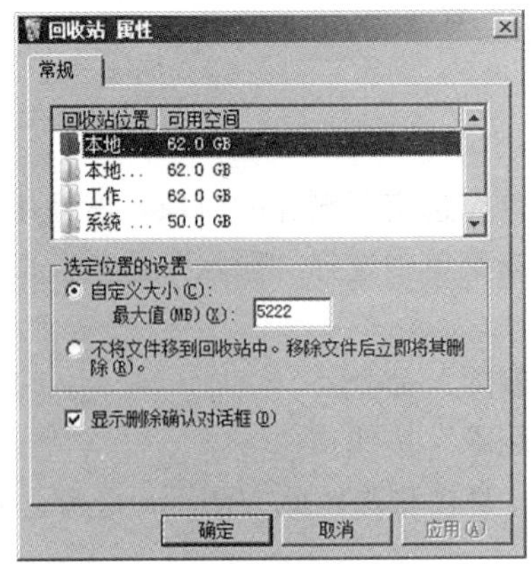

图 2—3—3—5

（2）回收站的使用。

①利用回收站还原文件。

操作方法：

A. 打开【回收站】窗口，

B. 选中要还原的文件，单击窗口左侧【回收站任务】窗格中的【还原此项目】，或右击要恢复的文件，在弹出的快捷菜单中选【还原】命令。

②删除回收站中内容。

操作方法：

选中要删除的文件或文件夹，再单击【文件】菜单中的【删除】命令，或右击要删除的文件，在弹出的快捷菜单中单击【删除】命令。

③清空【回收站】：右键单击【回收站】图标，选择【清空回收站】即可。

🕮任务实施

在 F 盘上创建多个文件夹，如图 2—3—3—6 所示。

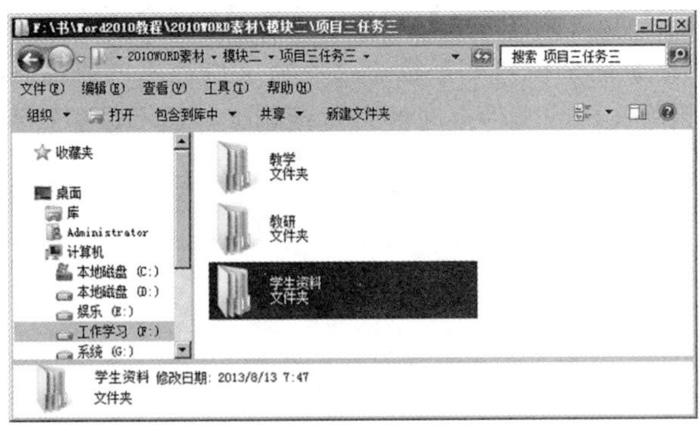

图 2—3—3—6

将“项目三任务三”文件夹下的所有文件和文件夹复制到 F 盘自己新建的以自己名字和学号命名的文件夹中。

删除文件夹“教研”和文件“项目四. pptx”。

1. 文件复制操作步骤：

(1) 打开“Windows 资源管理器”窗口。

(2) 单击“工作学习 (F:)”，在右侧窗格中空白处选择“新建”→“文件夹”命令，在右侧窗格中将会生成一个“新建文件夹”，输入文字“你的学号和名字”。

(3) 单击左侧窗格中的“项目三任务三”文件夹，右侧窗格中将显示“项目三任务三”文件夹下的文件和文件夹。单击“组织”→“全选”命令，选中所有文件和文件夹(或同时按住“Ctrl+A”键)。

(4) 选择“组织”→“复制”选项，或是右击右侧窗格中任意一个文件或文件夹，然后选择“复制”(或使用 Ctrl+C 复合键)，将选中的内容复制到剪贴板上。

(5) 单击左侧窗中刚建立的文件夹，右侧窗格会切换到新建的文件夹下，右击右侧窗格中的空白处，在弹出的快捷菜单中选择“粘贴”选项 (或使用“Ctrl+V”复合键)，将剪贴板上的内容粘贴到该文件夹中。

2. 文件夹删除操作步骤：

首先，在“Windows 资源管理器”窗口的左侧窗格中选定文件夹“教研”。

然后，右击右侧框中的空白处，在弹出的快捷菜单中选择“删除”选项，在弹出的“确认文件夹删除”对话框中，单击“是 (Y)”按钮，这样就删除了“教研”文件夹。

在“Windows 资源管理器”窗口的左侧窗格中选定“学生作业”文件夹。

3. 文件删除操作步骤：

在右侧窗格中选择文件“综合作业.doc”并右击，在弹出的快捷菜单中选择“删除”选项，在弹出的“确认文件删除”对话框中单击“是 (Y)”按钮，如图 2-3-3-7 所示。

图 2-3-3-7

操作与提高

1. 在 D 盘和 E 盘下分别下新建一个文件夹。
2. 重命名在 D 盘下新建的文件夹名为“我的实验”。
3. 重命名在 E 盘下新建的文件夹名为“机电 123 班”。
4. 在 D 盘下使用不同方法新建如下文件夹结构。

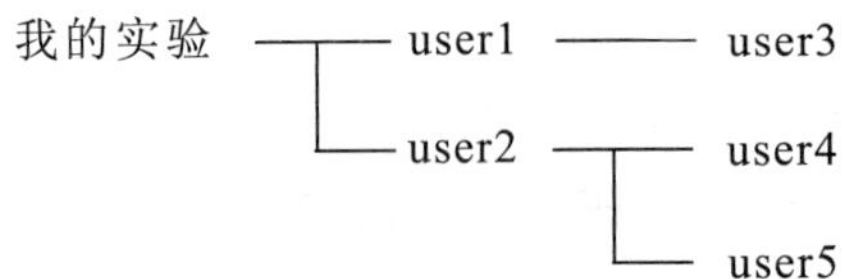

5. 将E盘下文件夹“机电123班”移动到D盘“我的实验”文件夹下。

6. 用鼠标拖动的方式，在相同的和不同的驱动器上复制、移动文件，操作上有何不同？

模块三 Word 2010 文档处理

项目一 求职简历

本项目的任务是为本人设计一份求职简历，通过本任务掌握如何对 Word 文档进行编辑格式化处理及进行简单的图文混排。10 课时。

知识目标

启动和关闭 Word 2010。

认识其窗口和使用联机帮助。

了解 Word 2010 的基本功能。

进行简单文档的创建、文本录入及保存。

实施步骤

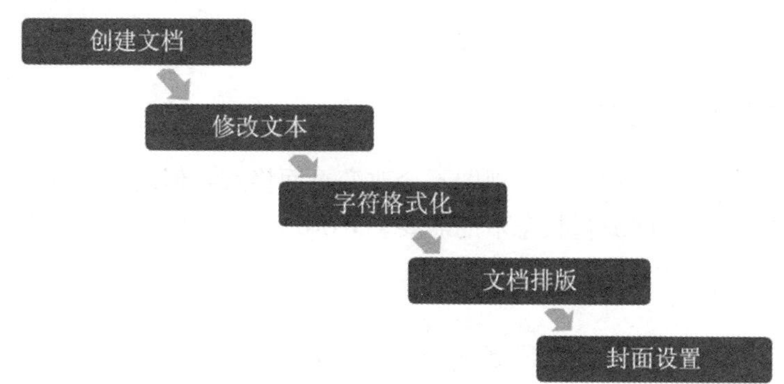

任务一 创建文档

📖任务描述

每当同学们在毕业前都会为自己写自荐书，以便找到一份好工作。现在让我们一起来学习一下个人简历的创建和编写方法。

🕮任务分析

简历由封面、自荐书和个人信息三部分组成，本任务主要是将姓名、年龄、学历、学校、专业、联系方式等个人信息保存在文档中以便修改。

🕮知识链接

一、Word 工作窗口

Word 工作窗口如图 3−1−1−1 所示。

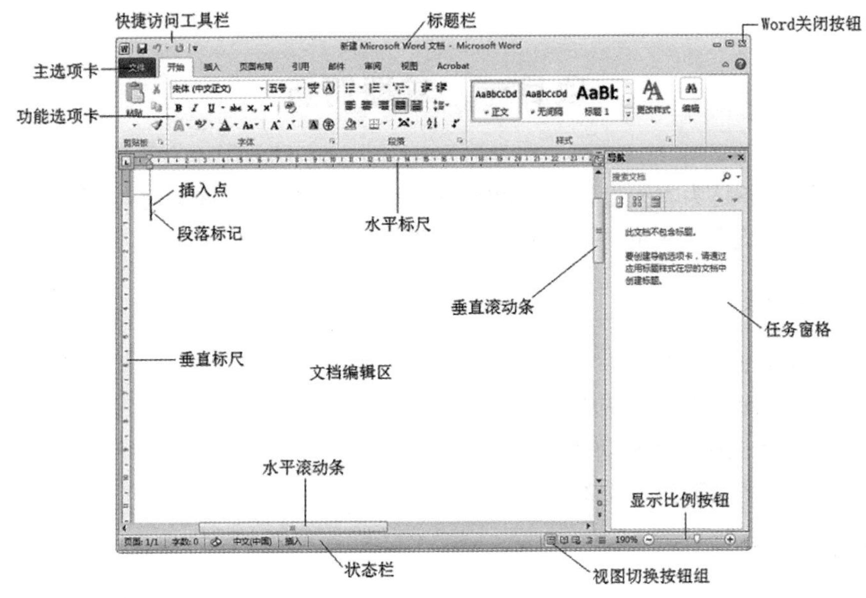

图 3−1−1−1

二、文档的显示方式

视图是文档窗口的显示方式。视图不会改变页面格式，但能以不同的形式显示文档的页面内容，以满足不同编辑状态下的需要。Word 2010 提供了多种视图模式供用户选择使用（如图 3−1−1−2 所示）。

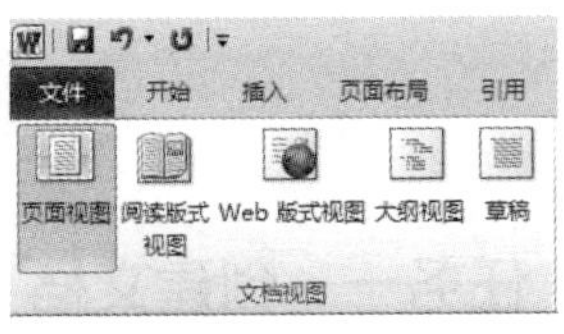

图 3−1−1−2

1. 页面视图：文档编辑中最常用的视图，可以看到图形、文本的排列格式，能显示页的分隔、页边距、页码、页眉和页脚，显示效果与最终用打印机打印出来的效果一样，适用于进行绘图、插入图表和排版操作。

2. 阅读版式视图：便于用户阅读，也能进行文本的输入和编辑。该视图中，文档

每相连两页显示在一个版面上，屏幕根据显示屏的大小自动调整到最容易辨认的状态，以便利用最大的空间来阅读或批注文档。

3. Web版式视图：文档的显示与在浏览器（如IE）中完全一致，可以编辑用于Internet网站发布的文档，即Web页面。该视图中不显示标尺，也不分页，不能在文档中插入页码。

4. 大纲视图：在一篇长的文档时，可以显示各级标题，方便进行全面编排、组织章节。

5. 草稿：一种简化的页面布局，视图中不显示某些页面元素（如页眉和页脚），可以快速编辑文字。

三、文档的创建、保存、打开、保护

1. 创建空白文档：单击【文件】按钮→【新建】→【新建文档】→【可用模板】→【空白文档】选项→【创建】按钮，即可创建一个空白文档，如图3-1-1-3所示。

图3-1-1-3

2. 保存已有文档：为了防止停电、死机等意外事件导致信息的丢失，在文档的编辑过程中经常要保存文档。

如果文档已保存过，但在进行了一些编辑操作后，需要将其保存下来，并且希望仍能保存以前的文档，这时就需要对文档进行另存为操作。

文档另存：单击【文件】按钮→选择【另存为】→【另存为】对话框，在其中设置保存路径、名称及保存格式，然后单击【保存】按钮即可。

3. 打开文档：打开文档是Word的一项基本的操作，对于任何文档来说都需要先将其打开，然后才能对其进行编辑。编辑完成后，可将文档关闭。

【文件】选项→【打开】选项→选择要打开的文档→【打开】按钮。

4. 文档的保护：【文件】选项→【保护文档】按钮→选择保护文档的选项。

四、文档录入

1. 输入文本的操作要点。

(1) 输入从插入点处开始。

(2) 输入文字到达右边界时不要用回车键换行，Word 根据纸张的大小和设定的左右缩进量自动换行。

(3) 一个自然段文本输入完毕时，按回车键，插入点光标处插入一个段落标记(↵)结束本段落，插入点移到下一行新段落的开始，等待继续输入下一自然段的内容。

(4) 一般不使用插入空格符对齐文本或产生缩进，可以通过格式设置操作达到指定的效果。

(5) 若出错，按退格键删除插入点左边字符，按 Del 键删除插入点右边字符。

2. 输入汉字。

先切换到中文输入状态。

按 Ctrl+空格键可在英文输入和中文输入之间切换。

按 Ctrl+Sift 键在各种输入法之间切换。

3. 输入符号。

在“插入”选项卡选择“符号→其他符号”选项，在“符号”对话框（如图 3-1-1-4 所示）“符号”选项卡“字体”列表框中选择选项（如“普通文本”），在符号框选取符号，单击“插入”按钮；或双击所需符号，将选中符号插入到文档。

如果要插入特殊字符，应在“符号”对话框中选择“特殊字符”选项卡。

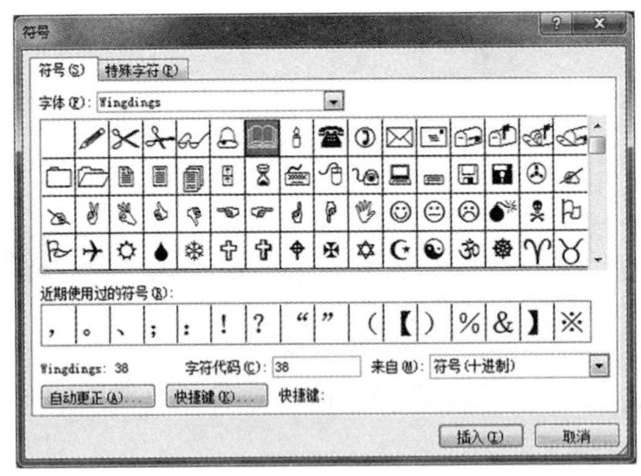

图 3-1-1-4

🕮任务实施

一、文档的创建

1. 启动 Word，创建新文档。

在“开始”菜单中选择“所有程序→Microsoft Office→Microsoft Word 2010”选

项，启动 Word 2010。

2. Word 2010 自动建立一个空白文档。

工作窗口标题栏中显示的“文档 1”是新建空白文档的临时文件名。

二、文档的编辑

1. 按题目样文输入汉字、英文单词和标点符号。

注意：输入文字到达文档右边界时，不用回车键换行，Word 自动换行。

提示：输入出错，可按退格键删除光标前面一个字符，或按 Del 键删除光标所在位置字符。

2. 在“插入”选项卡选择“符号”选项，在“符号”选项选择“其他符号（M)”，在“符号”对话框的“字体”列表框选择“普通文本”，单击第一行第八个符号，单击“插入”按钮，输入符号“※”。

3. 关闭文档。

在“文件”选项卡选择“退出”选项，或单击标题栏右侧“关闭”按钮。

如果当前文档编辑后没有保存，关闭前弹出提问框，单击“是”保存；单击“否”放弃保存；单击“取消”不关闭当前文档，继续编辑。

操作与提高

以自己姓名为文件名创建一个 docx 文档，输入学习本节课的知识点，保存退出。

任务二　修改文本

🕮任务描述

本任务是对前面所创建的个人简历内容进行修改和调整，加插、补充新内容。本任务通过案例掌握文档的插入、合并操作。

🕮任务分析

完成本任务需快速浏览文档，找出文档不完整或有错落的地方，及时修改文档。本任务需掌握如何插入符号、文件，进行内容搜索等，完成对文本的移动、复制、撤消与恢复操作。

🕮知识链接

一、选定文本

段落：鼠标在左边选定区双击

几行/段：指针在左边选定区，垂直拖曳几行/段，如图 3−1−2−1 所示。

全部：按“Ctrl+A”或点击“编辑”→“全选”。

任意：

（1）单击开始处，Shift+单击结束。

(2) 单击开始处，鼠标拖曳到结束处。

矩形块：Alt+拖曳。

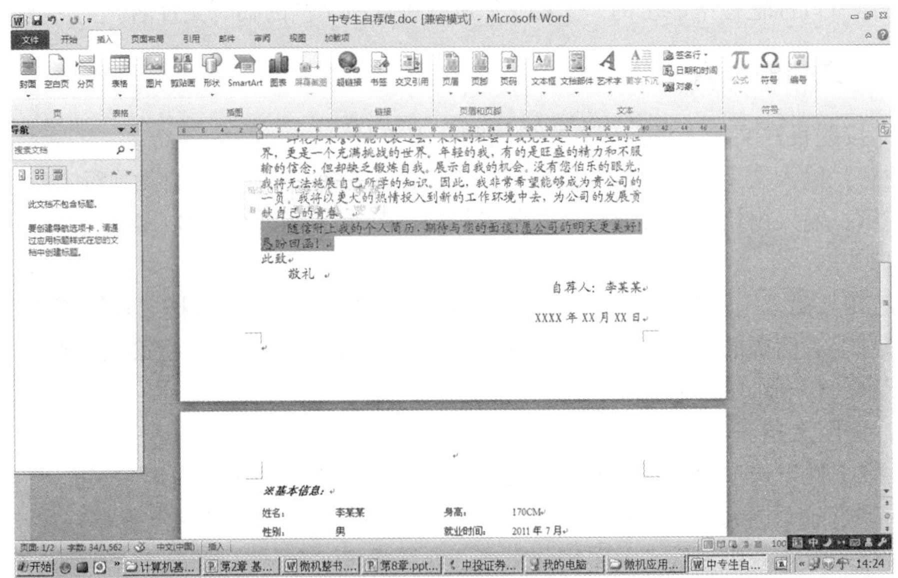

图 3-1-2-1

二、插入

切换插入/改写状态：双击状态栏中“改写”，或按 Ins 键。(“改写”状态下，输入的字符覆盖插入点右边的字符，插入点右移)

插入行：插入点位于段落结束处按回车键，在段落下方产生空行；插入点位于段落开始处按回车键，在段落上方产生空行。

插入文件：“插入”→“文件”。

三、删除文本

剪切；选定要删除的文本，按 Del 键。

四、复制文本

选定要复制的文本，在插入点定位目标处粘贴；或指针指向选定文本，Ctrl + 拖曳到目标处。

五、移动文本

剪切后到插入点定位目标处粘贴。

选定要移动的文本，指针指向选定文本，拖曳到目标处。

六、撤消、恢复、查找与替换

撤消：单击图标取消上一步操作。

恢复：单击图标恢复到撤消前的状态。

查找与替换："开始"→"替换"→"查找和替换"对话框（替换选项卡）→替换/全部替换。

📖任务实施

1. 打开"自荐书.docx"，在插入状态下，将插入点移动到"毕业生"前，输入"应届"。

2. 用"插入文件"的方法完成合并文档。

（1）单击文档简历第一页最后位置，按回车键换页，光标位于第二页第一行的开始。

（2）【插入】选项卡→【对象】→【文件中的文字（F)】选项→【插入文件】对话框。

（3）对照样例分别插入简历所需的所有文件。

（4）保存合并后的文件。

3. 把文档"自荐书.docx"中所有的"电脑"替换为"计算机"。

（1）在"开始"选项卡单击"替换"，选择"查找和替换"对话框中"替换"选项卡（如图 3-1-2-2 所示）。

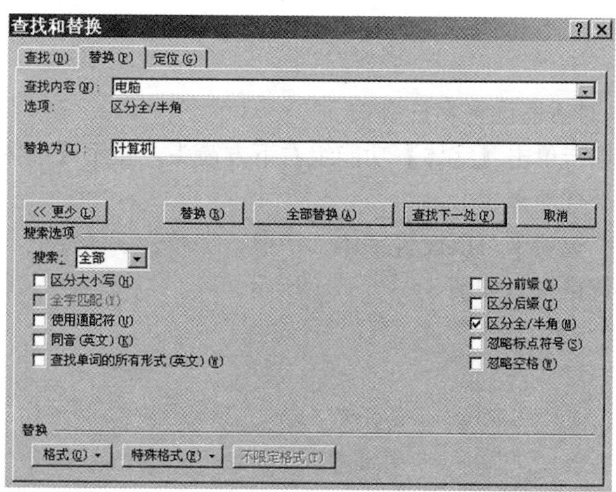

图 3-1-2-2

（2）在"查找内容"框中输入"电脑"，在"替换为"框中输入"计算机"。

（3）单击"更多"，选中"使用通配符"复选框。

（4）单击"替换"按钮，替换选中文本并自动查找下一处；如果不替换，单击"查找下一处"；如果所查找文本都要替换，单击"全部替换"按钮，完成后，报告替换的结果。

4. 段落移动。

(1) 选定“文档鲜花和荣誉……”段，单击“剪切”按钮，该段内容消失。

(2) 单击“随信附上我的……”段开始处，单击“粘贴”按钮，正文第四段成为第六段。

5. 拆分段落。

(1) 插入点定位到“(4)”左边，按回车键，序号“(4)”后面内容成为新段落。

(2) 分别把插入点定位到“(1)”、“(3)”、“(4)”的左边后，按回车键，序号“(1)”、“(3)”、“(4)”后面的内容分别成为单独段落。

6. 保存修改后的文件。

7. 退出 Word。

任务三　字符格式化

🕮任务描述

文档编辑是对一个已经建立的文档进行修改和调整，加插、补充新内容。本任务通过案例掌握文档的插入、合并操作。

🕮任务分析

要完成本任务先要打开原有文档，选定文本再对选中的文符进行选择字体、字号、颜色，设置格式等设置，以完成文档的字符格式化；需掌握【字体】对话框的设置方式。

🕮知识链接

1. 用【字体】对话框设置字符格式。

在【开始】选项卡单击【字体】功能组右下方箭头，显示【字体】对话框，其包括“字体”“高级”两个选项卡。

(1) 在“字体”选项卡可以设置字体、字形、字号、字体颜色、下划线线型、下划线颜色及效果等字符格式，如图 3-1-3-1 所示。

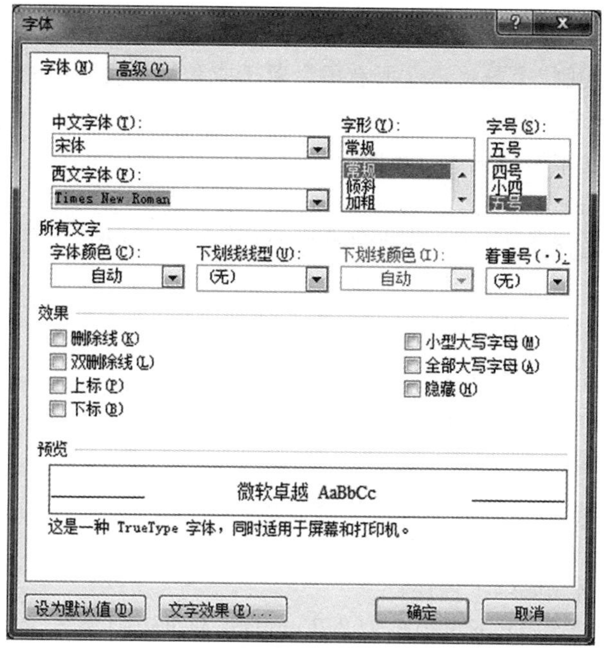

图 3—1—3—1

(2) 在“高级”选项卡中可对标准字符间距进行调整，也可以调整字符在所在行中相对于基准线的高低位置。

2. 在“字体”功能组中设置字符格式。

“字体”功能组包括最常用的字符格式化按钮（包括下拉列表框），如图 3—1—3—2 所示。

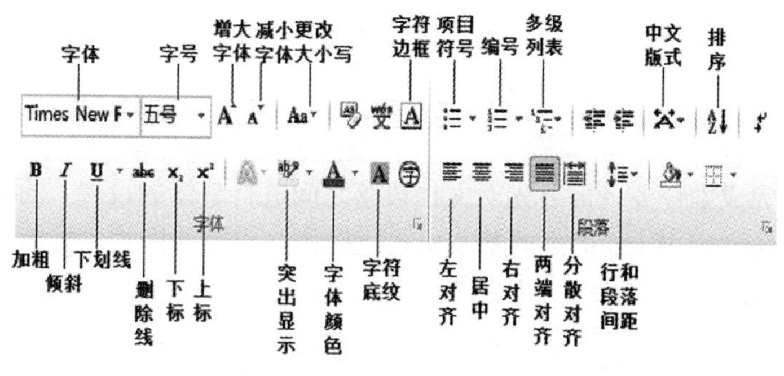

图 3—1—3—2

鼠标指针移到不同按钮上停顿，会显示该按钮的名称和功能。

📖任务实施

设置字符格式：选定文本→【开始】菜单→【字体】选项卡→【字体】对话框。

1. 自荐书字体要求：

(1) 设置标题为楷体，小二、粗体，标题字符间距加宽 2 磅。

(2) 设置正文第一段为楷体、小四号；西文为 Times New Roman、四号，并添加绿色；首行缩进 2 字符。

(3) 使用“格式刷” 将正文所有段设置于成和第一段同样的效果。

2. 简历字体要求：

(1) 项目标题文字使用宋体、小四、加粗、倾斜。

(3) 内容使用宋体、五号。

(3) 为“XXX 的简历”设置打开密码为 1234。

3. 注意事项：

(1) Word 程序和文档是两个不同的概念。

(2) 操作中要注意快捷方式的总结。

(3) 对文档进行修饰，首先要选中要修饰的内容。

(3) 注意及时保存文档。

操作与提高

参考本项目素材完成以下操作：

1. 纸张大小为 B5，上下页边距为 2.2 cm，左右页边距为 2.54 cm，方向为横向。

2. 要求排成一页，请注意使用打印预览查看排版效果。

3. 排版完成后保存。(新建以两位学号为名称的文件夹，保存文件名为自己的姓名)

任务四　设置段落格式

任务描述

本任务对简历进行排版，使文档的整体排版美观大方，使阅览者对你的表述能够清晰明了。

任务分析

为了顺利完成本任务，需要先对文档段落之间进行整体的设置，再对各段落进行分段处理；需具备利用 Word 提供的基本格式化操作完成段落格式化排版的基本能力。

知识链接

显示或隐藏段落标记符：在“段落”功能组中单击“显示/隐藏编辑标记”按钮。

1. 段落的对齐。

段落的对齐方式：“左对齐”“居中对齐”“右对齐”“两端对齐”和“分散对齐”五种，如图 3-1-4-1 所示。

在“段落”对话框“缩进和间距”选项卡的“对齐方式”列表框选择。

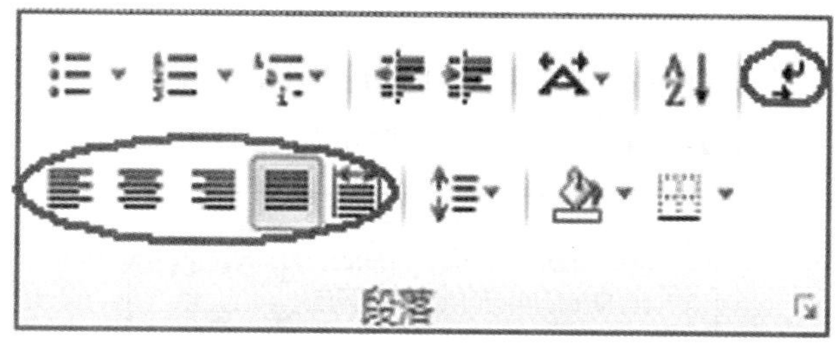

图 3－1－4－1

2. 段落的缩进，如图 3－1－4－2 所示。

左缩进：设置整个段落左边界的缩进位置。

右缩进：设置整个段落右边界的缩进位置。

悬挂缩进：设置段落中除首行以外的其他行的起始位置。

首行缩进：设置段落中首行的起始位置。

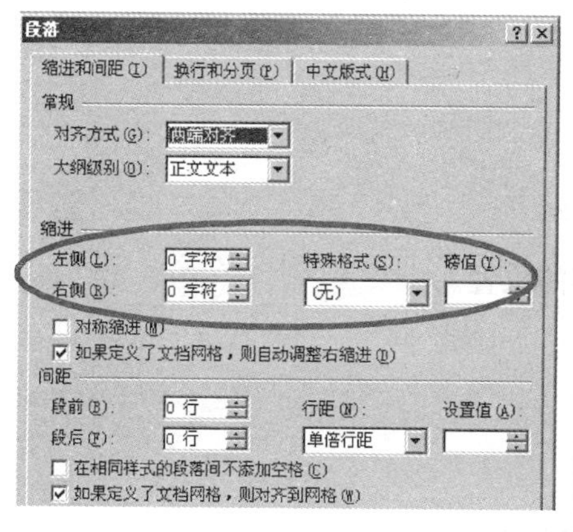

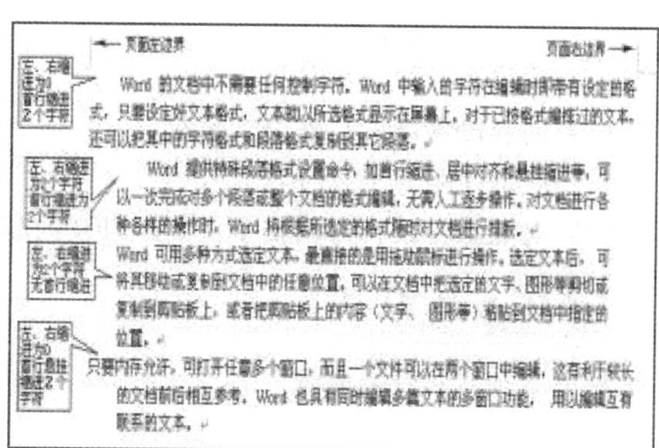

图 3－1－4－2

3. 间距。

“段落”对话框“缩进和间距”选项卡中，“间距”区域可设置段落之间距离、段落中各行间距离。

“行距”设置为“固定值”时，如果某行出现高度超出行距的字符，字符的超出部分将被截去。

单击“段落”功能组的“行距”按钮，可以设置段落中各行间的距离。

4. 段落分页的设置。

“段落”对话框“换行和分页”选项卡的“分页”区域可处理分页处段落的安排，可以根据文档内容的需要选择。四个选项含义如下：

（1）孤行控制：防止页面顶端打印段落末行或页面底端打印段落首行。

（2）与下段同页：防止在当前段落及其下一段落之间使用分页符。

（3）段前分页：在当前段落前插入分页符。

（4）段中不分页：防止在当前段落中使用分页符。

5. 首字下沉。

可以把段落第一个字符设置成一个大的下沉字符，达到引人注目的效果（【插入】→【文本】→【首字下沉】，如图 3-1-4-3 所示）。

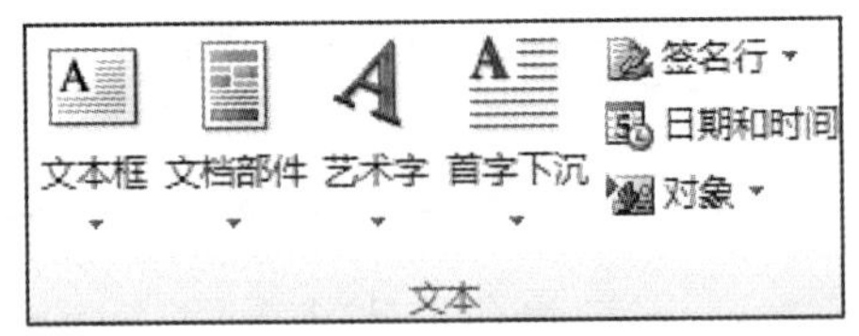

图 3-1-4-3

任务实施

设置字符格式：选定文本→【开始】菜单→【段落】选项卡→【段落】对话框。

1. 自荐书段落设置要求：

(1) 设置标题对齐方式为水平居中，段落间距为最小值 12 磅。

(2) 设置全文段落间距为固定值 20 磅。

2. 简历段落设置要求：

(1) 项目小标题为左对齐。

(2) 内容段落设置左缩进 2 字符。

(3) 段落间距为 1.25 倍行距。

(4) 对照原文，自行调整字符间距以及内容的位置。

操作与提高

根据本项目素材完成练习。

任务五　简历封面

任务描述

小李做好了求职简历内容，他想以最直接的方式传达自己的个人信息，于是就想到做个简历封面。

任务分析

简历封面只采用图片和文字编排组成，学生需将前面所学的知识综合起来，对页面文字进行字符格式化和段落格式化，加上图片来美化自己的简历封面。

最终效果如图 3-1-5-1 所示。

图 3－1－5－1

知识链接

1. 使用“Microsoft 剪辑库”。

可以从剪辑库选择剪贴画或图片插入文档。

方法：插入点定位，在“插入”选项卡“插图”组单击“剪贴画”按钮，打开“剪贴画”任务窗格；在“搜索文字”框输入描述所需图片的关键字，如“运动”；在“搜索范围”框选择要搜索的收藏集；在“结果类型”选择所需媒体文件类型；单击“搜索”按钮。

搜索成功，图片出现在任务窗格下面列表框中（图 3－1－5－2）。双击图片，即可插入文档。

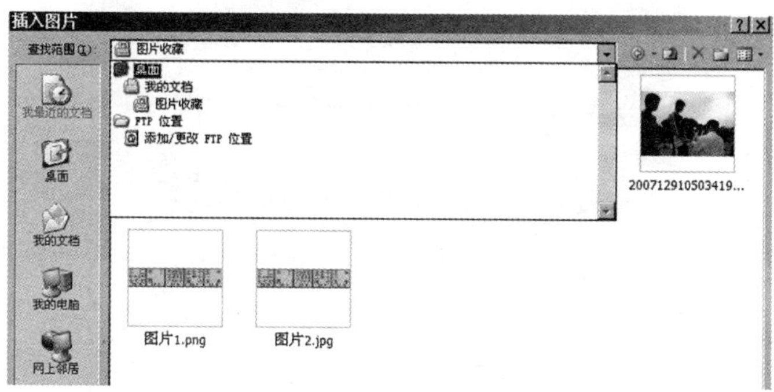

图 3－1－5－2

2. 插入图形文件。

方法：定位；在“插入”选项卡“插图”组单击“图片”按钮，弹出“插入图片”对话框；选择图形文件名，单击“插入”按钮。

3. 编辑图片。

先选定图片，再对图片执行相应的操作。

选择图片方法：鼠标移到图片，指针变成四向箭头状时单击左键。

提示：对嵌入式图片，鼠标移到图片处时依然为“工”字形，单击左键即可选定图片。

图片选定后，自动打开“图片工具格式”选项卡，可以设置格式。

🕮任务实施

一、插入图片

选择【插入】→【插图－图片】→【插入图片】对话框，如图 3－1－5－3 所示。

图 3－1－5－3

将“校名.jpg”的水平位置调整到与图片“校徽.gif”对齐。选择“校门.jpg”图片，单击【居中】按钮。

二、字体设置

选择【开始】→【字体】选项→【字体】对话框，进行如图 3－1－5－4 所示的设置。

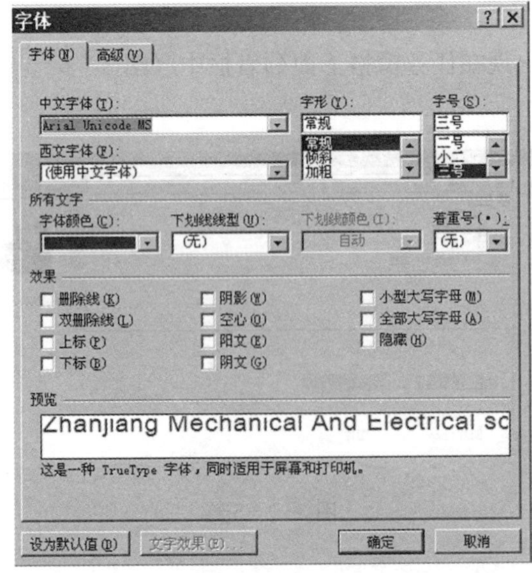

图 3－1－5－4

在封面页中，输入文字“Zhanjiang Mechanical And Electrical school”，并将字体设置为 Arial Unicode MS、小三，字符间距为加宽 0.5 磅、提升 10 磅，深青色，居中对齐；

输入文字“求职简历”，并将文字设置为华文隶书、字号 48、蓝色、加粗、阴影、段前间距 0.5 行，2 倍行距。

输入文字“姓名”“专业”“联系电话”“电子邮箱”，并设置字体为华文隶书、二号字，蓝色，自行调整位置，使之与最终效果图接近。

操作与提高

1. 制作一份“自我介绍”，介绍中包括姓名、性别、民族、出生年月、籍贯、政治面貌、性格、爱好、毕业学校、联系方式、人生信条、自我评价等，对照效果图（项目四实例素材 1）完成设置。保存该文档。保存的位置是 f：\XX 班\两位学号＋名字.doc

2. 2009 级制冷专业的优秀学生要到申凌空调有限公司进行毕业前的顶岗实习，需要学校开具介绍信，请你利用 Word 及 Word 自带的实用模板，结合所学的基本操作，设计出一份美观大方、内容简明扼要的介绍信，并加上学校的名称作为水印背景，字体格式自定。

项目二　宣传单张

学校的宣传栏要更新，想让团委宣传部制作一份既简单又能较为全面地介绍学校情况的简介，小新接受了任务。本项目的任务是制作图文并茂的电子简报，需要运用 Word 2010 中的字符格式化、段落格式化、图片的插入、边框和底纹等功能。

知识目标

初步了解图文混排中的各元素，学会插入图片

掌握设置文字效果、插入项目符号的方法。

学会背景、边框和底纹的设置。

实施步骤

文档格式化 → 段落设置 → 图片应用

效果预览

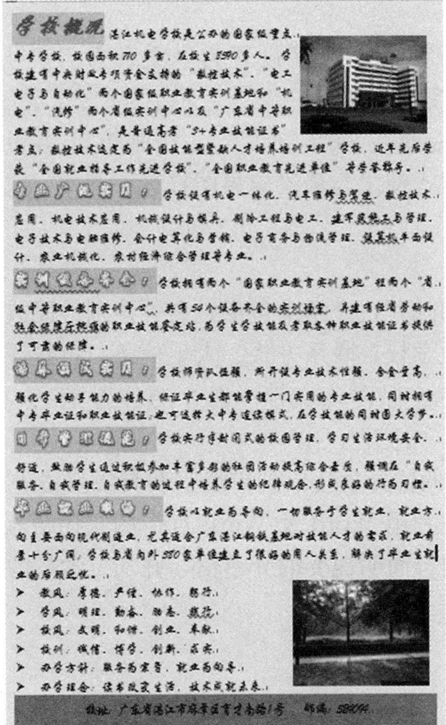
学校概况 湛江机电学校是公办的国家级重点中专学校，校园面积770多亩，在校生5590多人。学校建有中央财政专项资金支持的“数控技术”、“电工电子与自动化”两个国家级职业教育实训基地和“机电”、“汽修”两个省级实训中心以及“广东省中等职业教育实训中心”，是普通高考“3+专业技能证书”考点；数控技术选定为“全国技能型紧缺人才培养培训工程”学校，近年先后荣获“全国就业指导工作先进学校”、“全国职业教育先进单位”等荣誉称号。

学校设有机电一体化、汽车维修与驾驶、数控技术应用、机电技术应用、机械设计与模具、制冷工程与电工、建筑装饰工与管理、电子技术与电器维修、会计电算化与审核、电子商务与物流管理、服装设计平面设计、农业机械化、农村经济综合管理等专业。

学校拥有两个“国家职业教育实训基地”和两个“省级中等职业教育实训中心”，共有50个设备齐全的实训课室，并建有经劳动和社会保障厅批准的职业技能鉴定站，为学生学技能及考取各种职业技能证书提供了可靠的保障。

学校师资队伍强，所开设专业技术性强，含金量高，强化学生动手能力的培养，保证毕业生都能掌握一门实用的专业技能，同时拥有中专毕业证和职业技能证，也可选择大中专连读模式，在学技能的同时圆大学梦。

学校实行半封闭式的校园管理，学习生活环境安全、舒适，鼓励学生通过积极参加丰富多彩的社团活动提高综合素质，强调在“自我服务、自我管理、自我教育的过程中培养学生的纪律观念，形成良好的行为习惯。

学校以就业为导向，一切服务于学生就业，就业方向主要面向现代制造业，尤其适合广东湛江钢铁基地对技能人才的需求，就业前景十分广阔，学校与省内外550家单位建立了很好的用人关系，解决了毕业生就业的后顾之忧。

- 教风：厚德、严谨、协作、励行。
- 学风：明理、勤奋、独立、感恩。
- 校风：文明、和谐、创业、奉献。
- 校训：诚信、博学、创新、求实。
- 办学方针：服务为宗旨，就业为导向。
- 办学理念：读书改变生活，技术成就未来。

地址：广东省湛江市麻章区育才南路1号　邮编：524094

任务一　文档格式化

📖任务描述

本任务要对宣传单张的文字进行处理，通过对文字的处理，使宣传单张主题鲜明、简洁，重点和要点突出，搭配合理；使读者有阅读的兴趣。

📖任务分析

先要对文档的标题文字进行效果处理，再对正文部分进行字符格式化，以达到重点突出；要完成本任务，需具备各种字符的格式化排版的基本能力。

📖知识链接

字符格式及设置如图 3－2－1－1、3－2－1－2 所示。

五号宋体　**四号黑体**　三号隶书　**宋体加粗**

倾斜　下划线　波浪线　上标　下标

字 符 间 距 加 宽　字符间距紧缩　字符加底纹　字符加边框

字符提升　字符降低　字符缩 90% 放 150%

图 3－2－1－1

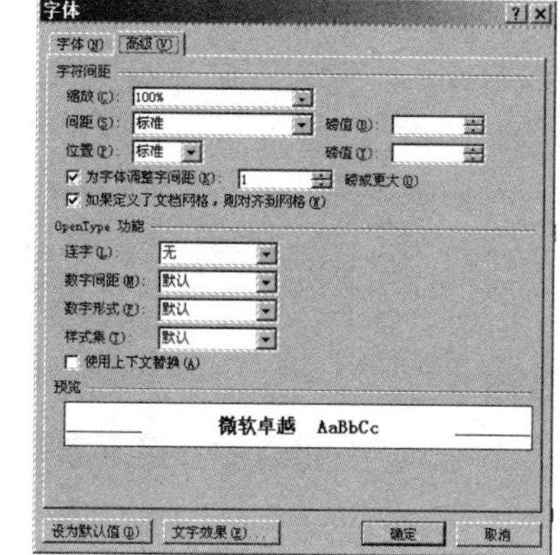

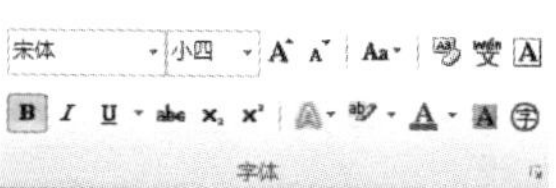

图 3－2－1－2

📖任务实施

一、打开文档

打开 Word 2010 程序→【文件】菜单→【打开】选项→【打开】对话框→选择打开的文件。

二、设置文字格式

步骤 1：选择第一段标题文字→【开始】菜单→【字体】对话框→【字体】选项卡；将其【字体】设置为“华文行楷”、加粗倾斜、红色二号字体，字符提升 5 磅。

步骤 2：分别选择各段标题文字，将其【字体】设置为“华文行楷”、加粗、深蓝色小三字体、字符提升 5 磅。增加文字效果为外部向上偏移阴影，如图 3－2－1－3 所示。

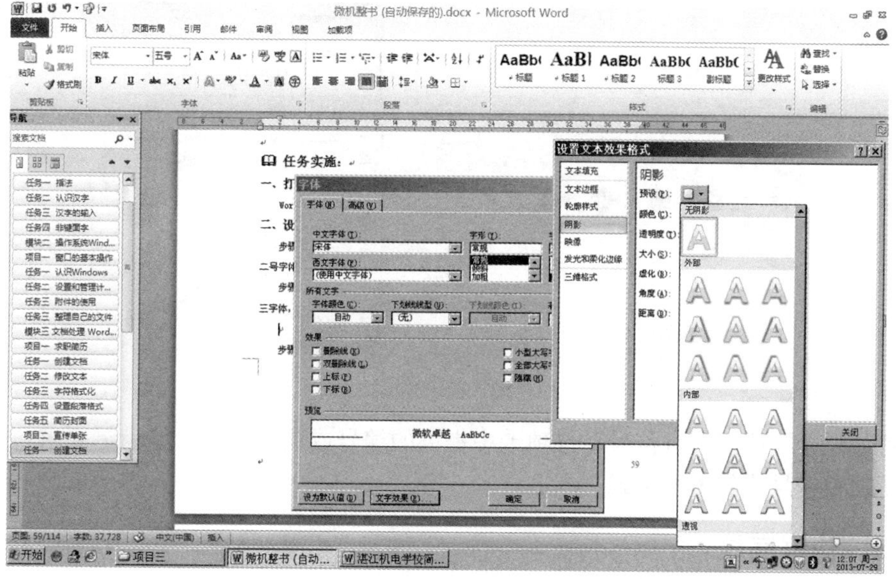

图 3－2－1－3

步骤 3：正文字体设为“华文行楷”、小四。

步骤 4：“校址……”这段，字体设为四号华文行楷、居中对齐，字符间距认为紧缩 1.1 磅。

任务二　文档段落设置

📖任务描述

在对文档文本部分进行设置后，接下来我们就要对段落进行设置，使页面整齐，清晰，内容紧凑。

📖任务分析

要完成好本次任务，先要对所有的段落进行间距设置，再对个别不同设置的段落进行修改，最后给需要添加项目符号的内容进行添加工作。

📖知识链接

一、编号与项目符号

可以 为并列项标注项目符号，或为序列项加编号，使文章层次分明，条理清楚，便于阅读和理解。

选定段落，在“段落”功能组中单击“编号”或“项目符号”按钮，可在选定的段落前加上数字编号或项目符号。

选择添加编号或项目符号的方法：选定段落，在“段落”功能组单击“编号”或“项目符号”按钮右边向下箭头，在“项目符号”或“编号”对话框选择编号或项目符号，如图 3-2-2-1 所示。

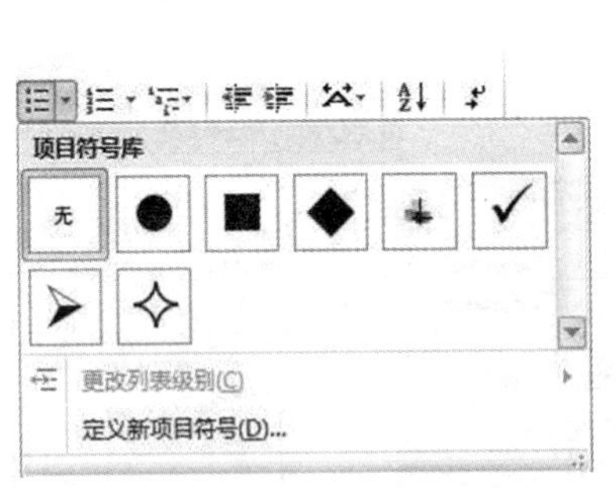

图 3-2-2-1

若“编号”或“项目符号”选项卡中提供的编号或项目符号不能满足要求，可以自定义新项目符号或新编号格式。

二、边框底纹

可对选定段落添加边框或底纹。

选定段落，在“段落”功能组中单击“边框和底纹”按钮。“边框和底纹”对话框有三个选项卡：“边框”“页面边框”和“底纹”（如图 3—2—2—2 所示）。

（1）“边框”选项卡：为选定的段落添加边框，其中：

①“设置”选项组：选择边框的类型。

②“样式”“颜色”“宽度”：选择边框线型、颜色和边框线宽度。

③“预览”：单击样板某边（或对应按钮），可在选定文本同一侧设置或取消边框线。

④“应用于”：可选择应用范围（“段落”“文字”或“图片”）。

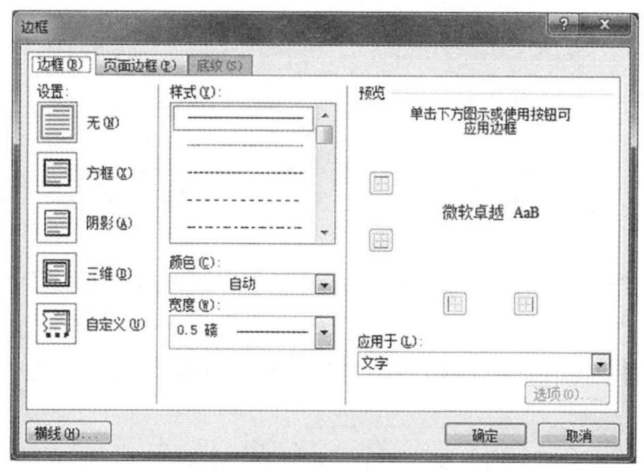

图 3—2—2—2

（2）“底纹”选项卡：可为选定段落或文字添加底纹，设置背景的颜色和图案。

（3）“页面边框”选项卡：可为页面添加边框（不能添加底纹）。其中，“应用范围”有“整篇文档”“本节”“本节-仅首页”“本节-除首页外所有页”等。

🕮任务实施

步骤 1：选择第一段→【开始】→【段落】→【段落】对话框→行距为固定值 18 磅，如图 3—2—2—3 所示。

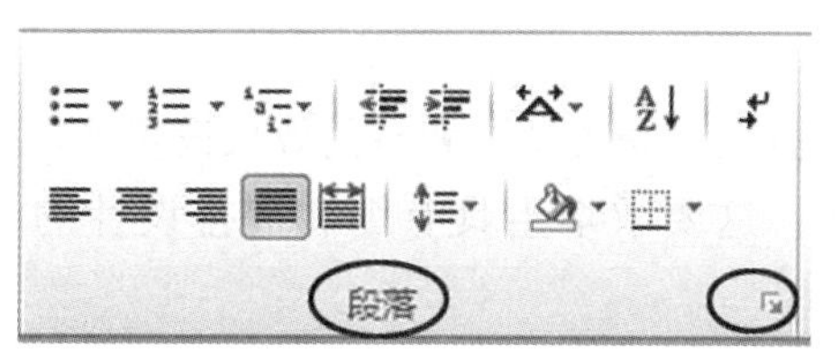

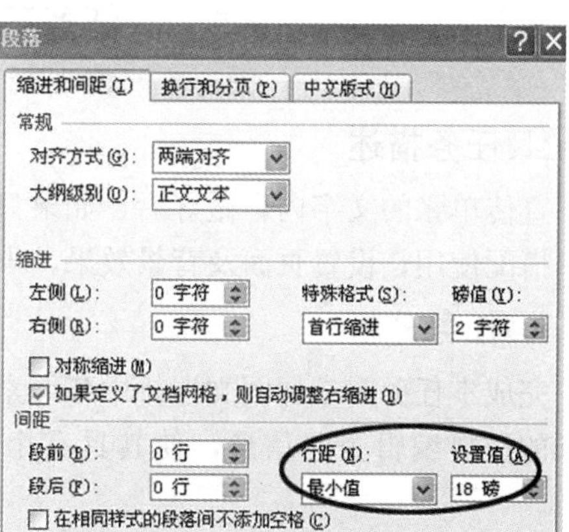

图 3—2—2—3

步骤 2：利用格式刷将全文各段落设置成和第一段的设置一致。

步骤 3：选中标题文字→【段落】工具栏→【边框与底纹】选项→【边框与底纹－底纹】选项卡→填充为深蓝色，图案样式为 10%，应用于“文字”，如图 3－2－2－4 所示。

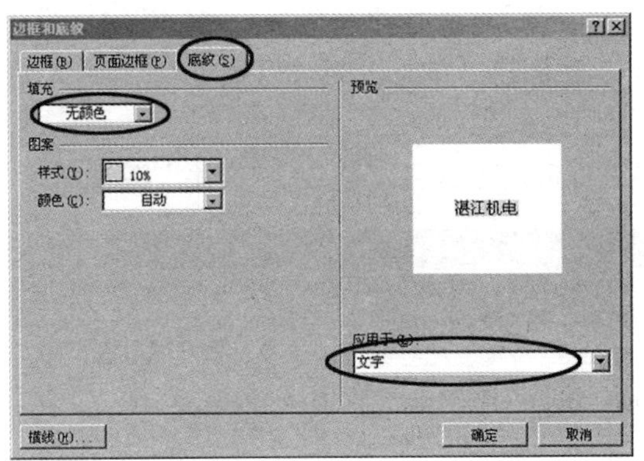

图 3－2－2－4

步骤 4：选中“校址”这一行，填充为浅蓝色，应用于“段落”。

步骤 5：选择“教风”至“办学理念”间所有段落，执行【开始】→【段落】工具栏→【项目符号库】对话框→选择一种自己喜欢的符号，如图 3－2－2－5 所示。

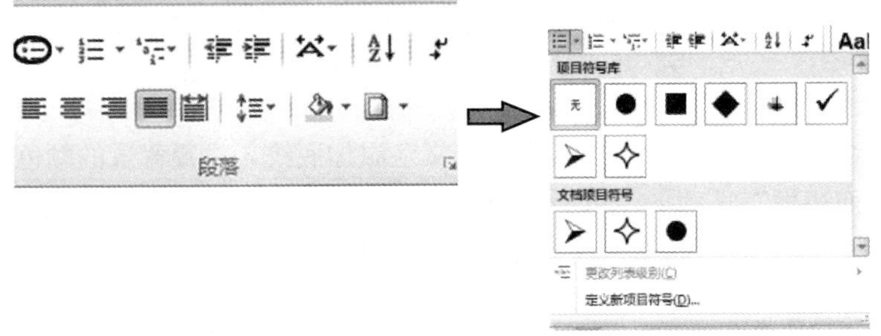

图 3－2－2－5

任务三　图片应用

🕮任务描述

宣传单张的文字内容做好后，如果只有文字，会显得过于单调，可在文档中插入图片，搭配使用；设置页面及背景效果，丰富和美化宣传单张。

🕮任务分析

完成本任务需掌握图文混排中各元素的插入及编辑方法、背景的效果设置等，根据不同的资料编辑企业信息，使其具有个性化；这要求学生具有图文混排设计的综合能力。

知识链接

图片的调整：

1. 鼠标拖动方式。

2. 右击图片，点击【大小和位置】选项，弹出用【布局】窗口，可以对图片分别进行绝对位置或相对位置调整、大小调整、图片在文档中的环绕样式调整，如图3－2－3－1～3－2－3－3所示。

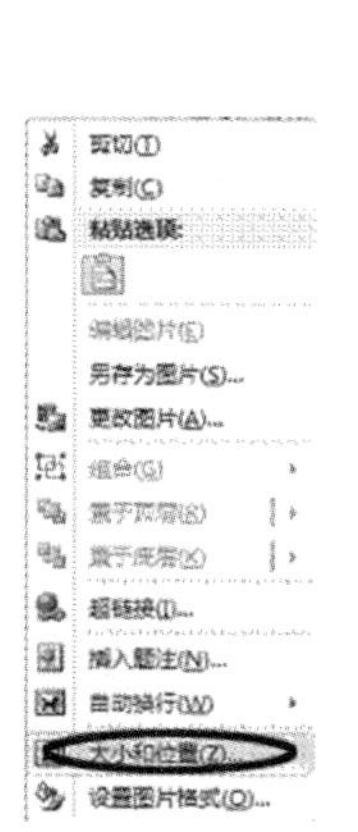

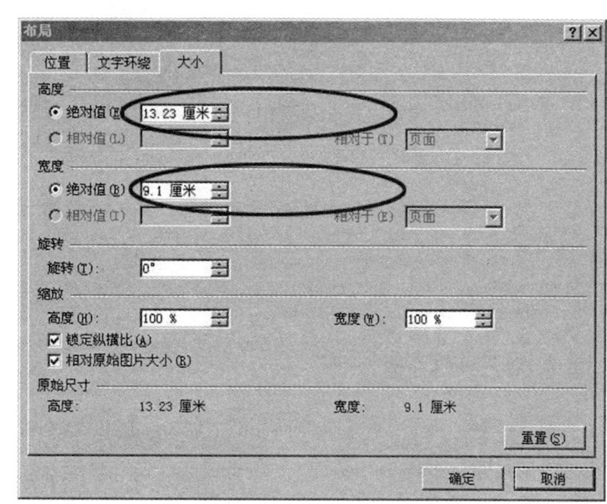

图3－2－3－1

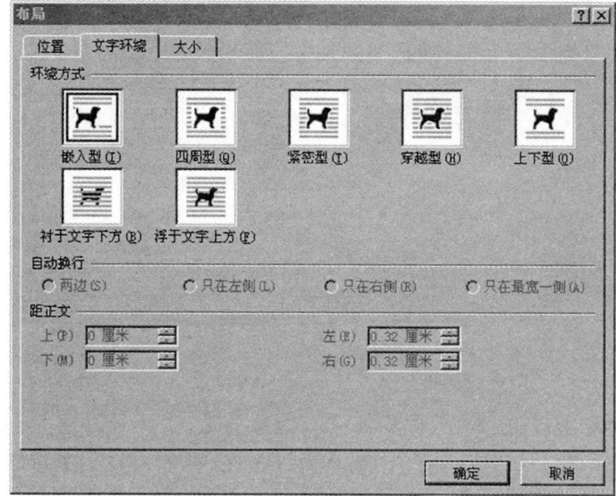

图3－2－3－2

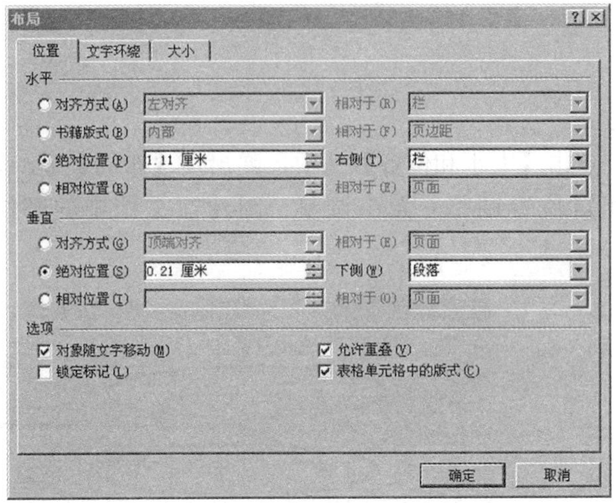

图 3－2－3－3

📖任务实施

一、插入图片并调整图片

步骤 1：执行【插入】→【插图－图片】→【插入图片】对话框，如图 3－2－3－4 所示，在该文档中插入指定的图片。

图 3－2－3－4

步骤 2：在插入的图片上单击鼠标右键，选择【大小和位置】，在【布局】对话框中选择【文字环绕】，将“环绕方式”设置为【四周型】，最后单击【确定】按钮，如图 3－2－3－5 所示。

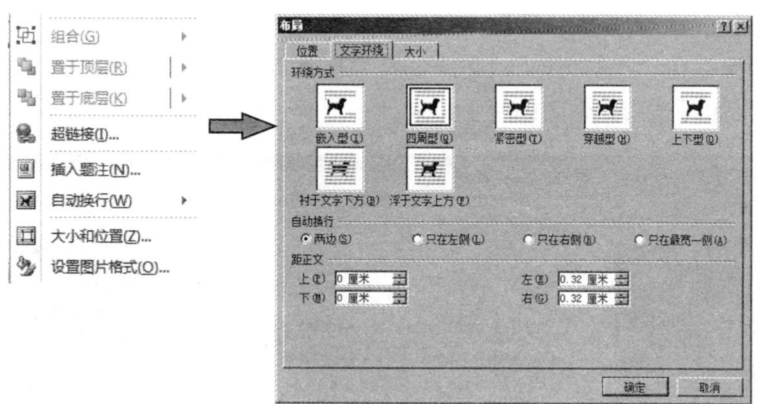

图 3—2—3—5

步骤 3：将图片拖动到合适的位置。

二、设置背景颜色

【页面布局】菜单→【页面背景－页面颜色】→【其他颜色】选项→【颜色】对话框。

在【颜色】对话框中选择自定义选项，颜色模式为“RGB”，红色填“234”，绿色填“241”，蓝色填“221”，如图 3—2—3—6 所示，按确定按钮。

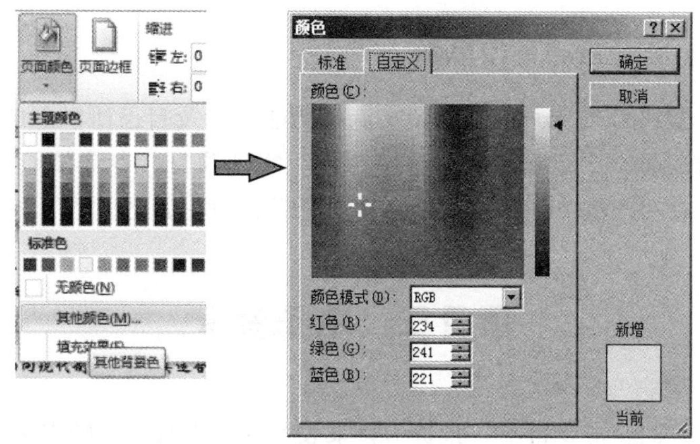

图 3—2—3—6

操作与提高

一、根据要求完成操作

编辑要求：

1. 设置标题为楷体、一号字、加粗、居中，字符间距为加宽磅值选择 3 磅，字符间距位置为提升。

2. 正文设置为首行缩进 2 字符、1.5 倍行距、楷体、四号字、加粗。

3. “联系电话”前插入“☎”。

4. 文档保存在“我的文档”，文件名为“通知.doc”，设置密码“123”。

最终效果如图 3－2－3－7 的所示：

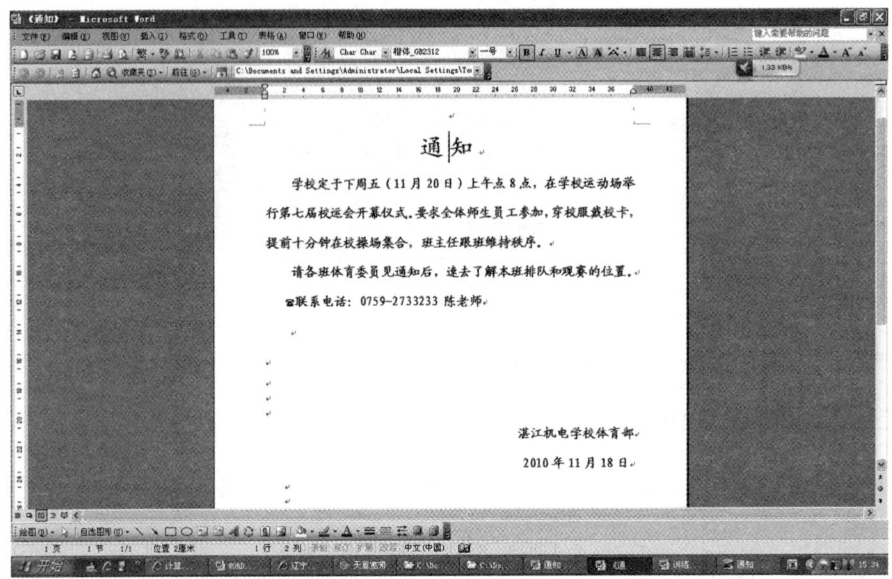

图 3－2－3－7

二、完成一份专业的宣传单张

请你利用所学到的 Word 2010 的图文混排功能，以及自己所学到的基本操作知识，根据自己所学的专业，介绍本专业的主要课程、实训项目、专业技能、就业方向等信息；制作一份专业的宣传单张，要求内容真实可靠、简明扼要。

项目三　电子贺卡

逢年过节，人们经常要寄上一张贺卡，来表示对亲人及朋友的祝福。贺卡的形式多种多样，用 Word 制作的电子贺卡，既可以 E－mail 的形式发送，也可以打印出来。下面介绍如何制作贺卡。

知识目标

掌握文档的页面设置。

掌握对象的插入和图文混排。

掌握表格创建与编辑操作。

了解常用的 Word 工具的使用。

了解打印设置。

实施步骤

页面设置 → 页面边框 → 页面背景 → 艺术字设置 → 文本框设置

效果预览

任务一 贺卡页面设置

🕮任务描述

网络上有很多节日的图片素材，怎样才能够将素材组合起来，并与自己要做的主题内容相结合呢？要做好一张好的贺卡，颜色、图片和页面的搭配就显得尤为重要了。

🕮任务分析

本任务需要利用有限的素材，结合页面进行图文混排。本任务需对页面设置有所了解，能熟练使用图片对文档进行修饰。

🕮知识链接

Word 2010 中，提供了对文档打印页面的设置功能，可用它对要打印的文档进行页面设置。

【文件】→【页面设置】→【页面设置】对话框（如图 3-3-1-1 所示）。

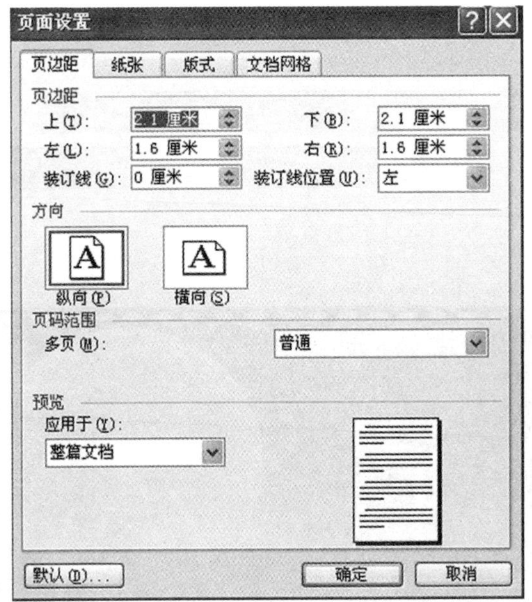

图 3-3-1-1

页边距：指页的边缘与正文的距离，有上、下、左、右页边距。

方向：纸张默认为纵向，如果是列数多、宽度宽的表格，可以改变纸张方向为横向。

版式：设置文档的页眉、页脚的宽度及页面的字符排列方式。

🕮任务实施

一、页面设置

设置页边距上下“0.5 厘米”，左右为“0.65 厘米”，方向为“横向页面”。

1. 执行【页面布局】→【页面设置】工具栏，弹出【页面设置】对话框，如图3-3-1-2所示。

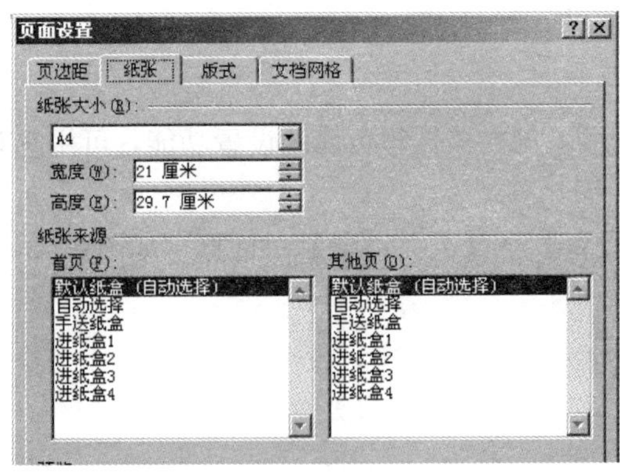

图 3-3-1-2

2. 单击“纸张”的下拉列表框箭头，选择“纸张大小”为“自定义大小”，宽为

18 厘米，高为 12.5 厘米。

二、设置页面边框

1. 执行【开始】→【段落】工具栏→【边框与底纹】选项→【边框与底纹－页面边框】选项卡。

2. 单击【页面边框】→【艺术型】，按图 3－3－1－5 所示进行选择。

3. 单击“选项”，弹出“边框和底纹选项”对话框，按图 3－3－1－3 所示进行选择。

4. 单击“确定”按钮。

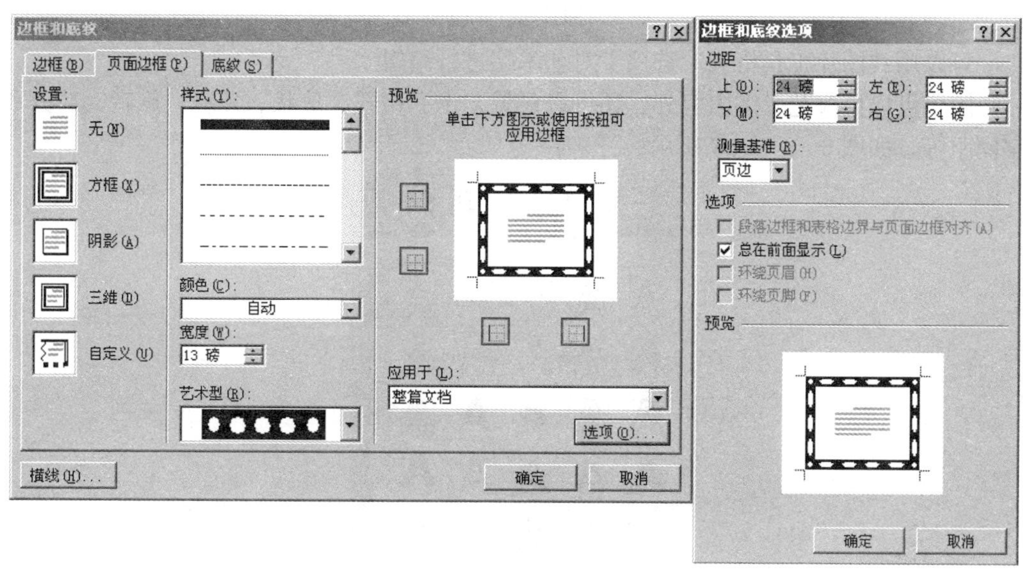

图 3－3－1－3

三、页面背景

背景设置：【页面布局】→【页面设置】工具栏→【页面颜色－填充效果】选项→【图片选项卡】→【选择图片】按钮→选择使用作为背景的图片。

任务二　充实贺卡内容

🕮任务描述

前面的贺卡页面设计好了，可以利用艺术字给贺卡增加更多的美感和贺卡，使贺卡更能体现个人的审美。

🕮任务分析

单纯的文字略显单调，本任务要用艺术字对贺卡进行内容的填充，需初步了解艺术字的插入和简单的设置。

📖知识链接

艺术字也是一种自选图形，插入艺术字和编辑操作具有编辑自选图形的许多特点，并且兼有文字编辑的内容；在 Word 2010 里，艺术字其实与文本框是一样的，把文本框的内容进行艺术字设置就变成了艺术字，如图 3－3－2－1 所示（Word 2010 的艺术字与其他版本的有一定的区别）。

图 3－3－2－1

可以用“图片工具格式”选项卡对艺术字进行编辑。

除了可以更改艺术字内容外，还可以设置艺术字格式、形状、环绕、旋转、对齐和字间距等，如图 3－3－2－2 所示。

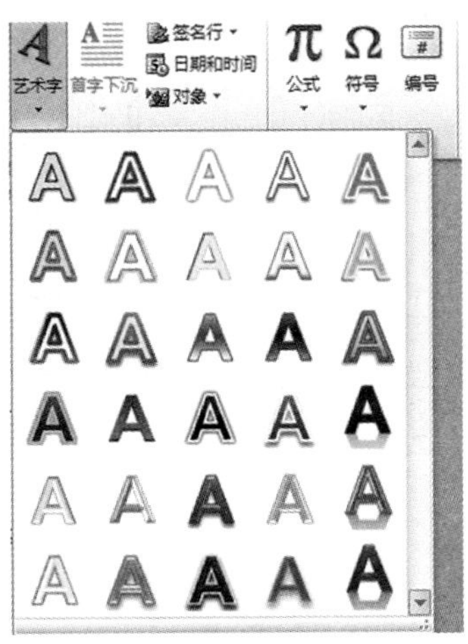

图 3－3－2－2

📖任务实施

1. 插入一个艺术字作为诗句标题。

【插入】→【文本－艺术字】→在框里输入标题文字，设置字体大小。

【绘图工具－格式】→【文本】工具栏组→【文字方向】选项中选择“垂直”。

【绘图工具－格式】→【艺术字样式－文本效果】，可设置自己喜欢的文字效果。

2. 插入诗句艺术字（诗句），并对诗句进行文本格式化，美化版面。

（1）插入艺术字，输入诗句，字体为“华文行楷”、小四号字。

（2）按鼠标左键，移动艺术字到适当的位置。

3. 插入诗句艺术字（祝福语）。

（1）插入艺术字，输入祝福语，字体为“宋体”、20 磅字。

（2）艺术字形状第一句为“波浪 2”型，第二句为“波浪 1”型。

（3）【绘图工具－格式】→【艺术字样式】→【设置文本效果格式】，对祝福语做以

图 3-3-2-3 所示设置。

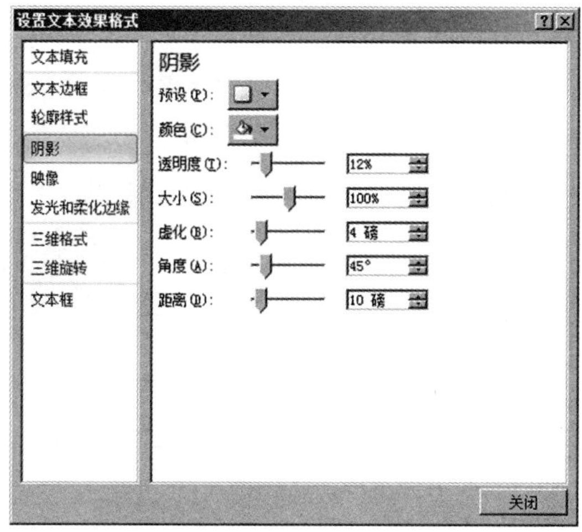

图 3-3-2-3

操作与提高

根据本项目素材完成练习。

项目四　电子板报

电子板报是班级环境布置以及班集体文化的一种表现，报纸与普通文档的编排有一定的区别，通常是先将整个版面排出来，再对所排版面的文字及版式进行修改。本例将介电子板报的制作方法。

知识目标

通过本任务的学习，能熟练掌握剪贴画、图片、文本框、艺术字、图形的插入和相关设置，利用图文混排功能美化文档。

实施步骤

效果预览

任务一　板报页面设置

🕮任务描述

电子板报其实也就是宣传广告按比例的缩小版，可将板报分成多栏，使页面更加实用美观。

🕮任务分析

使用 Word 2010 艺术字，把艺术字作为板报的报头，对其形状、样式、三维效果进行设置，可得到理想的效果。

🕮知识链接

分栏设置：

选中所有文字或选中要分栏的段落，单击进入“页面布局”选项卡，然后在“页面设置”选项组中单击“分栏”按钮，在分栏列表中我们可以看到有一栏、二栏、三栏、左、右和栏数，可以根据自己想要的栏数来选择，如图 3−4−1−1 所示。

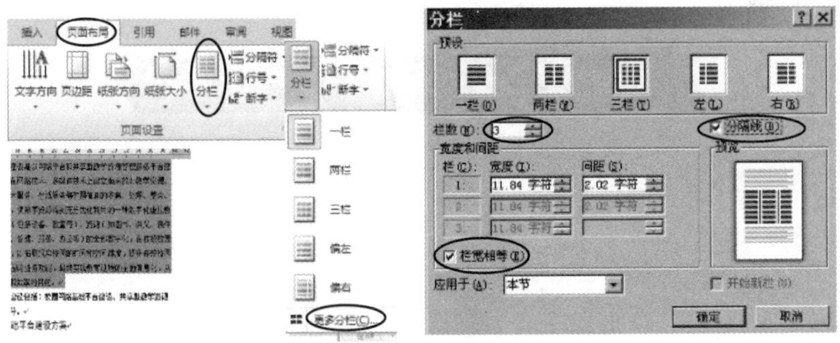

图 3−4−1−1

如需更多的栏数，可在栏数中设置需要的数目，上限为11。

如想要在分栏的效果中加上分隔线，勾选“分隔线”确定即可。

📖任务实施

1. 页面设置。

【页面布局】菜单→【页面设置】工具组→【页面设置－页边距】选项卡→【页面设置】对话框；设置页边距为上下为1.3厘米，左、右为1.5厘米；装订线0厘米；装订线位置为上，方向为横向，纸张大小为A4。

2. 分栏。

【页面布局】菜单→【页面设置】工具组→【页面设置－分栏】选项卡→【分栏】对话框；选择“两栏”，栏宽相等，无分割线。

3. 背景设置。

【页面布局】菜单→【页面背景】工具组→【页面颜色－填充效果】选项→【填充效果】对话框→【纹理】选项卡，选择第四行第三列的纹理图案作为背景，如图3－4－1－2所示。

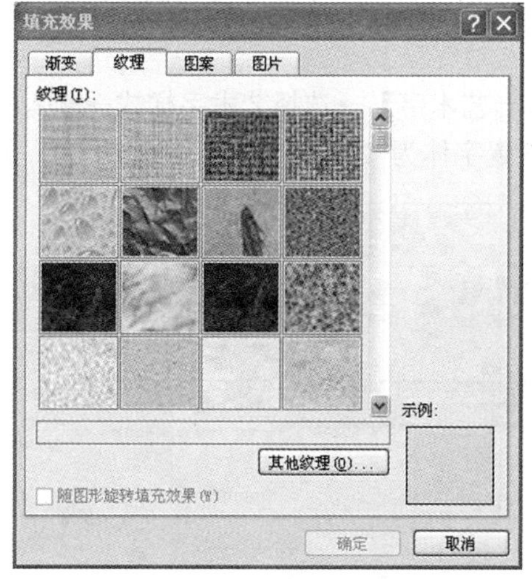

图3－4－1－2

任务二　报头设置（插入艺术字）

📖任务描述

报头作为整张板报的主题，内容既要简明，文字更要具有隐含表现板报主题的作用，所以报头显得极其重要。要使报头更能体现板报内容，应用艺术字可以达到好的效果。

📖任务分析

使用Word 2010修改艺术字效果。

📖知识链接

修改艺术字效果：

选择要修改的艺术字，单击功能区中“绘图工具”的“格式”选项卡，将显示艺术字的各类操作按钮，如图 3－4－2－1 所示。

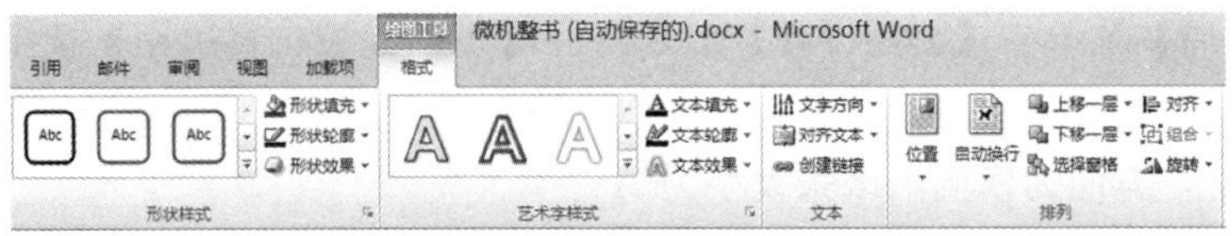

图 3－4－2－1

在“形状样式”分组里，可以修改整个艺术字的样式，并可以设置艺术字形状的填充、轮廓及形状效果。

在“艺术字样式”分组里，可以对艺术字中的文字设置填充、轮廓及文字效果。

在“文本”分组里，可以对艺术字文字设置链接、文字方向、对齐文本等。

在“排列”分组里，可以修改艺术字的排列次序、环绕方式、旋转及组合。

在“大小”分组里，可以设置艺术字的宽度和高度。

📖任务实施

1. 【插入】→【文本－艺术字】→选择艺术字样式→输入文字“我们从这里起飞”，如图 3－4－2－2 所示，设置字体为“华文行楷”，字号为 36，加粗。

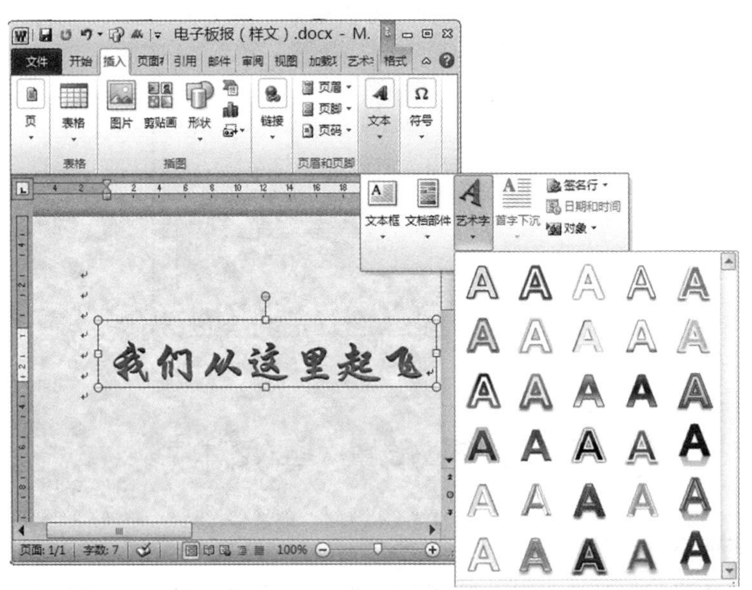

图 3－4－2－2

2. 选中艺术字→【绘图工具】→【文本效果】→【转换】→【转换】→选择“左牛角形”，如图 3－4－2－3 所示。

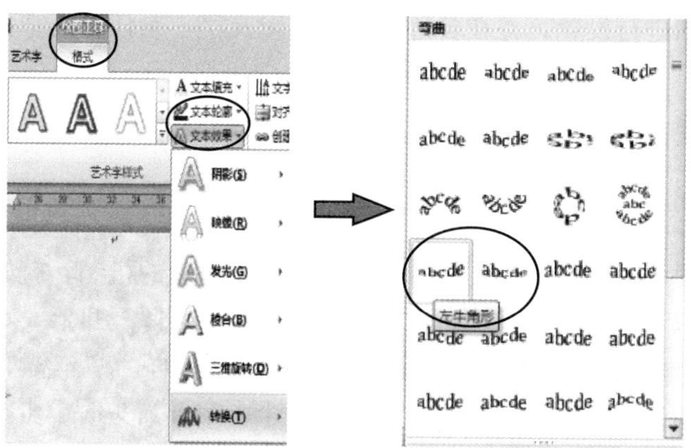

图 3－4－2－3

3. 移动鼠标，选定位置调整柄，按住左键，可自由调整艺术字的放置角度。按住形状调整点可调整艺术字的形状。

4. 选中艺术字→【绘图工具】→【艺术字样式】→【设置文本效果格式】对话框，在对话框里可利用里面的设置，修改自己喜欢的艺术字的颜色、三维格式、文本边框等，如图 3－4－2－4 所示。

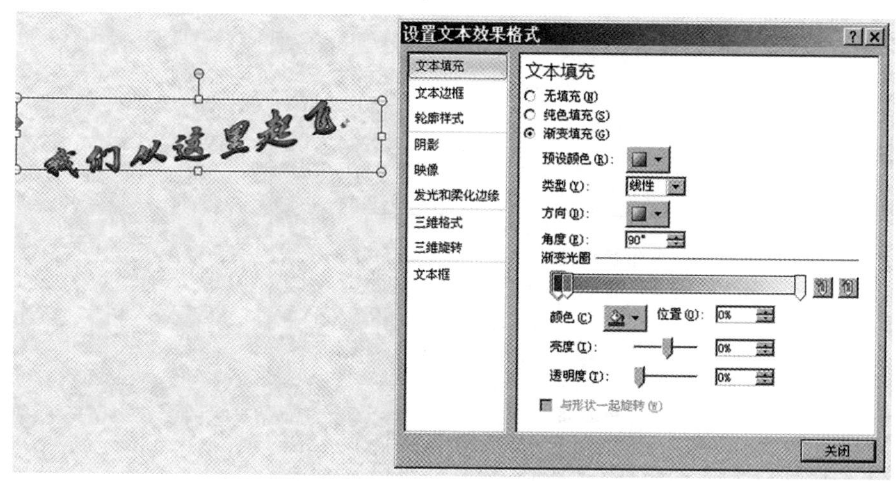

图 3－4－2－4

任务三　自选图形的操作

🕮任务描述

对于一些简单的图形，我们可以采用自选图形的方法来绘制。本任务为在电子板报中插入自选图形和文本框，并设置格式，使学生掌握在文档中插入自选图形的基本操作。

🕮任务分析

在电子板报文档中，单纯使用文本档不理想，采用自选图形，可以根据文档的内容，对文字和板面进行设置，并在自选图形里编辑文字。本任务需掌握自选图形的相关设置。

知识链接

一、文本框

Word 2010 文本框是将一段文档作为一个整体来处理的机制，就好比是园中园，文本框中的文档可以看作一个子文档，它可以整体移动、删除、排版。

1. 选定文本框：在对文本框操作前，应先选定文本框。文本框的选定方法是：用鼠标指向文本框的边框上任意处，当鼠标变成一个十字形箭头时单击，使文本框外边显示 8 个控制点。

2. 在文本框中插入内容。

二、形状

Word 2010 提供了一个插入“形状”的按钮，通过该按钮，我们可以根据需要绘制各种各样的形状来增加文档的直观性。常见的形状有箭头、线条、矩形、流程图、标注、多边形、特大括号、多角星、特殊图形等，如图 3-4-3-1 所示。

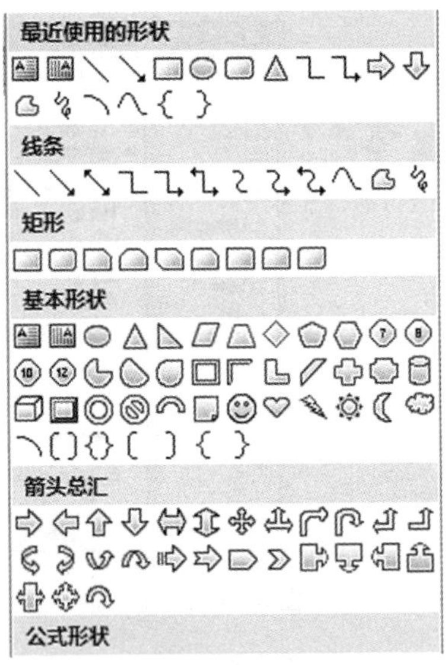

图 3-4-3-1

在“插入”选项卡的“插图”组中单击“形状”按钮，在列表中选择某一类别及图形，再单击文档，所选图形按默认的大小插入文档中；若要插入自定义图形，则单击图形起始位置并按住鼠标左键拖动，直至图形成为所需大小时松开鼠标；若要保持图形的高宽比，拖动时应按住 Shift 键。

📖任务实施

1. 录入“第一期 XXX 班主办”，设置字体为黑体、四号、加粗、居中。所有文章正文字体为华文行楷、五号字，首行缩进 2 字符。

2. 【插入】→【插图－形状】→选中圆角矩形，在空白处拖动鼠标，生成一个矩形图。

3. 选中“圆角矩形”→鼠标右击→【设置形状格式】选项→【设置形状格式】对话框，自选填充颜色、线条颜色，实线粗细为 1.5 磅，如图 3－4－3－2 所示。

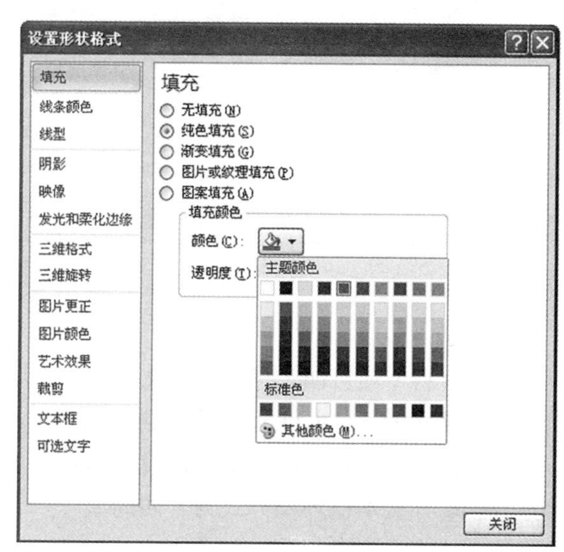

图 3－4－3－2

4. 在【布局】对话框中，设置【大小】尺寸为高度 9.36 厘米，宽度 12.7 厘米，如图 3－4－3－3 所示。【文字环绕】设置为浮于文字下方。

5. 选中“圆角矩形”→鼠标右击→【添加文字】选项→【插入】→【文本－对象】→【文本中的文字】→选中素材中的“那些日子.docx”，将文本中的内容插入矩形中，标题文字为楷体 _ GB2312、二号字、加粗倾斜、居中。

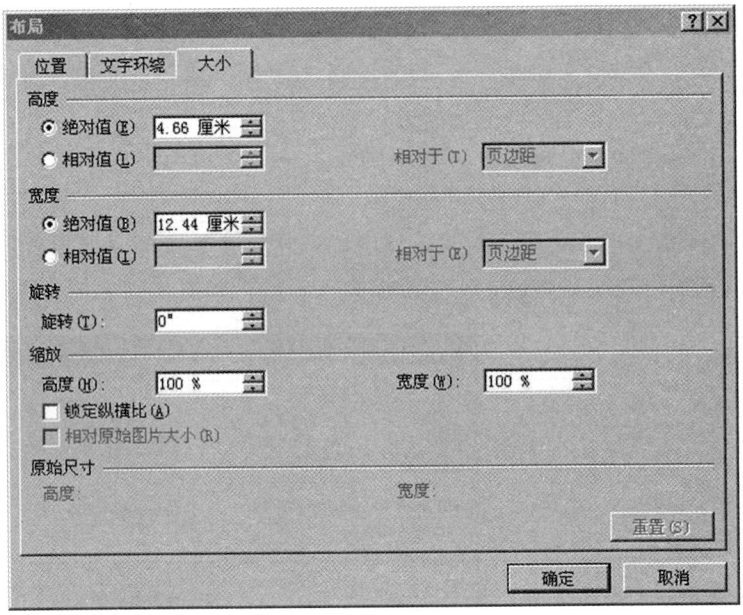

布局
位置
文字环绕
大小
高度
绝对值(E)
4.66 厘米
相对值(L)
相对于(T)
页边距
宽度
绝对值(B)
12.44 厘米
相对值(I)
相对于(E)
页边距
旋转
旋转(T):
0°
缩放
高度(H):
100 %
宽度(W):
100 %
锁定纵横比(A)
相对原始图片大小(R)
原始尺寸
高度:
宽度:
重置(S)
确定
取消

图 3-4-3-3

6. 找到“素材\项目四\任务三”文件夹，选中“勤奋.doc”插入。

【插入】→【文本-文本框】→【绘制竖排文本框】选项，画出一个长方形的文本框，输入标题文字“勤奋”；打开文本框设置窗口，如图 3-4-3-4 所示设置，填充效果纹理为“信纸”，文本框环绕方式为“四周型”。

设置图片格式
填充
线条颜色
线型
阴影
映像
发光和柔化边缘
三维格式
三维旋转
图片更正
图片颜色
艺术效果
裁剪
文本框
可选文字
填充
无填充(N)
纯色填充(S)
渐变填充(G)
图片或纹理填充(P)
图案填充(A)
纹理(U):
插入自:

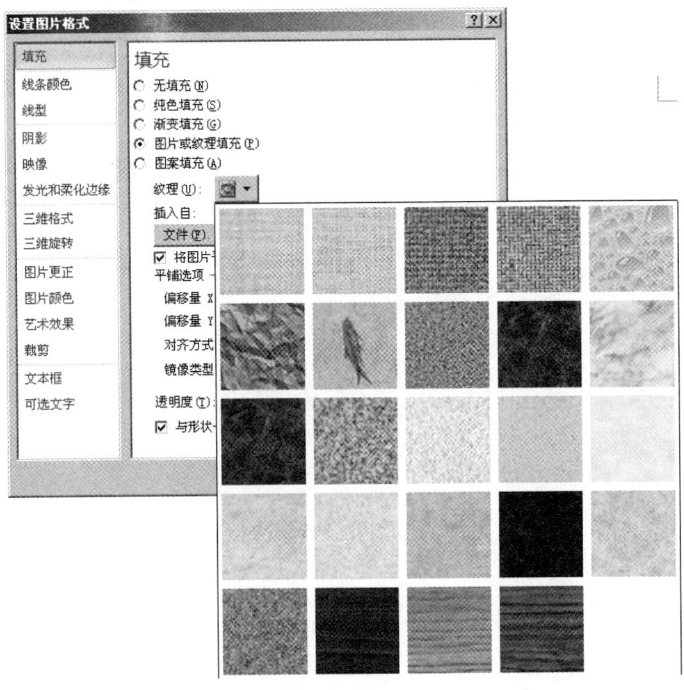

图 3-4-3-4

7. 找到“素材\项目四\任务三”文件夹，选中“新环境.doc”插入。给文章加艺术字标题为“新环境新起点新进步”，宋体36磅，自行调整艺术字样式等。找到“素材\项目四\任务三”文件夹，插入“惜时.doc”；插入图片“惜时.jpg”，设置环绕方式为“四周型”靠右，加标题为“惜时”，突出显示为红色，自行调整好字符间距。

8. 插入一个横排文本框，找到“素材\项目四\任务三”文件夹，选中“惜时.doc”将其插入文本框；并设置文本框的填充效果为图片“小燕子.jpg”。页面边框可自行添加。

操作与提高

请根据图3-4-3-5所示样例完成如下设置：

页面设置：纸张为A3，上下页边距为3厘米，左右为4厘米，方向为横向。

分栏设置：栏数为3栏。

所用字体：宋体和黑体。

字体大小：小三、小二、小初。

艺术字大小：40。

所有图片缩放：66%。

建议：适当调整字符和段落的间距。

图3-4-3-5

项目五　Word 2010 的表格与工具

本项目通过使用表格来组织有规律的文字和数字。表格的优点是结构严谨，效果直观。一张简单的表格往往可以代替大量的文字叙述，而且具有更直观的表达意图。使用工具项对文档进行修订和批量工作，以减少工作量。本项目推荐课时为10课时。

知识目标

熟悉制作简单的规则或不规则表格的方法。

能根据实际需求对表格进行修改（插入新的行或列，删除行、列或整个表格）。

熟悉表格的行高、列宽、边框、底纹等的设置。

掌握邮件合并的应用。

实施步骤

效果预览

计算机平面设计班 2011 年上学期期末考试成绩表

科目 / 姓名	网络技术	微机组装	数据库	FLASH	VB	总分
冯志军	100	98	100	97	100	495
曾国贵	98	100	97	100	86	481
宋伟	96	89	99	96	98	478
张海燕	97	94	89	90	90	460
何　珍	94	84	98	89	94	459
陈建国	95	89	93	87	86	450
郭海峰	84	89	90	90	97	450
李银青	88	98	82	85	89	442
罗劲	79	87	97	88	91	442
黎明	87	87	85	92	89	440

任务一　创建成绩表

📖任务描述

每到学期末，学校都要整理出期末考试的成绩，那如何快捷地生成成绩表呢？现在，就让我们一起了解如何利用 Word 表格来生成成绩表。

📖任务分析

使用 Word 2010 打开文档，将文档里面的数据转成表格，以便查阅，再插入行和列，将表格的内容补充完整。

📖知识链接

一、创建表格

1. 用“表格选择框”创建表格。

定位→【插入】→【表格】组→【表格】按钮子菜单，如图 3-5-1-1 所示。

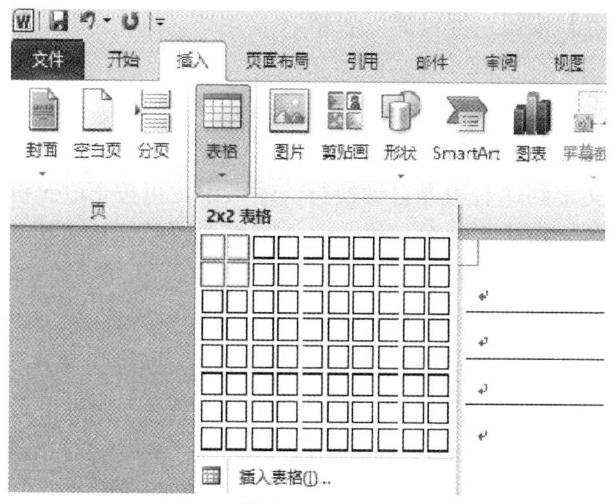

图 3-5-1-1

拖动鼠标选择表格行数和列数，松开按钮，在插入点光标处插入一个对应的空规范表格。

2. 用“绘制表格”工具创建表格（如图 3-5-1-2 所示）（可以如同用笔一样在页面上随意绘制不规则的表格）。

方法：【插入】→【表格】组→【表格】按钮子菜单【绘制表格】选项。

鼠标指针变成铅笔形状，可在页面上随意绘出需要的表格。绘制表格时，显示表格工具“设计”选项卡。

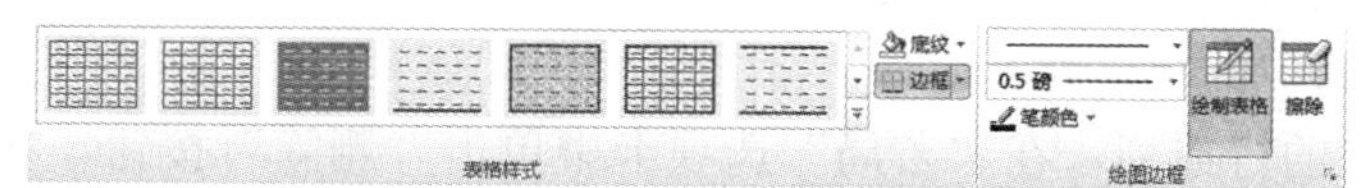

图 3-5-1-2

3. 插入表格。

(1)【插入】→【表格】组→【表格】按钮子菜单【绘制表格】选项。

(2) 在【表格尺寸】项目组中，设置表格的【列数】和【行数】，如图 3-5-1-3 所示。在【“自动调整”操作】项目组中，选中【根据内容调整表格】单选框，此时表格的宽度将会随着内容的多少而改变大小。

插入表格
表格尺寸
列数(C): 5
行数(R): 2
“自动调整”操作
固定列宽(W): 自动
根据内容调整表格(F)
根据窗口调整表格(D)
为新表格记忆此尺寸(S)
确定 取消

图 3-5-1-3

(3) 单击【确定】按钮，即可插入表格。

二、表格操作

1. 输入和编辑单元格内容。

单元格中输入文字到达右边界自动换行。输入中，可按 Enter 键换行。

若要删除整个单元格或多个单元格内容，可先选取单元格后按 Del 键。

2. 选择单元格、行、列或表格。

可用鼠标选定表格中单元格、行或列：

(1) 选择一个单元格：鼠标指针移到单元格左边，光标为“➚”状时单击左键。

(2) 选择表格中一行：鼠标移到行左边，光标为“⇗”状时单击左键。

(3) 选择表格中一列：鼠标移到列上方，光标为“⬇”状时单击鼠标。

(4) 选定开始单元格，再按住 Shift 键并选定结束的单元格。

(5) 表格移动：选定表格→左上角出现“移动手柄”→光标移至“移动手柄”→按住左键拖动表格。

三、表格修改

1. 在表格中插入行或列。

在“布局”选项卡“行和列”组单击“在上方插入”“在下方插入”“在左侧插入”“在右侧插入”按钮，可以插入行或列。

2. 删除表格中的行或列。

选择要删除的行或列，在“布局”选项卡中单击“删除”按钮，在子菜单中选择“删除行”“删除列”“删除单元格”选项。

🕮任务实施

一、表格制作

打开素材“\项目六\任务一\成绩表（原文）.docx”，选中所有字符。

【插入】→【表格】组→【表格】按钮子菜单→“文本转成表格”选项→【确定】。文档自动生成了一个 19 行 6 列的表格。

二、插入表格行、列

1. 选中第一行，执行【表格工具－布局】→点击【在上方插入】选项，如图 3-5-1-4所示，在表格上方生成行空白行。

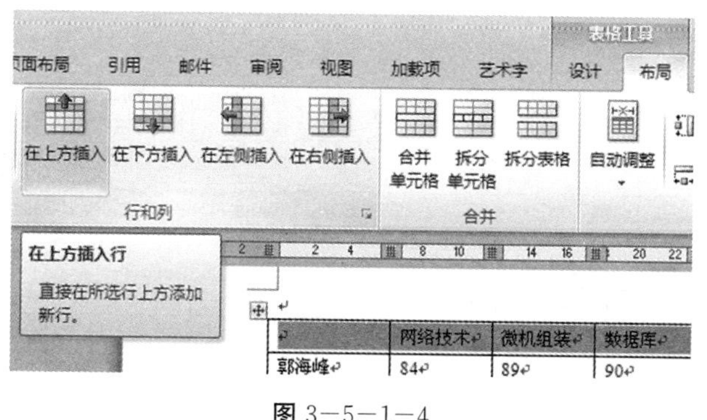

图 3—5—1—4

2. 把光标移到表格右下角外，按回车键，在最后给该表添加一行，如图 3—5—1—5 所示。行表头填入“备注”。

沈　智	78	57	69	50	78
钟伟明	76	43	52	80	78

图 3—5—1—5

3. 把光标移到表格右侧，执行【表格工具－布局】→点击【在右侧插入】选项，在表格右侧插入一空白列，列表头输入“总分”。

4. 删除“冯志军”的所有成绩，删除“钟伟明”的所有信息。

任务二　成绩表编辑

🕮任务描述

刚创建的表格，往往离应用的要求有一定的差距，还要进行适当的编辑。本任务是对表格进行单元格的拆分、调整行高列宽等操作，掌握编辑表格的基本操作。

🕮任务分析

对“成绩表”表格进行单元格合并与拆分、单元格的插入与删除、行高列宽的调整等操作，并设置单元格对齐方式。

🕮知识链接

一、单元格的合并和拆分

1. 合并：选定单元格，在“布局”选项卡“合并”组单击“合并单元格”按钮。
2. 拆分：插入点置于单元格，在“布局”选项卡“合并”组单击“单元格”选项。

二、行高和列宽的调整

1. 方法一：

单击“布局”选项卡。在“单元格大小”中设置“表格行高”数值可以设置行高如图 3—5—2—1 所示，设置“表格列宽”数值可以设置列宽。

计算机平面设计 2013 年上学…

姓名	网络技术	微机组装	数据库		…B	
冯志军	100	98	100	97	100	
曾国贵	98	100	97	100	86	
宋伟	96	89	99	96	98	
张海燕	97	94	89	90	90	
何　珍	94	84	98	89	94	
陈建国	95	89	93	87	86	
郭海峰	84	89	90	90	97	

图 3－5－2－1

2．方法二：

【表格工具－布局】菜单→【表－属性】按钮。

【表格属性】对话框→【行】选项卡→选中【指定高度】复选框，设置当前行高数值，如图 3－5－2－2 所示。单击“上一行”或“下一行”按钮选择当前行。

单击【列】选项卡选中【指定高度】复选框，设置当前列宽数值。单击“前一列”或“后一列”按钮选择当前列。完成设置后单击“确定”按钮即可。

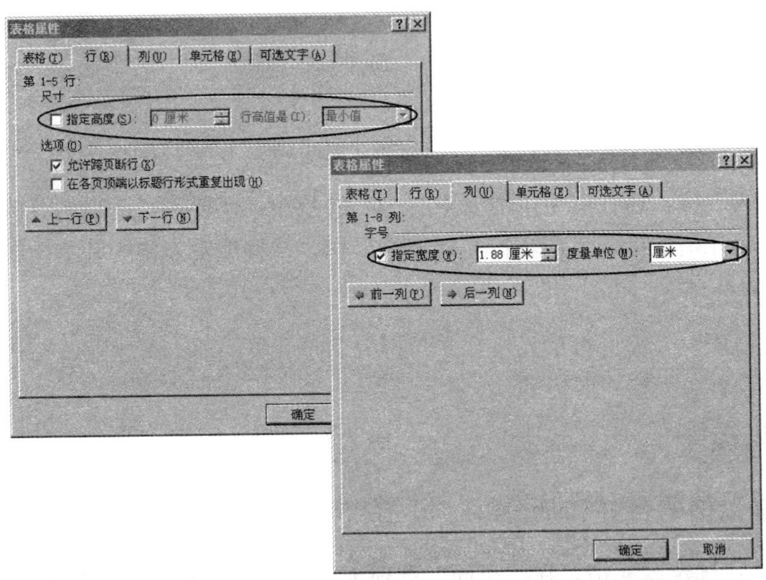

图 3－5－2－2

三、拆分表格

插入点移到新表格第 1 行，在“布局”选项卡“合并”组单击“拆分表格”按钮，如图 3－5－2－3 所示，表格拆为上下两部分，表格间是段落标记。删除段落标记撤消拆分操作，表格合并。

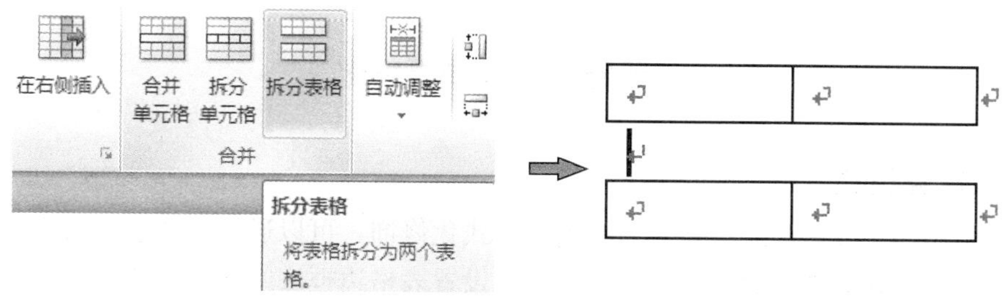

图 3—5—2—3

四、缩放表格

鼠标移动到表格处，右下方出现“*”（表格缩放手柄），鼠标指向表格缩放手柄，按左键拖动缩放表格。

📖任务实施

打开素材：\项目六\任务二\成绩表（原文）.docx。

1. 选定第一行表格→【表格工具－布局】→【合并－合并单元格】图标，合并第一行。

输入标题“2013 年计算机 101 班成绩总表”，将字体设置为三号、宋体、加粗。

2. 第二行列表头文字字体设置为小四号、宋体、加粗，行高为最小值 1.5 厘米，如图 3—5—2—4 所示。

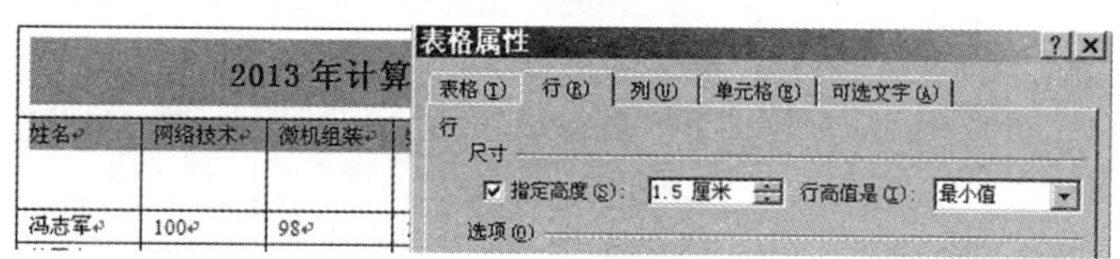

图 3—5—2—4

3. 选定 3—17 行，设置行高为固定值 0.7 厘米，字体设置为小四号、宋体。

4. 合并备注行，设置行高为固定值 1.2 厘米，如图 3—5—2—5 所示，字体设置为四号、宋体、加粗。

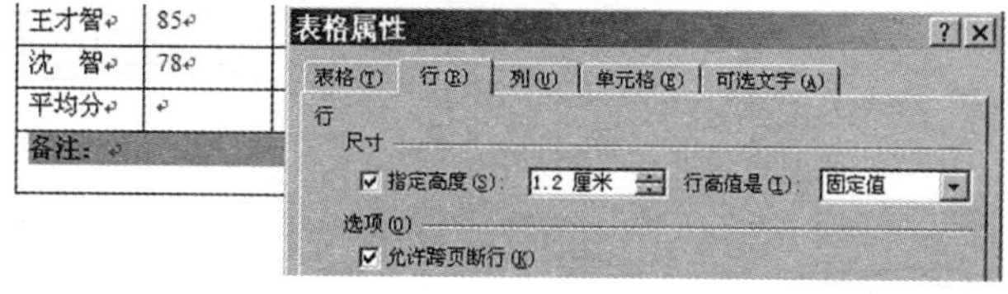

图 3—5—2—5

5. 在“冯志军”这行分别输入他的成绩“88　82　75　97　55”，调整好字体行高。

在“洪悦”在前面插入一行，输入“张无忌　92　77　61　93　96”，调整好字体行高。

任务三　成绩表美化

任务描述

表格制作完成后，还需要对表格进行格式化修饰，可以通过设置表格的边框和底纹样式来达到更好的视觉效果。本次任务学习设置表格边框底纹和使用软件自带样式美化表格。

任务分析

先给表格套用软件自带的样式，再根据内容应用边框和底纹工具来修改样式，并给表格加边框，使打印出来的内容更加整齐。

知识链接

一、表格的文本对齐和表格在页面上对齐

单击表格中的任意单元格→【表格工具—布局】选项卡→【表—属性】按钮→【表格属性】对话框（如图 3—5—3—1 所示）→【表格】选项卡→根据实际需要选择对齐方式选项，

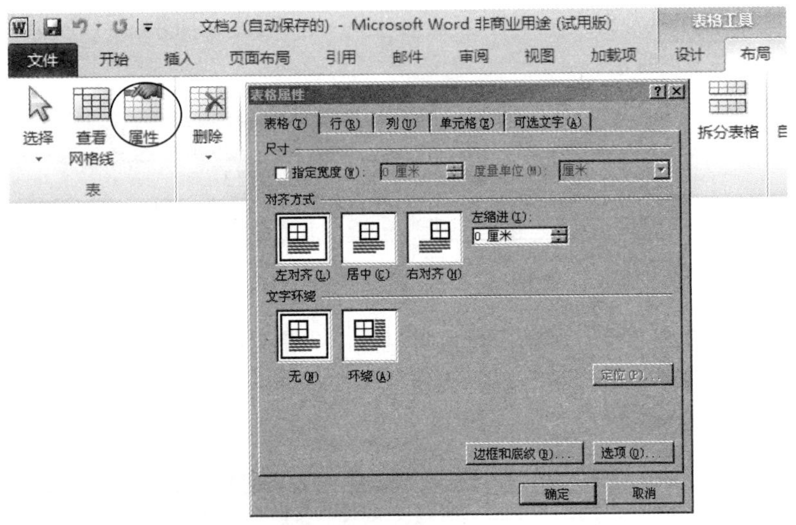

图 3—5—3—1

二、单元格对齐方式

1. 方法一：在“表格工具”功能区设置对齐方式。

选中需要设置单元格→【表格工具—布局】工具栏→【对齐方式】分组→选择对齐方式，如图 3—5—3—2、3—5—3—3 所示。

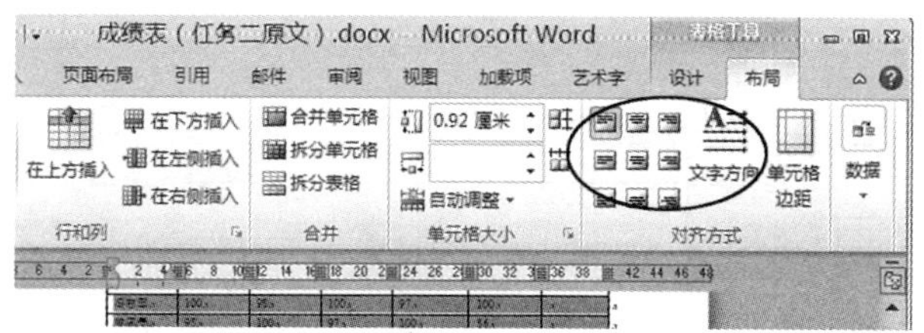

图 3—5—3—2

图 3—5—3—3

2. 方法二：在“表格属性”对话框设置对齐方式。

选中需要设置单元格→【表格工具－布局】选项卡→【表－属性】→【表格属性】对话框→【单元格】选项卡→“垂直对齐方式”区域选择合适的垂直对齐方式（如图3—5—3—4所示）→按【确定】按钮。

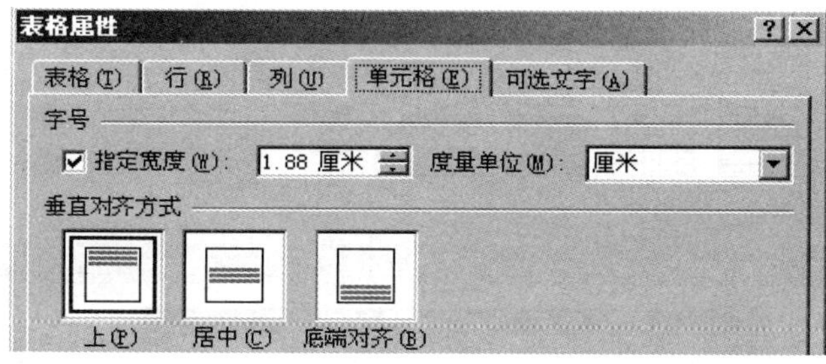

图 3—5—3—4

3. 方法三：在右键快捷菜单中设置对齐方式。

选中单元格→单击右键弹出快捷菜单→“单元格对齐方式”选项→选择对齐方式。

三、表格的边框、底纹与位置

选定表格→【表格工具－设计】选项卡→【绘制边框】→【边框和底纹】对话框（如图 3—5—3—5 所示）。

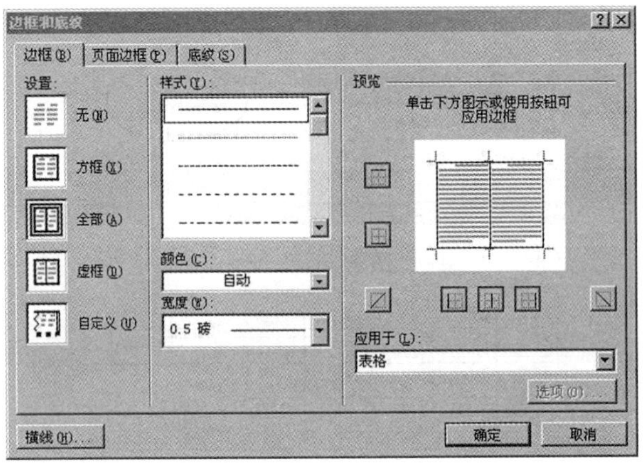

图 3—5—3—5

四、使用表格自动套用格式

选定表格→【表格工具—设计】选项卡→【表格样式】工具栏选项（如图 3—5—3—6 所示）。

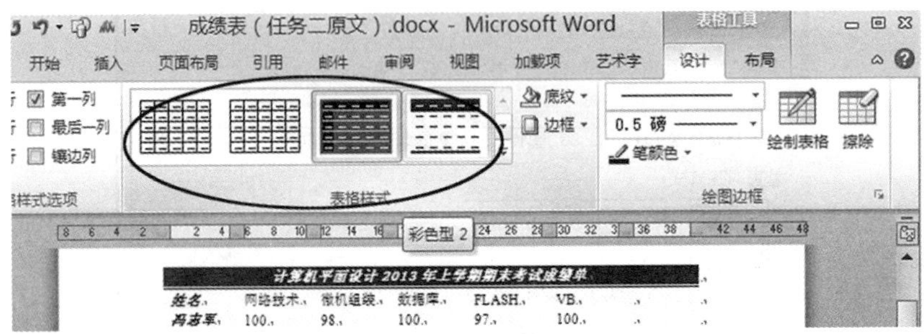

图 3—5—3—6

📖任务实施

打开素材：\项目六\任务三\原文.docx。

1. 选定整个表格→【表格工具—设计】选项卡→【表格样式】→彩色形 2。

2. 选定“姓名”单元格→【表格工具—设计】选项卡→【表格样式—边框】下拉框→斜下框线，给表加上斜表头（如图 3—5—3—7 所示）。

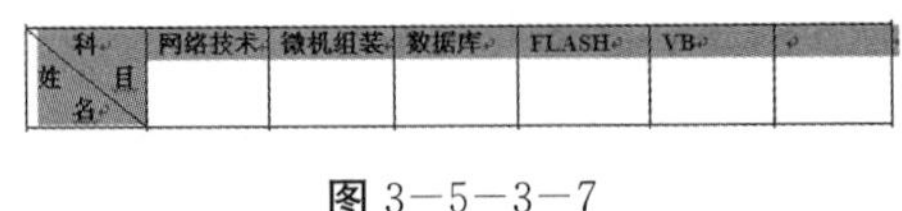

科目 / 姓名	网络技术	微机组装	数据库	FLASH	VB	

图 3—5—3—7

3. 选定整个表格→【表格工具—设计】选项卡→【绘制边框】（笔样式选双实线，笔画粗细为 1.5 磅），【表格工具—设计】选项卡→【表格样式—边框】下拉框→外侧框线（如图 3—5—3—8 所示）。

图 3－5－3－8

4．用同一方法给内部框线添加 0.5 磅的单实线内框。

5．“姓名”列的文字对齐方式调整为中部两端对齐，列标题中部居中对齐，数字中部右对齐，标题中部居中对齐。

6．将备注行的单元格底调整为填充浅蓝色，清除图案。

任务四　成绩表计算与排序

🕮任务描述

成绩表制作完成后，还有一些内容需要进行简单的计算，而且还要根据学生的总分进行排名，让学生知道自己在班里面的学习情况。

🕮任务分析

本任务要对学生成绩的总分进行相应的计算，并对其总分进行排序，这样学生的情况也就一目了然了。本任务需掌握表格工具的数据工具组工具的应用。

🕮知识链接

一、表格中数据的排序

1．Word 2010 使用的排序规则。

表格中的内容可按拼音、笔画、数字、日期的升序或降序排列，如图 3－5－4－1 所示。

2．对表格中数据进行排序。

3．仅对列排序。

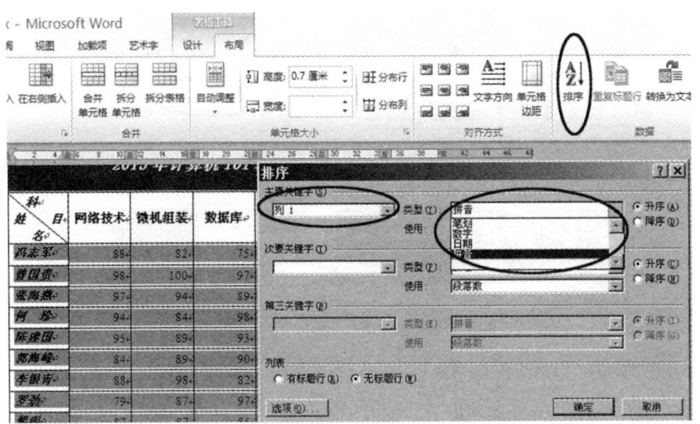

图 3—5—4—1

二、表格中数据的计算

1. 常用计算公式。

在 Word 2010 中，可以对表格中的数据进行求和、求平均值等计算。所有计算都是通过计算公式来完成的，如图 3—5—4—2 所示。常用的计算公式如下：

（1）求和公式（SUM）。

（2）求平均值（AVERAGE）。

（3）计数公式（COUNT）。

（4）求最大值（MAX）。

（5）求最小值（MIN）。

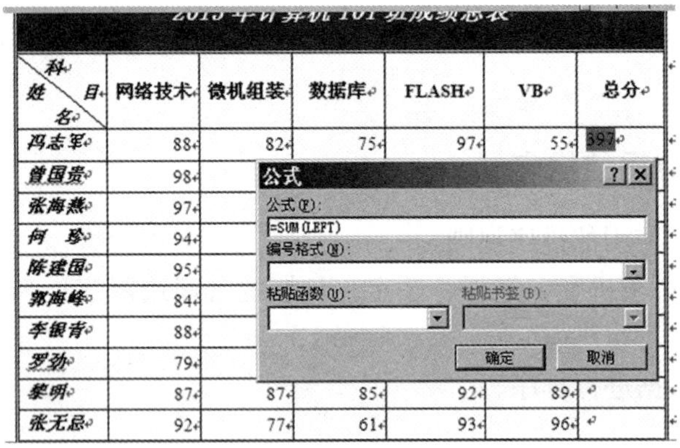

科目 / 姓名	网络技术	微机组装	数据库	FLASH	VB	总分
冯志军	88	82	75	97	55	397
曾国贵	98					
张海燕	97					
何 珍	94					
陈建国	95					
郭海峰	84					
李银青	88					
罗劲	79					
黎明	87	87	85	92	89	
张无忌	92	77	61	93	96	

公式
公式(F): =SUM(LEFT)
编号格式(N):
粘贴函数(U): 粘贴书签(B):
确定 取消

图 3—5—4—2

2. 在运算中的表示方法：

表格行列号表示：列号 A，B，…；行号 1，2，…

单元格地址：用列号行号表示，如 B4。

表格区域：左上角列行号:右下角列行号，如 A4:C9。

📖任务实施

打开素材：\项目六\任务四\原文.docx。

1. 计算“曾国贵”的总分。

将光标点在“曾国贵”的总分单元格→【表格工具－布局】选项卡→【数据－公式】→【公式】对话框→在公式文本框中输入“=SUM（b4：f4）”→【确定】（如图3－5－4－3所示）。

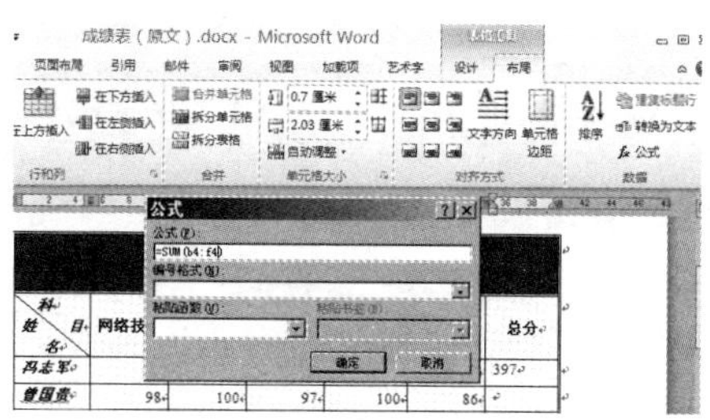

图 3－5－4－3

按照上一步骤，把所有同学的总分计算出来，保留 1 位小数，并将每科成绩的平均计算出来，保留 1 位小数。

2. 按学生的总分从高到低排序，再按学生的姓名笔画由少到多排序，最后按“网络技术”的成绩由高到低排序，如图 3－5－4－4 所示。

（1）选中列标题和所有学生成绩的表格→【表格工具－布局】选项卡→【数据－排序】→【排序】对话框；

（2）在“列表”选项中选中“有标题行”；

（3）在【主要关键字】下拉框中选“总分”，类型选择“数字”，按降序排序；

（4）在【次要关键字】下拉框中选“科”，类型选择“笔画”，按升序排序；

（5）在【第三关键字】下拉框中选“网络技术”，类型选择“数字”，按降序排序。

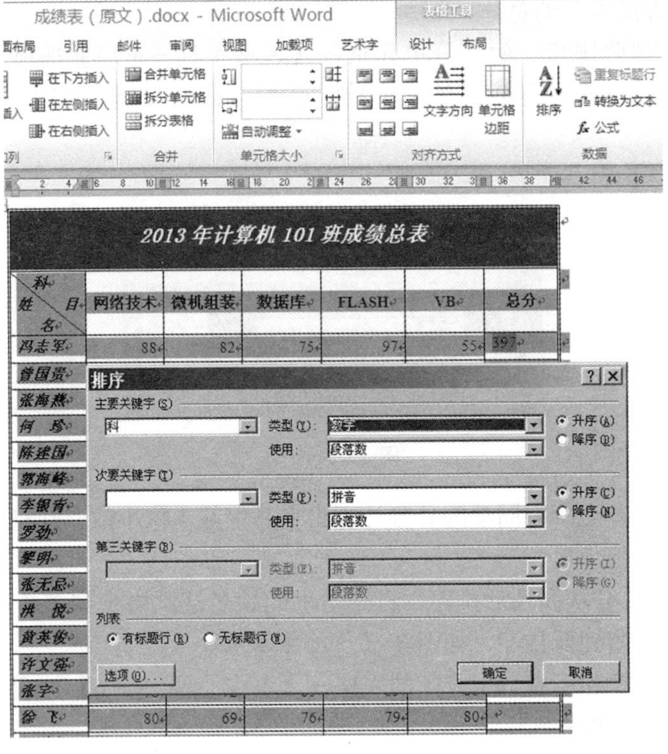

3－5－4－4

操作与提高

1. 对照样例完成表格制作。

2. 根据样例及所提供素材完成报价单、差旅费报销单（如图 3－5－4－5 所示）和参赛表的制作。

报 价 单

电话号码：020-32078051 32078052 **传真号码：**020-32078050

报价单号：N8110001

购货单位：中意电子 李经理 **发件单位：**宏鑫纸品有限公司

电 话：0769-88855999 **付款方式：**

传 真：0769-99955888 **报 价 人：**管理员

生效日期：2008-11-6 **报价日期：**2009-4-21

□紧急 □请审阅 □请批注 □请答复 □请传

类型	纸质	单价	类型	纸质	单价
单坑箱	A-B	2.00			
单坑箱	B-C	4.00			
单坑箱	C-C	1.50			
单坑箱	A-C	2.00			
单坑箱	A3A	0.80			
单坑箱	B3B	1.20			
双坑箱	B=B	3.00			

备注：此报价按以上所述生效日期生效 计价方式：人民币/千平方米

差 旅 费 报 销 单

单位(盖章)： 年 月 日

<table>
<tr><td>姓 名</td><td></td><td colspan="2">证明人</td><td colspan="2"></td><td colspan="2">事 由</td><td colspan="5"></td></tr>
<tr><td rowspan="2">起讫时间</td><td rowspan="2">起讫地点</td><td colspan="2">车船费</td><td colspan="2">住宿费</td><td colspan="4">补贴费</td><td colspan="2">市内交通费</td><td>备 注</td></tr>
<tr><td>张数</td><td>金额</td><td>张数</td><td>金额</td><td>张数</td><td>金额</td><td>张数</td><td>金额</td><td>张数</td><td>金额</td><td></td></tr>
<tr><td></td><td>—</td><td></td><td></td><td></td><td></td><td></td><td></td><td></td><td></td><td></td><td></td><td></td></tr>
<tr><td></td><td>—</td><td></td><td></td><td></td><td></td><td></td><td></td><td></td><td></td><td></td><td></td><td></td></tr>
<tr><td></td><td>—</td><td></td><td></td><td></td><td></td><td></td><td></td><td></td><td></td><td></td><td></td><td></td></tr>
<tr><td></td><td>—</td><td></td><td></td><td></td><td></td><td></td><td></td><td></td><td></td><td></td><td></td><td></td></tr>
<tr><td></td><td>—</td><td></td><td></td><td></td><td></td><td></td><td></td><td></td><td></td><td></td><td></td><td></td></tr>
<tr><td>合 计</td><td colspan="11">万 仟 百 拾 元 角 分 ￥</td><td></td></tr>
<tr><td>核报金额</td><td colspan="11"></td><td></td></tr>
<tr><td>领导审批</td><td colspan="5"></td><td>审批人</td><td colspan="5"></td><td></td></tr>
</table>

3—5—4—5

任务五 不规则表格

📖任务目标

全面掌握表格工具的使用。

学会编排正式文件。

📖任务实施

一、页面设置要求

纸张：A4。页边距：上 1.37 cm，下 2 cm，左 2 cm，右 2 cm。

二、字体要求

文件头：一号黑体，空心，双下划线，分散对齐。

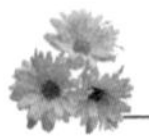

第二行：三号黑体，加粗，“公开”两字左对齐，“X 教函字［20XX］XX 号”等字右对齐。

正文：三号仿宋体_GB2312，其中“商务英语”至“服务与管理”等字是粗体。

签发单位与时间：三号隶书，加粗。

“主题词”3 个字为黑体，三号字，加粗；“通知”等 8 个字为三号仿宋体，加粗；“附考试报名表”设置为宋体，小四，加粗，文字加”玫瑰红”底纹。

效果如图 3−5−5−1 所示。

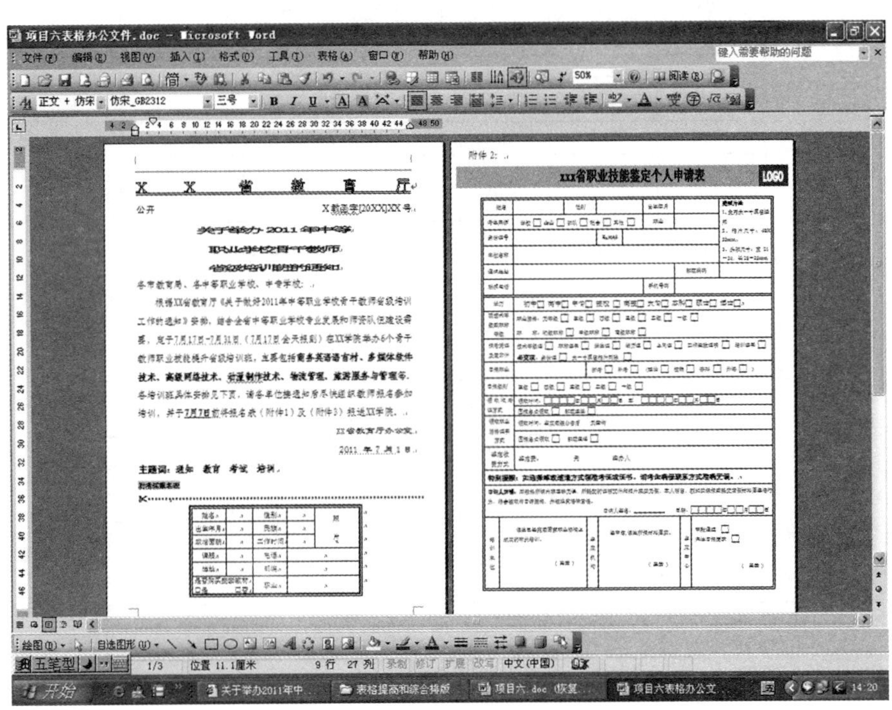

图 3−5−5−1

三、分隔线制作

点击【插入】菜单→【符号】，插入“剪刀”，放在适合位置。

选择【插入】→【插图】工具组→【形状】→直线按钮→画一条直线→选择直线→右键选择【设置形状格式】→【设置形状格式】（如图 3−5−5−2 所示）→“线型”虚实为方点虚线，粗细为 3 磅。

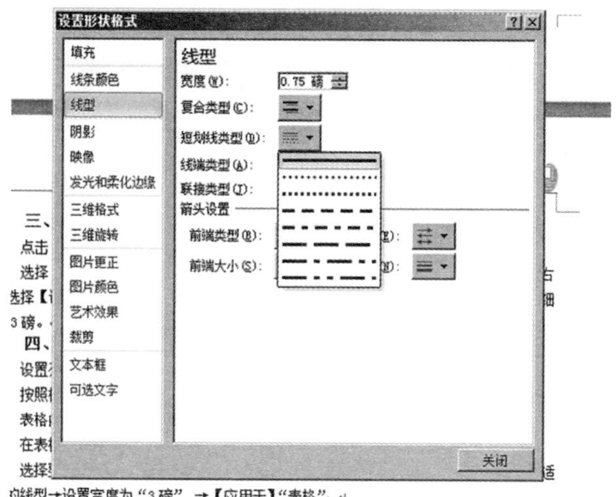

图 3—5—5—2

四、表格制作

设置列数为“5”，行数为“6”（如图 3—5—5—3 所示）。

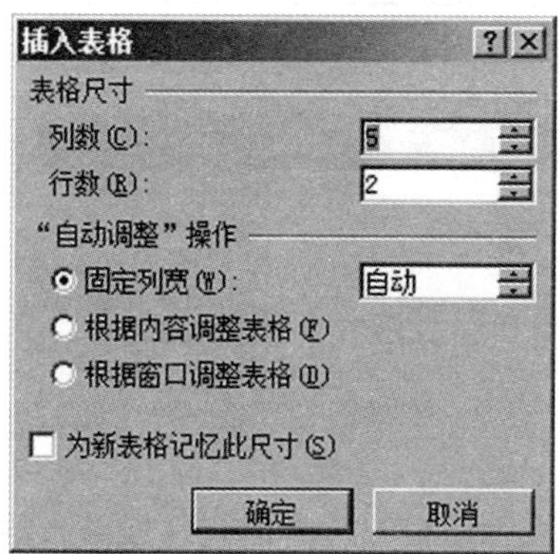

图 3—5—5—3

按照样列，将需合并的单元格合并，并在表格里输入文字。

表格内文字为宋体，小四；单元格内容中部居中。

在表格的第六行第一个单元格中插入文本框，调整大小及位置。

选择整个表格→【表格工具—设计】→【边框和底纹】→【边框】→【三维】→选择适合的线型→设置宽度为“3 磅”→【应用于】“表格”。

操作与提高

利用前面所学会的表格工具以及表格制作方法，对照例图完成任务。

项目六　Word的其他功能

本项目通过几个工作任务，使学生掌握一些不是很常用但又很实用的功能，从而能快速地完成试卷的制作、邮件合并、长文档的排版，以及报纸的编排等，提高自身的工作能力和效率。

知识目标

熟悉“邮件”菜单的功能。

熟悉样式的使用。

熟悉引用菜单工具。

掌握复杂内容的编排。

实施步骤

任务一　邮件合并

🕮任务描述

学期结束时，班主任陈老师要根据已有的各科成绩，给每位同学发一份成绩单。

🕮任务分析

本任务需要先准备好数据表，通过应用邮件菜单的工具实现批量制作个人成绩单。

🕮知识链接

“邮件合并”用于帮助用户在Word 2010文档中完成信函、电子邮件、信封、标签或目录的邮件合并工作。操作步骤如下所述：

1. 打开要合并的Word模板文件→【邮件】菜单→【邮件－开始邮件合并】工具栏组→【开始邮件合并－信函】选项（如图3－6－1－1所示）。

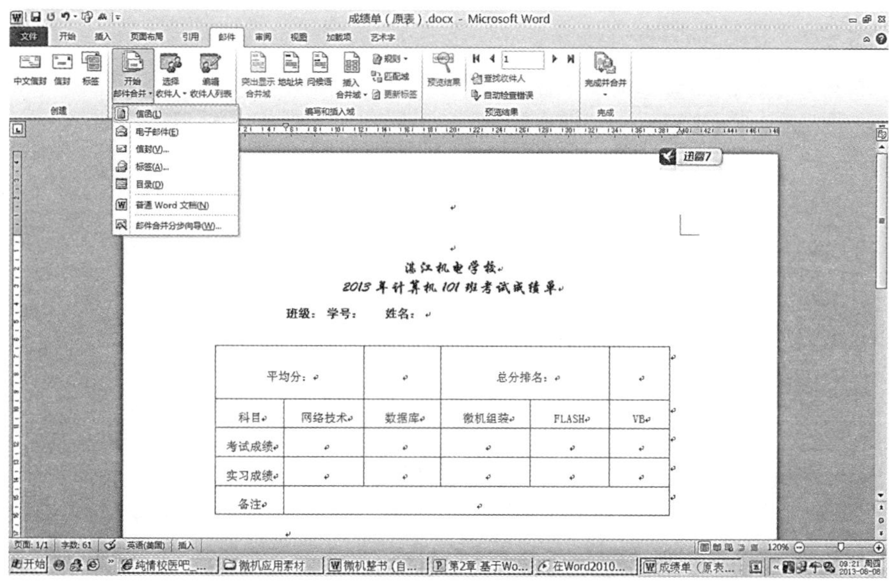

图 3-6-1-1

2.【邮件—开始邮件合并】→【选择收件人—使用现有列表】→【选取数据源】对话框→选取“数据源”文档。

3.【邮件—编写和插入域】→【插入合并域】→选取对应的数据域。

🕮任务实施

一、建立模板

在 Word 中，制作一张没有具体数据的成绩单（模板），如图 3-6-1-2～3-6-1-4 所示。

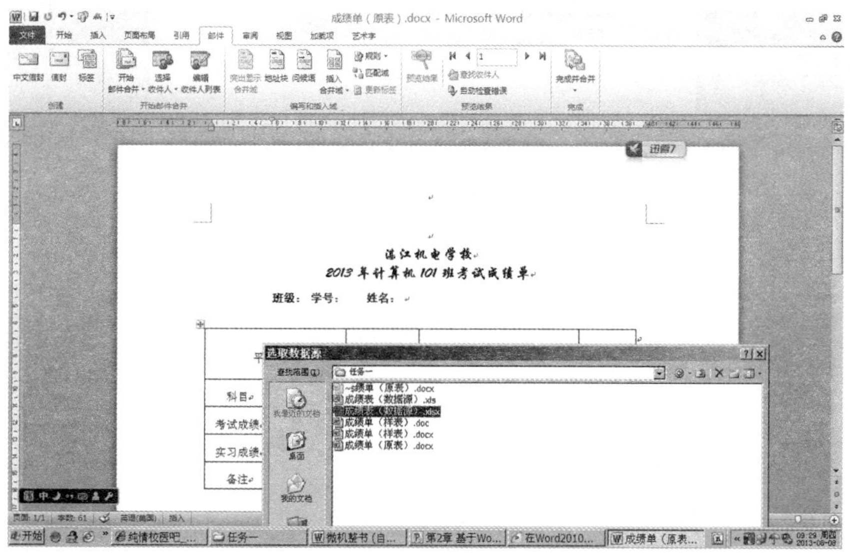

图 3-6-1-2

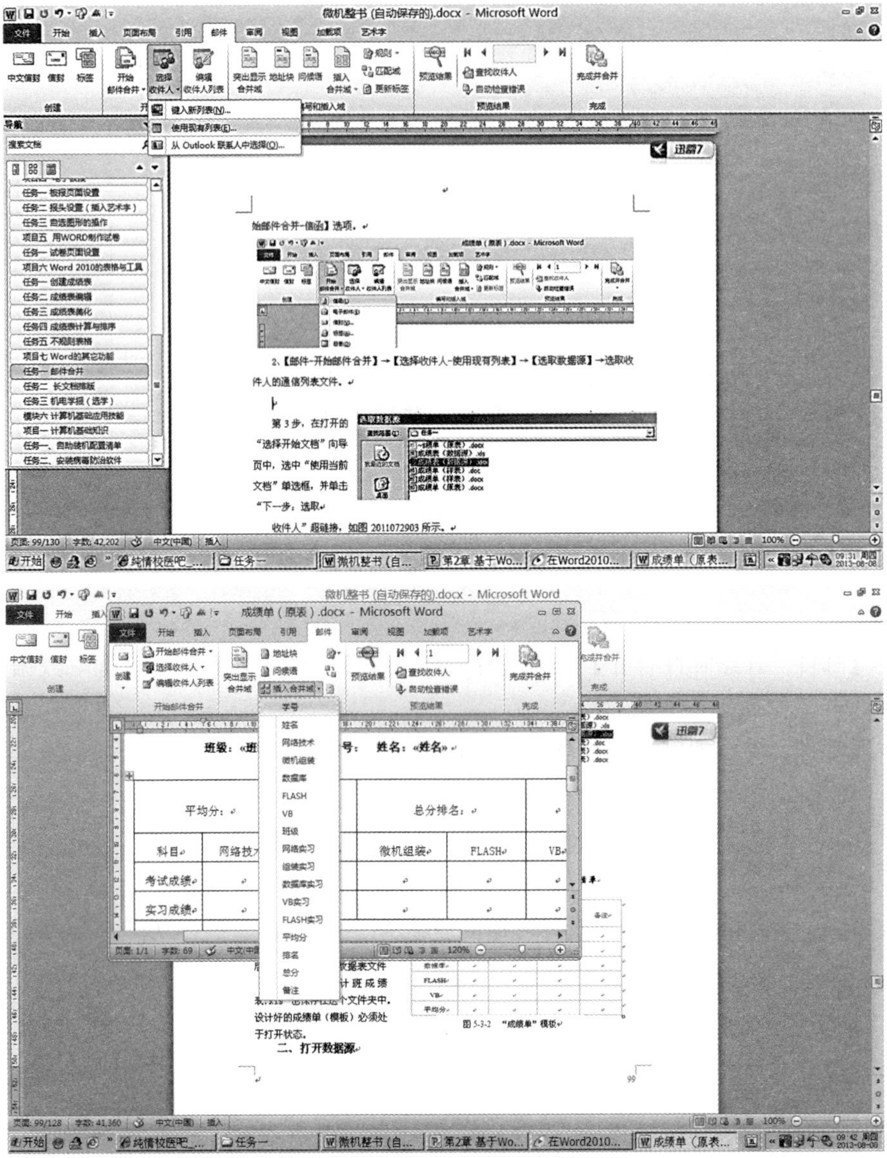

图 3-6-1-3

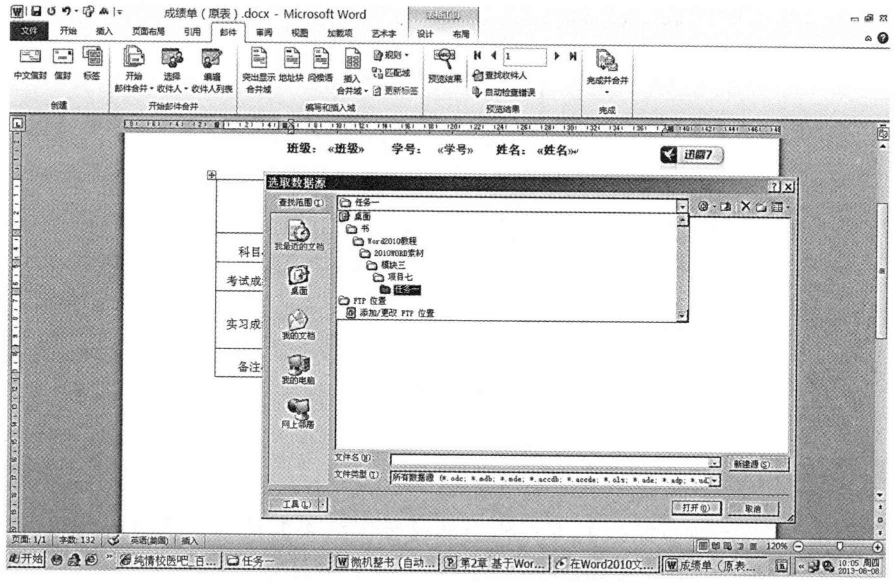

图 3-6-1-4

完成后保存在F盘（开放盘）你自己的文件夹中，同时把作为后台数据库的Excel数据表文件“成绩表（数据源）. xlsx”也保存在这个文件夹中。设计好的成绩单（模板）必须处于打开状态。

二、打开数据源

1. 【邮件】菜单→【邮件－开始邮件合并】工具栏组→【开始邮件合并－信函】选项。

2. 【邮件－开始邮件合并】→【选择收件人－使用现有列表】→【选取数据源】对话框→打开“成绩表（数据源）. xlsx”。

三、插入数据域

1. 插入点放在成绩单（模板）的“学号：”后面→点击【邮件－编写和插入域】→【插入合并域】→选取对应的数据域。

2. 重复步骤1，用同样的方法在成绩单的对应位置插入其他的域，如图3-6-1-5所示。

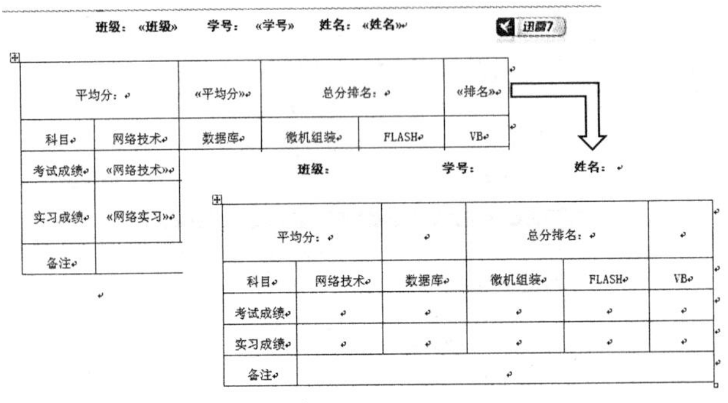

图 3−6−1−5

四、数据检查

1. 点击【邮件−预览结果】工具栏上的【预览结果】按钮，这时成绩单的各个数据域显示出第一条记录中的具体数据，如图 3−6−1−6 所示。

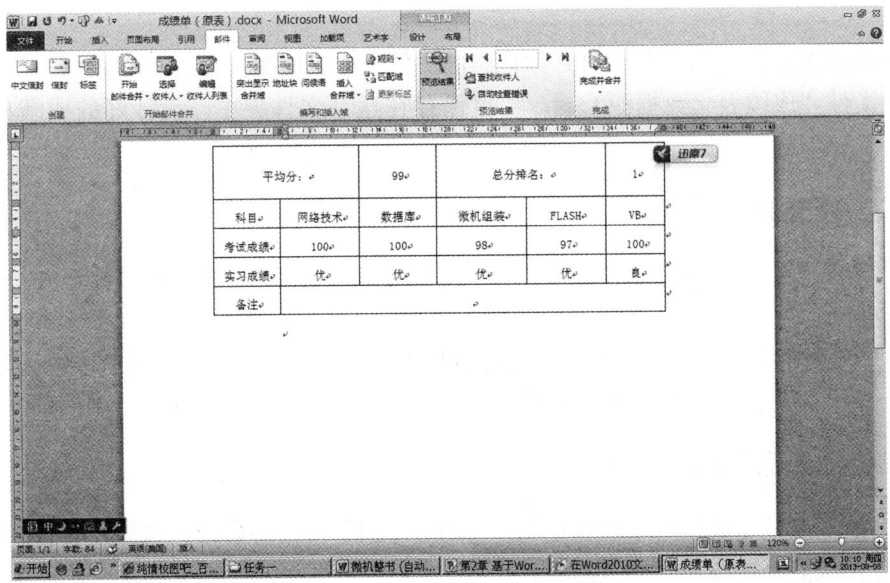

图 3−6−1−6

2. 单击【预览结果】工具栏上的【上一记录】按钮或【下一记录】按钮，可以查看其他记录的数据，如图 3−6−1−7 所示。

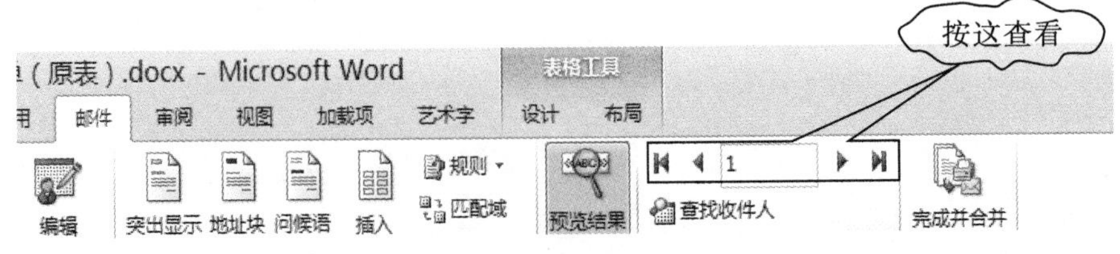

图 3−6−1−7

3. 单击【首记录】按钮，可以显示第一条记录的数据，单击【尾记录】按钮，可以显示最后一条记录的数据。

操作与提高

一、批量信封制作

通过以上的制作，相信同学们对批量制作成绩单有了一定的了解；下面请同学们利用邮件合并工具，根据所给的素材制作信封，效果图如图 3-6-1-8 所示。

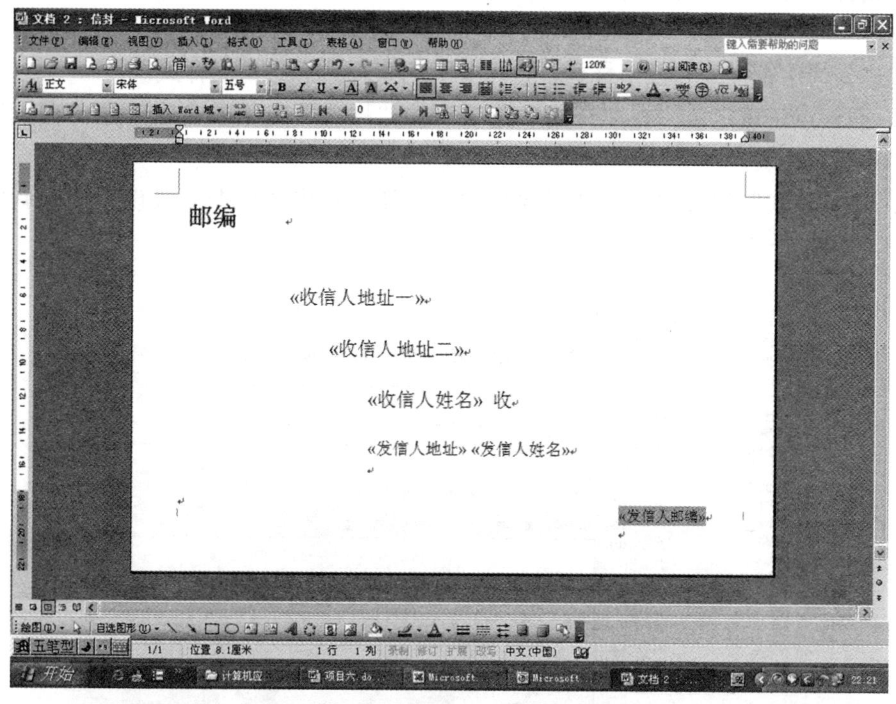

图 3-6-1-8

二、批量发送新年贺卡

新年将至，请同学们利用自己在前面所学的制作贺卡的知识，制作一份新年电子贺卡，结合本任务的内容，通过 QQ 邮箱，给每一个同学发一份贺卡。

任务二　长文档排版（选学）

📖任务描述

学生的最后一项“作业”就是对毕业论文进行排版。这种长文档格式多，处理起来比普通文档要复杂得多，应用到 Word 的很多工具，需要同学们熟悉掌握 Word 的高级应用。

🕮任务分析

本任务是通过长文档和复杂的页面排版，使学生掌握 Word 文档中格式的使用。推荐课时为 12 课时。经济管理专业室必修，其他专业室选修。

🕮知识链接

一、样式与格式

样式就是一组已经命名的字符或段落格式。样式的方便之处在于可以把它应用于一个段落或者段落中选定的字符中，按照样式定义的格式，能批量地完成段落或字符格式的设置。

样式分为字符样式和段落样式，也可分为内置样式和自定义样式。

1. 插入点任意定位。在“开始”选项卡的“样式”组中单击右下角的向下箭头，打开“样式”列表。

2. 在“样式”列表中单击“新建样式”按钮，弹出“根据格式设置创建新样式”对话框，如图 3−6−2−1 所示。

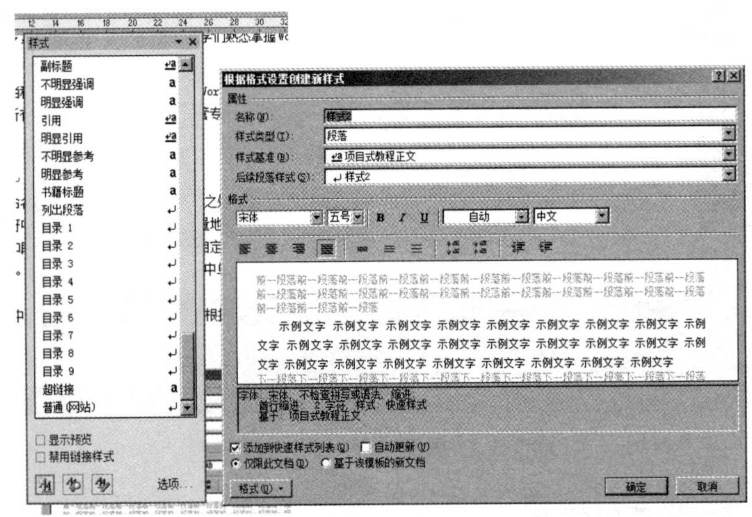

图 3−6−2−1

二、批注与修订文档

批注是审阅者根据自己对文档的理解，给文档加上理解与说明文字。文档作者可以根据批注对文档进行修改。

选定文字→【审阅】菜单→【批注】工具组→【新建批注】选项→框中输入批注内容。

修订是审阅者被允许直接修改文档，通过【修订】命令，重新输入的内容以红色下划线表示，被删除的内容在旁边的文本框显示。

作者可以通过【审阅】工具栏上【接受】与【拒绝】按钮，接受或拒绝审阅者的

修订。

三、论文格式

1. 论文封面如图 3－6－2－2 所示。

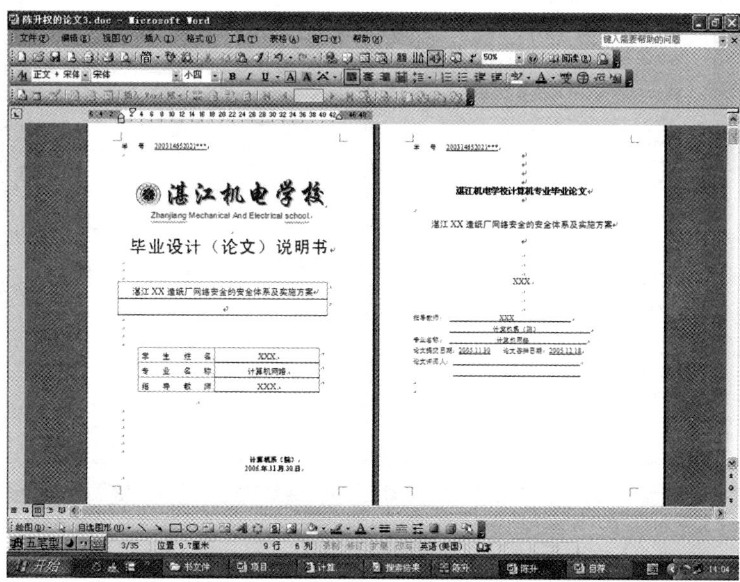

图 3－6－2－2

2. 论文摘要与目录如图 3－6－2－3 所示。

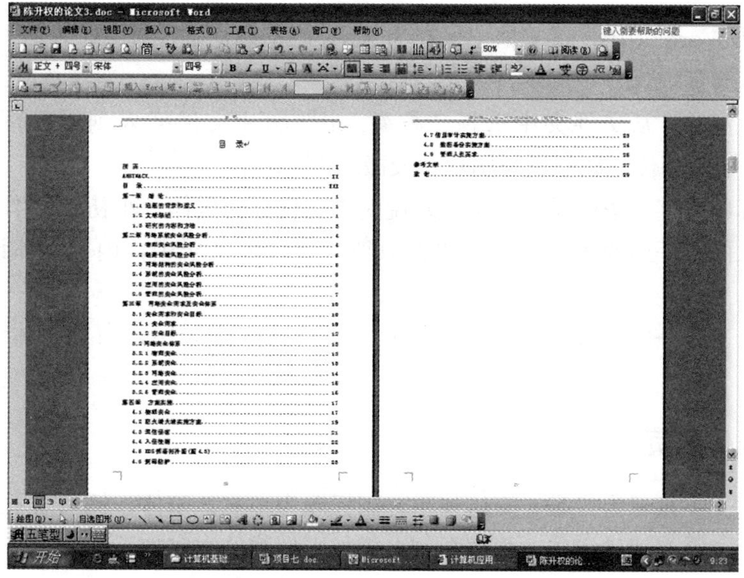

图 3－6－2－3

3. 论文正文如图 3－6－2－4 所示。

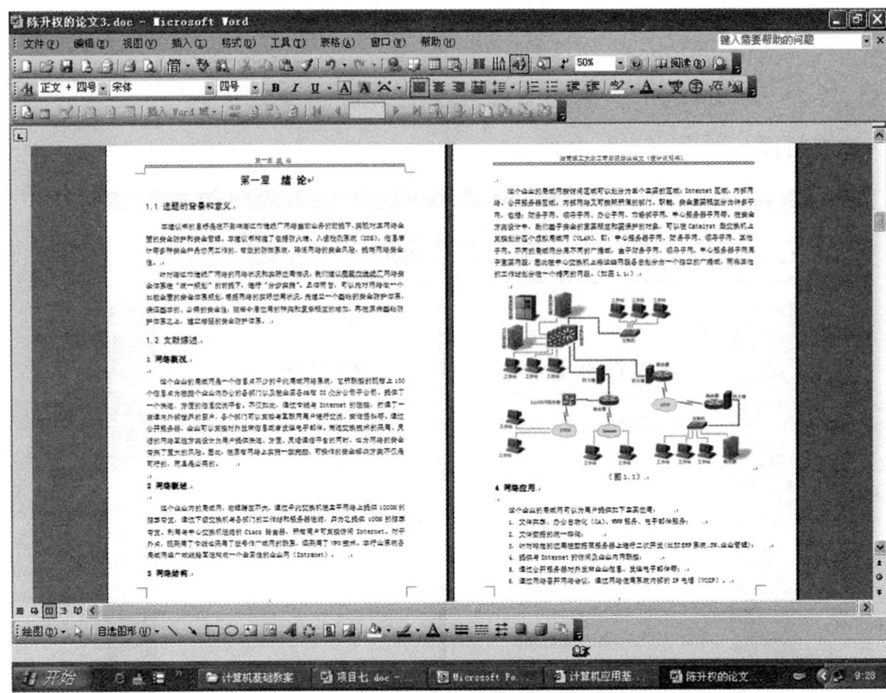

图 3-6-2-4

任务实施

一、制作封面首页

1. 启动 Word 2010，将文档 1 保存为 XXX 的毕业论文。

2. 输入封面内容。

3. 插入图片，从文件夹中选择“校徽. gif”图片文件插入到封面页中。将图片“校名. jpg”的水平位置调整到与图片“校徽. gif”对齐。

4. 将标题文字“毕业设计（论文）说明书”设置为黑体、小初、居中。

5. 插入两行一列的表格，表格边框只留下线，表格居中，内容字体设置为小二、黑体。

6. 插入三行一两列表格，表格边框只留下线，表格居中，内容字体设置为三号、黑体。

二、制作副页

1. 标题文字设置为二号、宋体加粗，副标题为小二、宋体，标题居中对齐。

2. 其余文字为四号宋体，根据图例，需加下划线的文字加下划线。

三、正文页面设置

纸张大小：A4。

页边距：上下左右边距均为 2.5 厘米。

版式：页眉页脚选“奇偶页不同”，应用于“本节”，如图 3-6-2-5 所示。

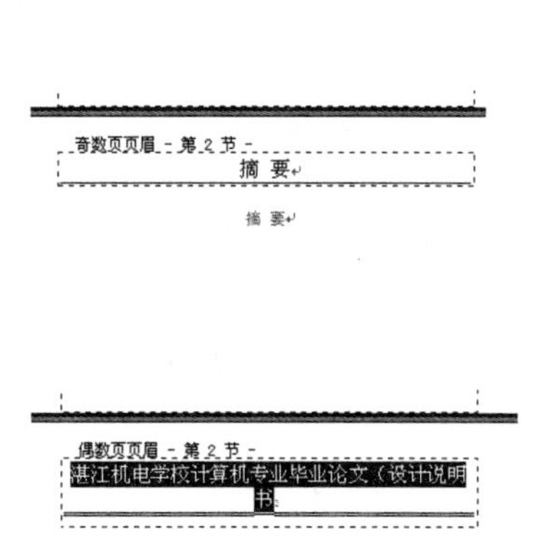

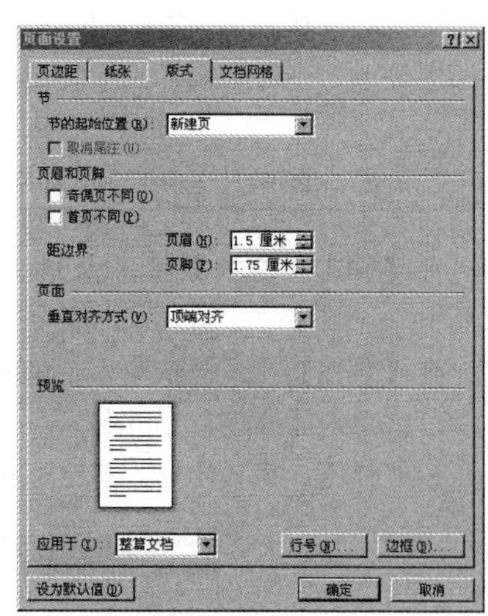

图 3-6-2-5

四、正文字体格式设置

1. 应用内置样式。

（1）选中【格式-样式和格式】。

（2）选择文档中章节标题文字（或将插入点置于红色文字所在段落的任意位置）。

（3）单击【样式和格式】任意窗格中的【全选】按钮。

（4）单击任务窗格中的“标题 1”。

2. 修改样式，如表 3-6-2-1 所示。

表 3-6-2-1

样式名称	字体	字体大小	段落格式
标题 1	黑体	小二号	居中对齐；段前：23 磅；段后：23 磅；行距：固定值 20 磅
标题 2	黑体	小三号	两端对齐；段前：13 磅；段后：13 磅；行距：固定值 20 磅
标题 3	宋体	四号	字体加粗，段前、段后 0 磅，1.5 倍行距

（1）将插入点置于“标题 1”文本中，在【样式和格式】任务窗格的【所选文字的格式】框中，单击“标题 1”样式右边的下拉按钮，选择【修改】命令.

（2）在【修改样式】对话框的【格式】区域中，选择字体为黑体、小二号。

（3）单击【格式】按钮，在弹出的菜单中选择【段落】命令，设置对齐方式为居中，段前 23 磅、段后 23 磅，固定 20 磅行距。

3. 新建样式，如表 3-6-2-2 所示。

表 3-6-2-2

样式名称	字体	字体大小	段落格式
论文正文	宋体	小四号	小四号、宋体，行距为最小值 20 磅，首行缩进 2 个字符
正文小点	宋体	小四号	小四号、宋体、加粗，行距为最小值 20 磅

(1) 在【样式和格式】任务窗格中单击【新样式】按钮，打开【新建样式】对话框。

(2) 在【名称】文本框中输入“论文正文”，在【后续段落样式】下拉列表中选择“论文正文”，单击【确定】，如图 3-6-2-6 所示。

(3) 参照样例，将新建样式“论文正文”应用到封面之后除标题以外的文本中。

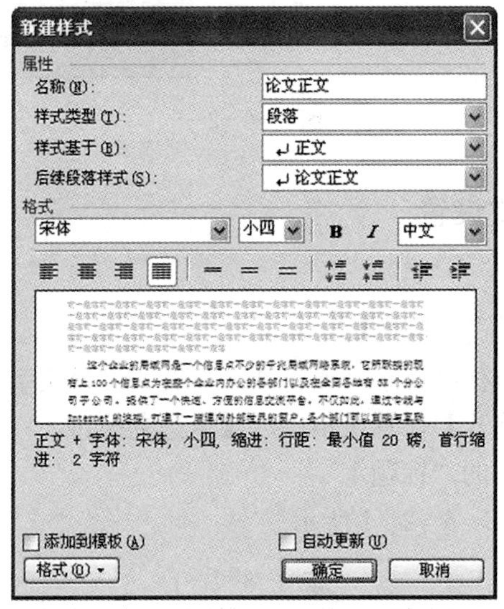

图 3-6-2-6

4. 使用多级编号。

(1) 在【样式和格式】任务窗格的【请选择要应用的格式】框中，单击“标题 1”样式的下拉按钮，选择【修改命令】。

(2) 在【修改样式】对话框中，单击【格式】按钮，从中选择【编号】命令。

(3) 在【多级符号】选项卡中，选择除“无”以外的任一选项。单击【自定义】按钮，打开“自定义多级符号列表”。

(4) 从中设置：为“标题 1”“标题 2”“标题 3”设置编号，格式如表 3-6-2-3 所示。

表 3-6-2-3

样式名称	多级编号	编号位置	文字位置
标题 1	第一章、第二章……	居中对齐	0.75 厘米、缩进为 0.75 厘米
标题 2	1.1、1.2、1.3……	左对齐、0 厘米	1.5 厘米、缩进为 1.5 厘米
标题 3	1.1.1、1.1.2、1.1.3……	左对齐、0 厘米	默认或根据需要设置

五、插入目录

1. 将插入点置于“绪论”之前的空行中，输入文本“目录”并按回车键。

2. 【插入】→【引用】→【索引和目录】，打开【索引和目录】，选择【目录】选项卡。

3. 在【显示级别】中选择“2”，单击【确定】按钮。

4. 将文本“目录”设置为居中、小二、黑体。

5. 将插入点置于目录中的任意位置。

(1)【插入】→【引用】→【索引和目录】，打开【索引和目录】对话框，在【格式】框中选择“来自模板”，如图 3-6-2-7 所示。

(2) 单击【修改】按钮，打开样式对话框，如图 3-6-2-8 所示。

(3) 在样式框中选择目录 1，单击【修改】或【选项】调整目标字体和级别。

(4) 单击【确定】。

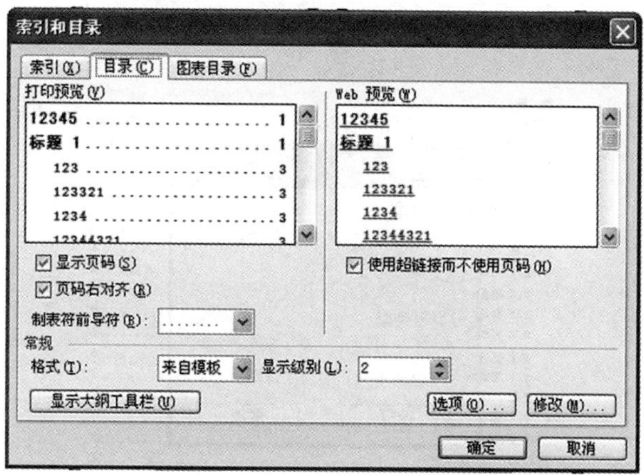

图 3-6-2-7

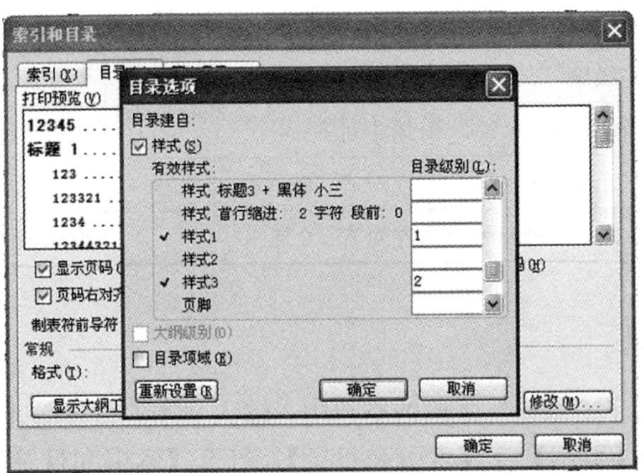

图 3—6—2—8

六、页眉页脚

1. 在“摘要”和“目录”之前分别插入“分节符”，将论文按摘要部分、目录部分、章节等部分共分为 5 节。

2. 先将视图切换到【普通视图】。

3. 将插入点放在“目录”文字的前，选择【插入】→在【分隔符】对话框中选择【下一页】（如图 3—6—2—9 所示）→【确定】。

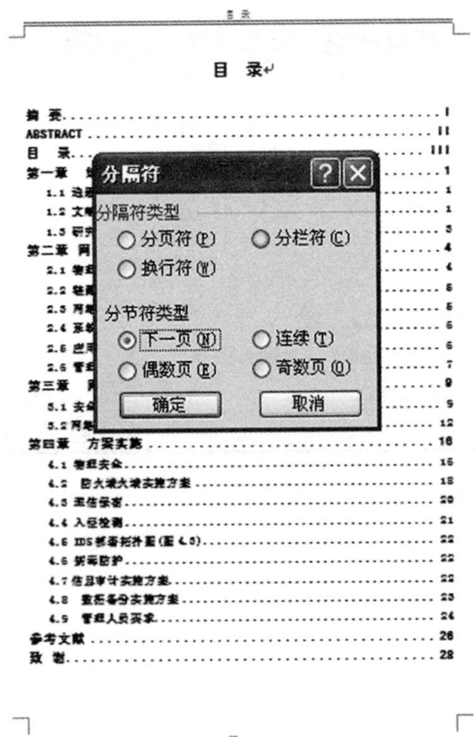

图 3—6—2—9

4. 在“第一章 绪论”之前插入一个【分节符（下一页)】。

5. 在格式工具栏上选择“居中对齐”。

6. 在菜单栏中选择【视图】→【页眉和页脚】命令，进入页眉和页脚编辑状态。

7. 在【页眉和页脚】工具栏上，单击【链接到前一个】按钮，使页面右上角【与上一节相同】的字样消失。

8. 单击【页眉和页脚】工具栏上的【显示下一项】按钮或【显示前一项】按钮。

9. 【插入】→【文本－文档部件】→【域】，在【类别】中选择【链接和引用】，在【域名】中选择“styleRef”，在【样式名】中选择“标题 1”。

10. 将插入点放在章名的左边，重复步骤 3，在【样式名】列表框中选择“样式 1”的同时选中【插入段落编号】复选框，单击确定。

11. 按 TAB 键，将插入点移动页眉右端，选择【文本－文档部件】→【域】，在【类别】中选择【文档信息】，在【域名】中选择【Title】，单击【确定】。

七、论文页码

1. 封面无页码。

2. 目录页的页码位置：底端，外侧；页码格式为：Ⅰ、Ⅱ、Ⅲ……起始页码为Ⅰ。

3. 论文正文的页码位置：底端，外侧；页码格式为：1、2、3……起始页码为 1。

4. 断开所有奇偶页中第 1 节、第 2 节、第 3 节之间的页脚链接，使“与上一节相同”字样消失。

任务三 机电学报（选学）

🕮任务描述

小翠是学校学习部的部长，学校的学习周报平时由她收集学习部学生记者的稿件，然后进行编辑排版。现正值学校校运会，小翠想对此作一系列报道，准备出个“校运特别版”。

🕮任务目标

清楚 Word 的版面设计，规划。

掌握 Word 的图文混排功能。

知道色彩的合理搭配，版面的整体布局。

🕮知识要点

图片与艺术字文本框、边框与底纹图文混排表格。

最终效果图如图 3－6－3－1 所示。

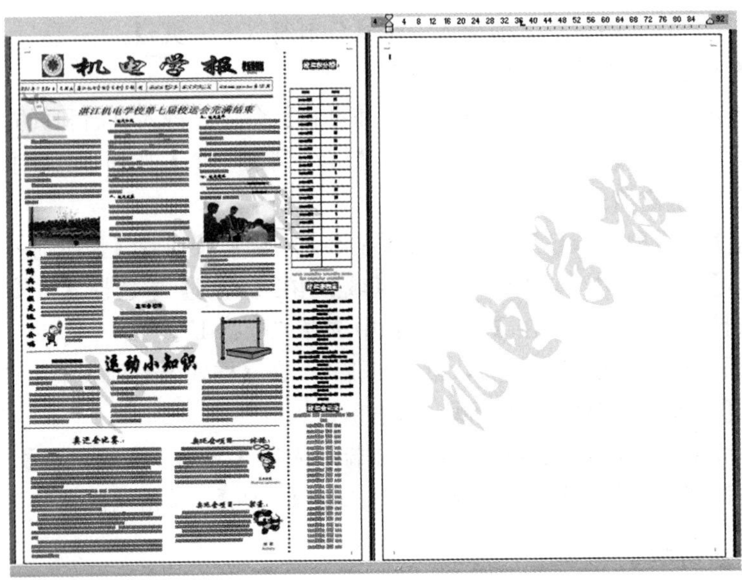

图 3-6-3-1

📖任务实施

一、页面设置

纸张大小：自定义纸张为高 53.5 厘米，宽 36.5 厘米；页边距：上下左右边距均为 1.5 厘米。

二、页面加边框

【页面布局】→【页面背景】→【页面边框】→【方框】。

三、报头制作

插入艺术字“机电学报”，字体设置为华文行楷、36 磅。

艺术字文本填充颜色为填充效果黑白双色，中心辐射，中白外黑；线条填充为黑色；大小为高 2.3cm，宽 17cm。

插入艺术字“校运特别版”，字体为黑体、36 磅。

插入图片，将学报名的艺术字的水平位置调整到与图片“校徽.gif”对齐，高度一致。

利用画图工具画一条直线，将学报名与时间分开。

插入七列一行的表格，输入相应文字，字体为华文行楷、四号，去掉表格边框。

画一条直线，线型为上细下粗的双实线，粗细为 6 磅，将报头与内容隔开（如图 3-6-3-2、3-6-3-3 所示）。

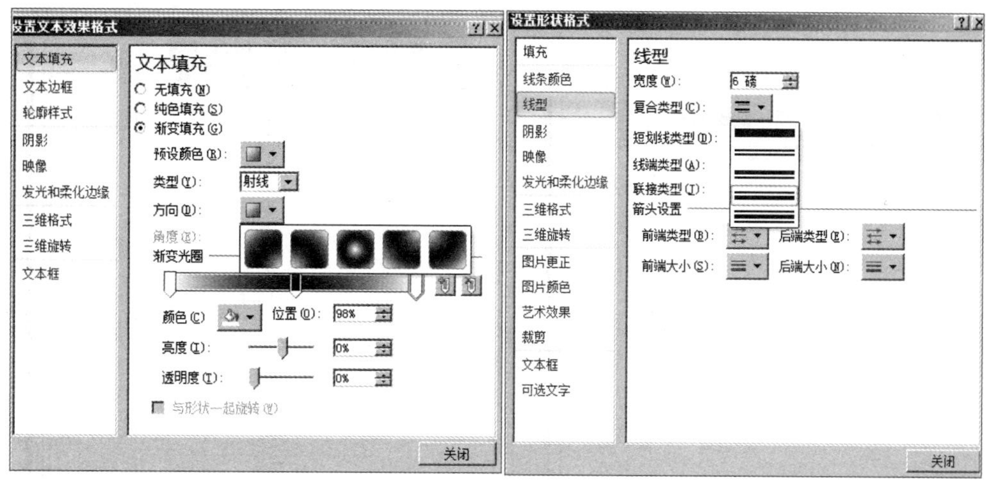

图 3-6-3-2

图 3-6-3-3

四、报文布局与排版

1. 文章标题全部使用艺术字，字体、大小根据版面自行设置，版式为浮于文字上方。

使用文本框，对照效果图，把报文内容分成13个版块，如图 3-6-3-4 所示。

图 3—6—3—4

2. 文本框设置：线型与填充颜色为无，版式为浮于文字上方。

3. 在文本框内输入报文内容。

4. 利用绘图工具画四条直线，将内容进行分隔归类，线型可自行选择。

5. 插入一个两列 30 行的表格，选中表格，设置表格，去掉两侧的边框，应用于“表格”（如图 3—6—3—5 所示），在表格内输入内容。

图 3—6—3—5

6. 最后给学报增加背景，【格式】→【背景】→【水印】→【文字水印】→输入水印文字→自行设置文字格式，如图 3—6—3—6 所示。

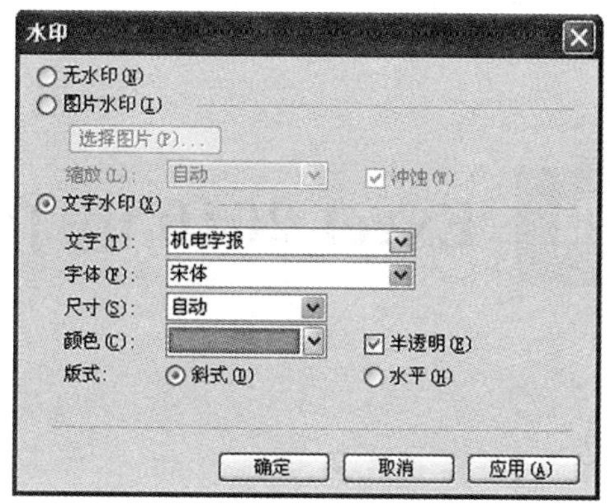

图 3-6-3-6

📖项目小结

学会利用样式与格式对长文档进行全面的排版设置，以减少工作量，应用文本框对版面进行调整，使版面整齐、美观。

操作与提高

1. 你是某公司营销经理助理，公司生产了个新产品，现要出一本使用说明书，请根据所给的素材，完成产品说明书的排版。

2. 你是某旅游局的策划助理，现有一批来自外地的游客想来湛江旅游，想让你介绍一下湛江的一些特色美食和景点和规划一下旅游线路。局里准备了一些关于湛江各旅游景点以及湛江美食等信息，要求做成宣传小册。请你根据所给材料完成这项工作。

模块四　Excel 2010 电子表格

项目一　Excel 2010 的基本操作

本项目要求运用 Excel 来创建、设置和修饰表格。假设自己已参加工作，为自己所在公司的人事部门创建一张员工考勤表和一张员工基本资料表。

知识目标

了解 Excel 工作界面。

理解工作簿、工作表、单元格概念。

掌握工作簿的创建、打开、保存及关闭等基本操作。

掌握数据输入操作。

掌握工作表的格式化及编辑。

项目分解

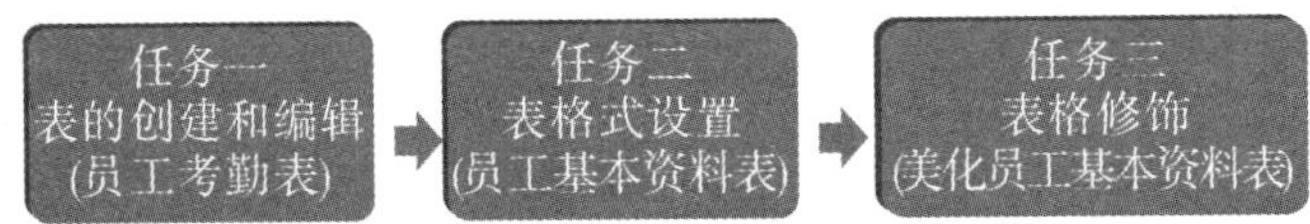

任务一　员工考勤表

任务描述

我们要创建的是一张出勤统计表，这张表一般作为后期工资计算的依据，出勤表一般应包括员工姓名、本月应出勤的天数、实际出勤的天数，以及缺勤的天数，此外还应包括日常和节假日加班的天数。

任务分析

要完成这一任务，必须启动 Excel 创建工作簿和工作表，然后在表输入相关的字段和数据，最后再保存。

📖知识链接

一、程序的启动

方法一：单击 Window 的“开始”菜单/“程序”/“Microsoft Office”/“Microsoft Office Excel 2010”启动 Excel 2010，如图 4−1−1−1 所示。

方法二：双击“Excel 2010”桌面快捷方式。

图 4−1−1−1

二、Excel 的窗口组成

启动 Excel 后，会打开 Excel 的主窗口，和 Word 一样，Excel 的主窗口由程序窗口和文档窗口组成。Excel 的窗口组成如图 4−1−1−2 所示。

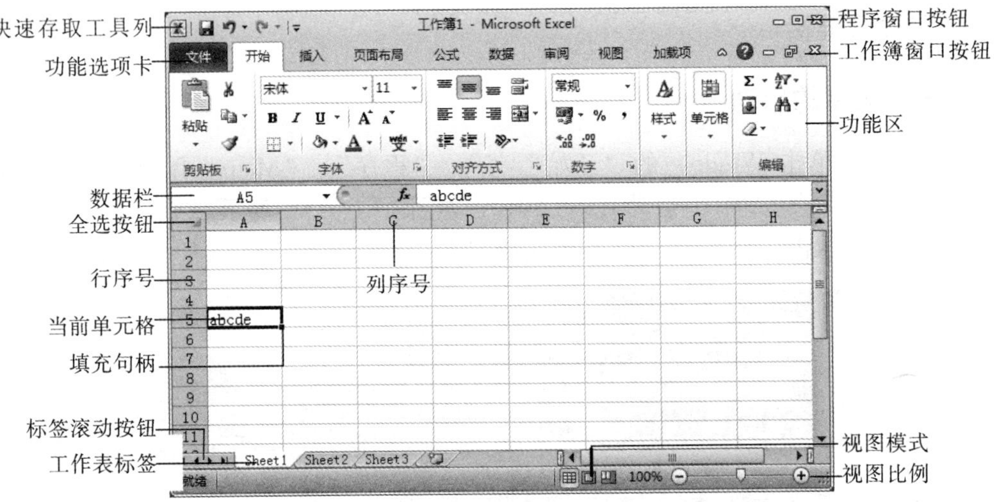

图 4—1—1—2

Excel 和 Word 具有风格相似的窗口界面，两者的标题栏、功能选项和窗口按钮等在功能和使用方法上都是相似的。

数据栏：数据栏包括名称框、3 个数据按钮和数据编辑区 3 个部分，如图 4—1—1—3 所示。

图 4—1—1—3

填充句柄：用于自动填充序列。

标签滚动按钮：当工作表过多，窗口中无法显示全部的工作表标签时，通过此按钮可以滚动显示工作表标签。

三、工作簿和工作表的概念

工作簿：一个 Excel 文件就是一个工作簿，工作簿文件的扩展名为 . xlsx。

工作表：如果把工作簿比作一个本子，那工作表就是这个本子中的一页。

本子的页可以增减或更改顺序，工作表也可以根据需要增加、删除和移动。

默认情况下，一个新工作簿有 3 个工作表，分别是：Sheet 1、Sheet 2、Sheet 3。

四、创建工作簿

方法一：启动 Excel 后，系统会自动创建一个名叫工作簿 1 的新工作簿。

方法二：点击“文件” / “新建”，在“可用模板”中选择“空白工作簿”，然后单击“创建”，如图 4—1—1—4 所示。

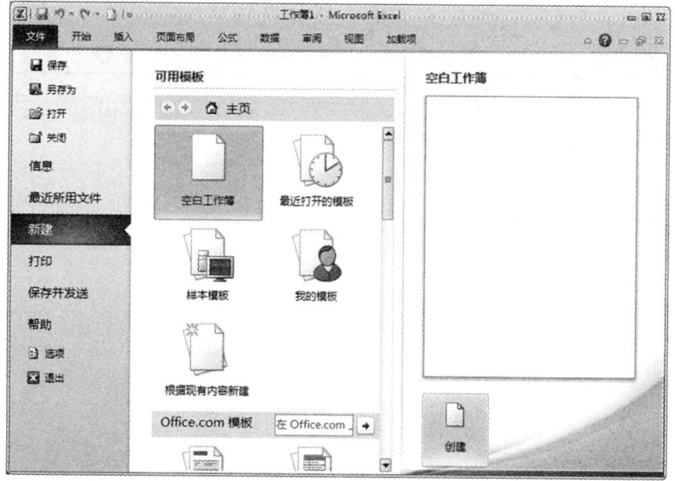

图 4—1—1—4

五、保存工作簿

单击菜单“文件”/“保存”弹出“另存为”对话框，选择文件要保存的路径和类型，并输入文件名，如图 4—1—1—5 所示。

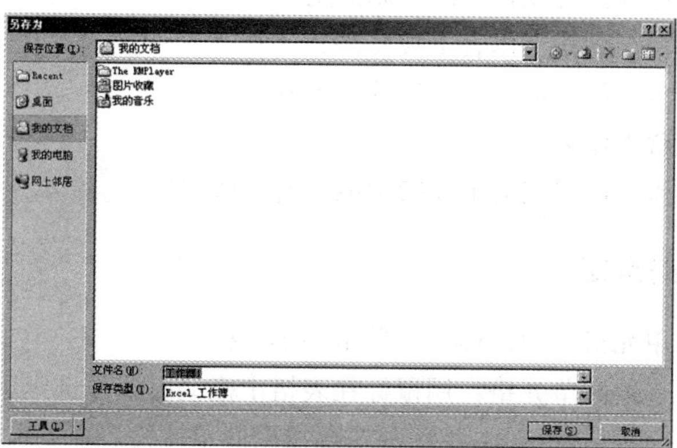

图 4—1—1—5

六、工作表操作

重命名：将重命名当前工作表。操作方法是双击工作表标签进入标签重命名状态或右击工作表标签弹出快捷菜单选择“重命名”，如图 4—1—1—6 所示。

图 4-1-1-6

快捷菜单中的另几个命令作用如下：

插入：可以插入一个新的工作表。

删除工作表：将删除当前工作表。

移动或复制工作表：可以移动或复制选定的工作表。

保护工作表：用于防止工作表不被修改。

工作表标签颜色：可以更改工作表的标签颜色。

隐藏：用于隐藏工作表。

选定全部工作表：可将当前工作簿中的所有工作表选定。

七、单元格的选定

（1）选定一个单元格：用鼠标直接单击某单元格。

（2）选定多个连续的单元格：用鼠标在表格中拖动；或先选定第一个要选择的单元格，然后按住 Shift 键不放并单击最后一个要选取的单元格。

（3）选定多个不连续的单元格：按住 Ctrl 键用鼠标单击。

（4）选定一行（列）单元格：单击行号（列号）。

（5）选定多行连续的单元格：拖动选中的行号（列号）；或先选定要选择的第一行单元格，然后按住 Shift 键不放并单击最后要选取的一行单元格。

（6）选定多行（列）不连续的单元格：按住 Ctrl 键逐个单击行（列）的行号（列号）。

八、单元格的复制和粘贴

方法一：右击鼠标，在弹出的菜单命令中选择“复制”和“粘贴”。

方法二：在“开始”菜单中选择“复制”和“粘贴”。

方法三：使用快捷键 Ctrl+C 和 Ctrl+V。

方法四：选中需要复制的单元格，同时按住 Ctrl 键拖动到目标位置，可实现对选中单元格内容的复制，如图 4－1－1－7 所示。

图 4－1－1－7

你知道吗？

1．要复制的单元格和要粘贴的目标位置如果相连，那么还可以采用拖动单元格右下角的填充柄（即小黑块）的方法。

2．剪切和复制的操作方法相类似，不同点在于复制将创建一个副本，而剪切将实现移动。

📖任务实施

1．启动 Excel。

双击“Excel 2010”桌面快捷方式。

2．保存工作簿。

单击菜单“文件”/“保存”弹出“另存为”对话框，选择文件要保存的路径和类型，并输入文件名“工资核算”。

3．工作表的重命名和删除。

右击工作表标签，在弹出的快捷菜单选择“重命名”，将工作表 Sheet1 重命名为“员工考勤表”。

删除多余的工作表 Sheet2 和 Sheet3，效果如图 4－1－1－8 所示。

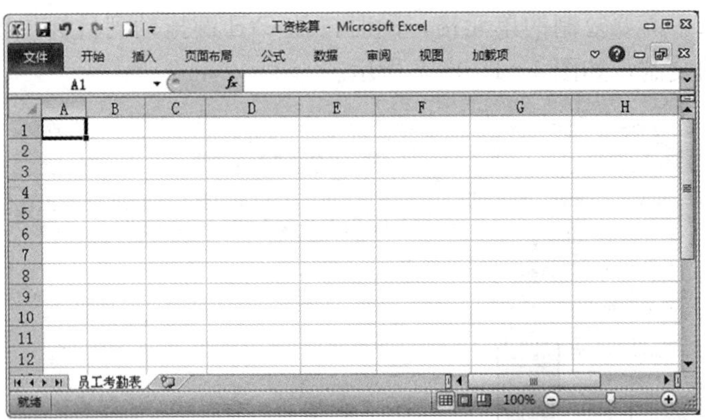

图 4－1－1－8

4．输入数据。

在“员工考勤表”中输入数据，相同内容的单元格利用复制、粘贴的方法提高录入速度，如图 4－1－1－9 所示。

代码	姓 名	部 门	应出勤天数	缺勤天数	实出勤天数	日常加班天数	节日加班天数
A001	张文岳	销售1部	24	2	22		
A002	韩长赋	销售1部	24		24	1	
A003	张左己	销售1部	24		24		1
A004	陈光林	销售1部	24		24		
A005	李克强	销售1部	24	1	23		
A006	王云坤	销售2部	24		24	2	
A007	钱运录	销售2部	24		24		
A008	龚学平	销售2部	24		24		1
A009	李渊	销售2部	24		24		
A010	王珉	销售2部	24		24	1	
A011	张正	销售3部	24	5	19		
A012	郭延标	销售3部	24		24		
A013	王国发	销售3部	24		24		1
A014	王巨禄	销售3部	24		24		
A015	将以任	销售3部	24	6	18		
A016	韩正	广告部	24		24		1
A017	李建国	广告部	24		24	1	
A018	徐光春	财务部	24	3	21		
A019	张高丽	财务部	24		24	1	

图 4－1－1－9

5．保存文件。

直接点击快速存取工具列中的按钮或在“文件”菜单中选择“保存”命令。

操作与提高

练习：创建“学生成绩表”，并以 EX801. xlsx 为文件名存盘，如图 4－1－1－10 所示。

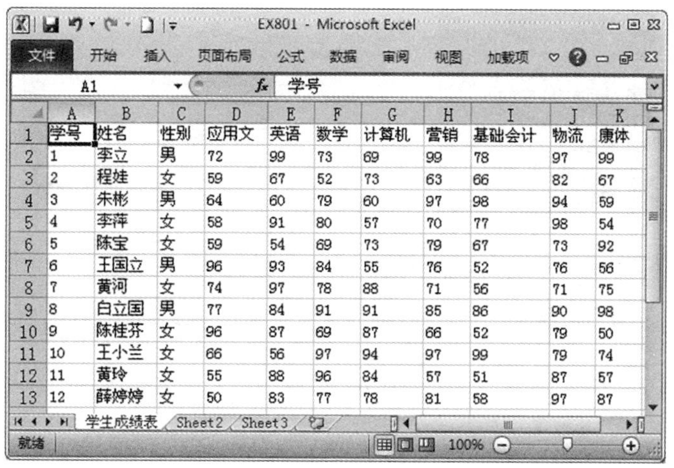

学号	姓名	性别	应用文	英语	数学	计算机	营销	基础会计	物流	康体
1	李立	男	72	99	73	69	99	78	97	99
2	程娃	女	59	67	52	73	63	66	82	67
3	朱彬	男	64	60	79	60	97	98	94	59
4	李萍	女	58	91	80	57	70	77	98	54
5	陈宝	女	59	54	69	73	79	67	73	92
6	王国立	男	96	93	84	55	76	52	76	56
7	黄河	女	74	97	78	88	71	56	71	75
8	白立国	男	77	84	91	91	85	86	90	98
9	陈桂芬	女	96	87	69	87	66	52	79	50
10	王小兰	女	66	56	97	94	97	99	79	74
11	黄玲	女	55	88	96	84	57	51	87	57
12	薛婷婷	女	50	83	77	78	81	58	97	87

图 4－1－1－10

任务二　员工基本资料表

任务描述

员工基本资料表一般包括工号、姓名、性别、所属部门、参加工作的时间，以及银行的账号等，所以员工基本资料表存放的员工的信息，不仅仅作为后面工资计算的依据，还作为工资发放的依据。

任务分析

仔细观察，发现要创建的这张表和任务一创建的员工考勤表的数据有几列是相同的，所以为了节省时间我们可以考虑通过复制工作表的方法来创建工作表，并通过插入、删除等操作调整数据列，然后设置数据的格式，再输入余下的数据。

知识链接

一、插入、删除单元格

1. 插入行（列）。

选定1个单元格或1行（列），单击“开始”／“单元格”／“插入”／“插入工作表行（列）”命令。

2. 插入单元格。

选定1个单元格或1行（列），单击“开始”／“单元格”／“插入”／“插入单元格”命令，在弹出的“插入”对话框中，选择插入方式即可。不同插入方式相应的效果如图4－1－2－1所示。

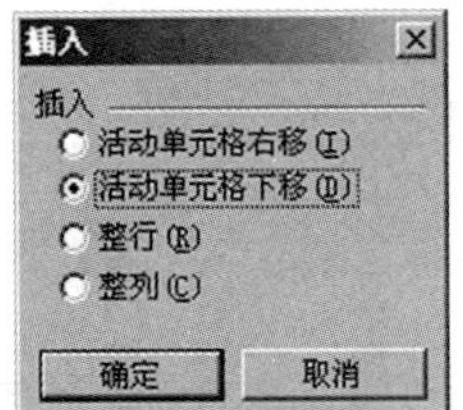

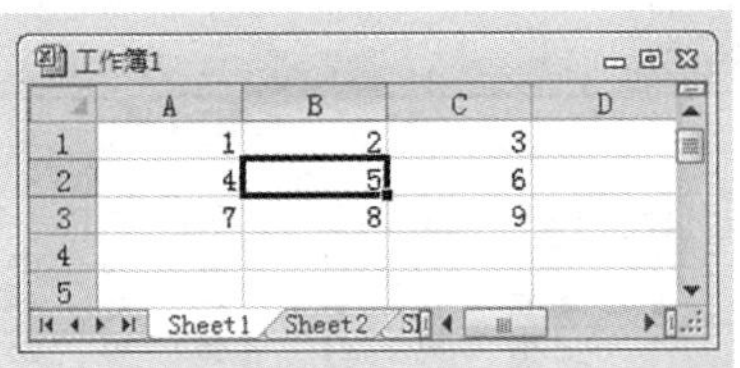

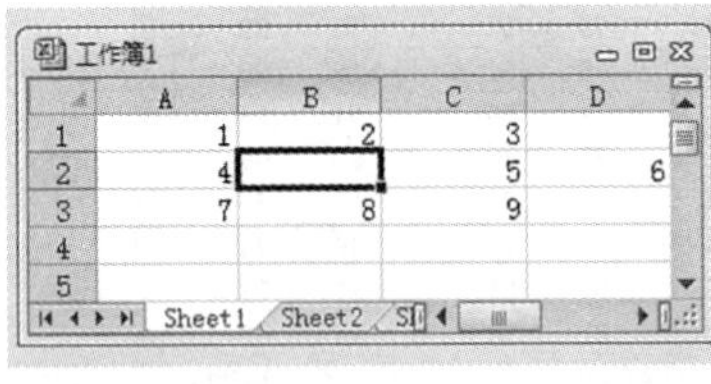

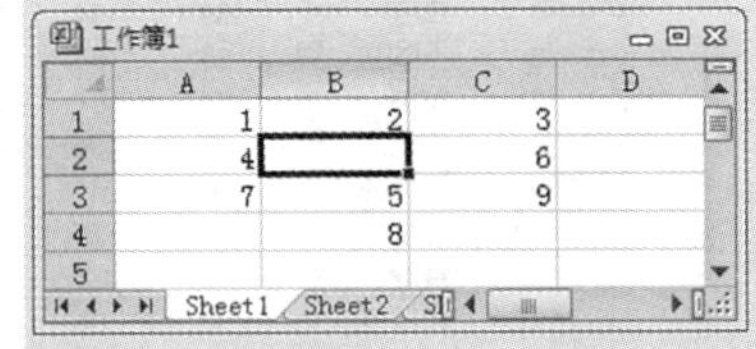

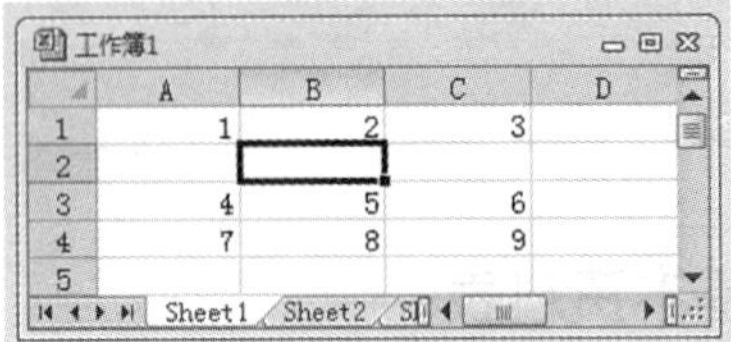

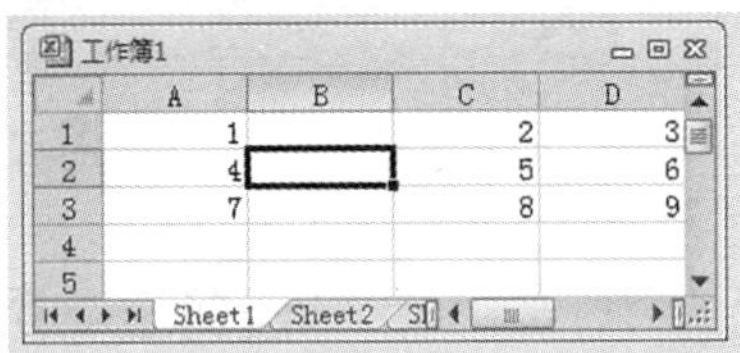

图 4—1—2—1

二、清除单元格数据

1. 清除单元格内容。

方法一：选定单元格后，按 Del 键或退格键。

方法二：选择“编辑”/“清除”/“清除内容”命令。

2. 清除单元格格式。

选择“编辑”/“清除”/“清除格式”命令。

三、设置数字格式

操作：单击“开始”/“数字”/“设置单元格格式”命令，将打开“设置单元格格式”对话框，在“数字”选项卡中进行相关的设置即可，如图 4—1—2—2 所示。

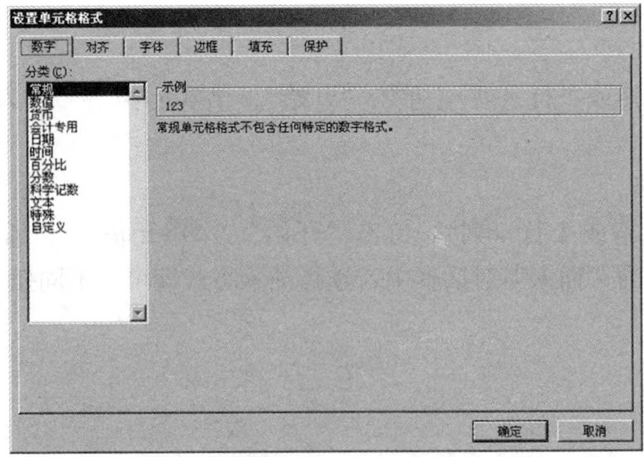

图 4—1—2—2

几种常用的数据类型及其对应的格式：

常规格式：没有任何格式的数字。

数值格式：一般数字的表示，可以设置小数位数，设置千位分隔符，设置负数的不同表现形式。

货币格式：设置货币单位。

日期、时间格式：可以选择不同的日期、时间表现形式。

百分比格式：设置数字为百分比样式。

文本格式：设置数字为文本，不可以参与计算。

🕮任务实施

1. 打开任务一创建的文件。

2. 创建“员工基本资料”表。

考虑到新表要输入的数据有一部分和已建好的“员工考勤表”一样，为了减少输入的工作量，所以我们采用复制表的方法来创建新表。

操作方法：右击工作表标签弹出快捷菜单选择“移动或复制工作表”命令，如图4-1-2-3所示。

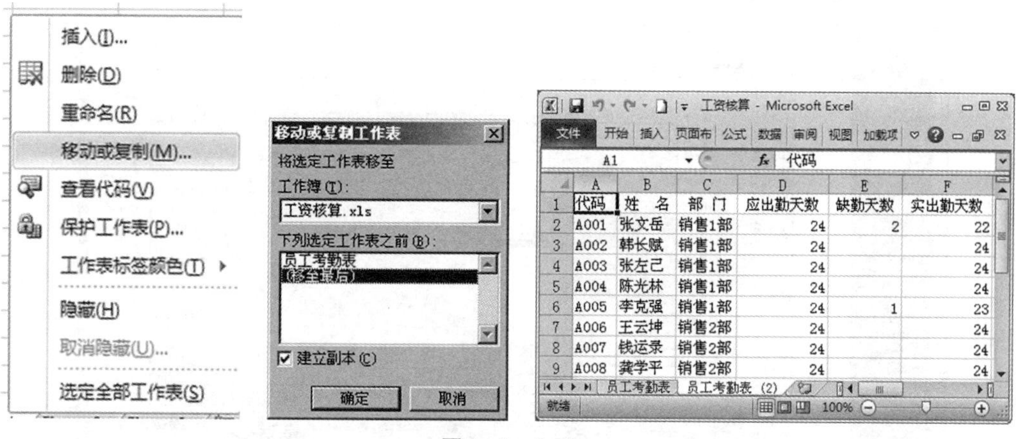

图 4-1-2-3

你知道吗？

在移动或复制工作表对话框中，如果不勾选“建立副本”，那将实现移动工作表。

3. 重命名工作表。

将“员工考勤表（2）”重命名为“员工基本资料”

4. 通过删除单元格删除多余的数据。

删除多余的列：选择工作表的 D 至 H 列，然后在右键弹出的菜单中选择“删除”命令。效果如图 4-1-2-4 所示。

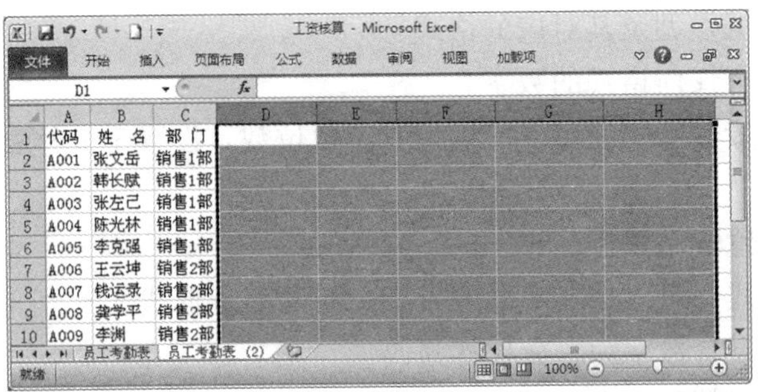

图 4-1-2-4

5. 通过插入单元格在已有的数据间添加数据。

在 B 列和 C 列间插入单元格：选择 C 列，然后在右键弹出的菜单中选择“插入”命令。

6. 通过设置数字格式输入长数值和特殊格式的日期。

选取卡号对应的单元格区域（如图 4-1-2-5 所示），并将其数字类型设置为文本。

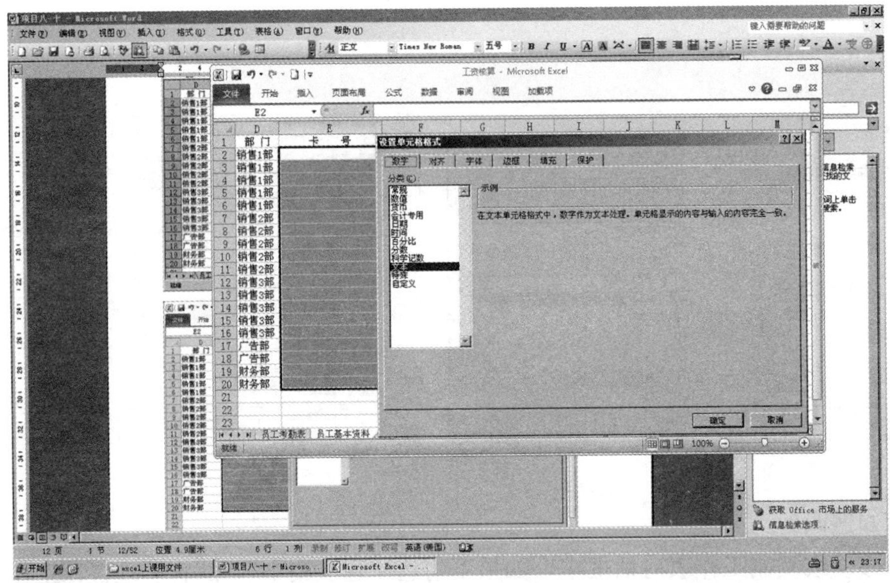

图 4-1-2-5

选取工作时间对应的单元格区域（如图 4-1-2-6 所示），并将其数字类型设置为自定义。

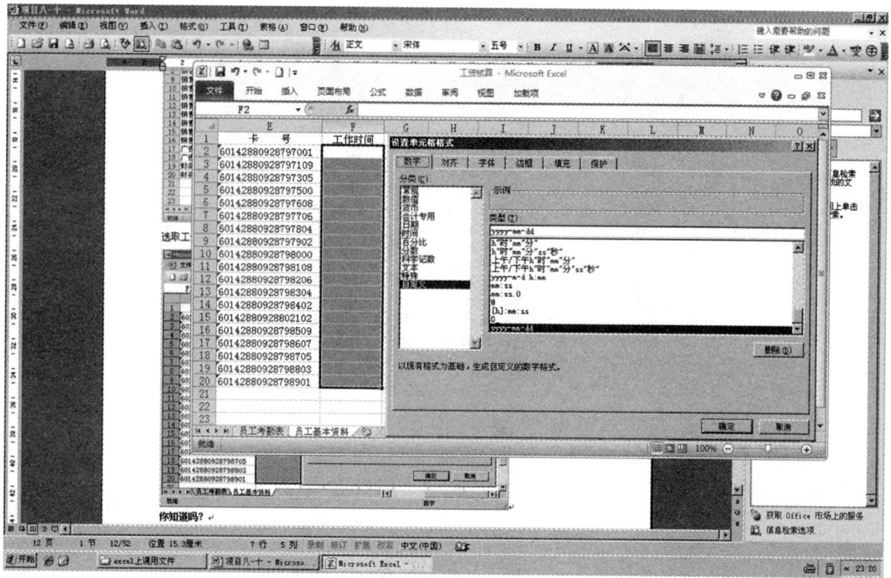

图 4—1—2—6

你知道吗?

另一种输入长数值的方法：可以在输入数值前，先输入一个单引号“’”。

7. 输入工龄，如图 4—1—2—7 所示。

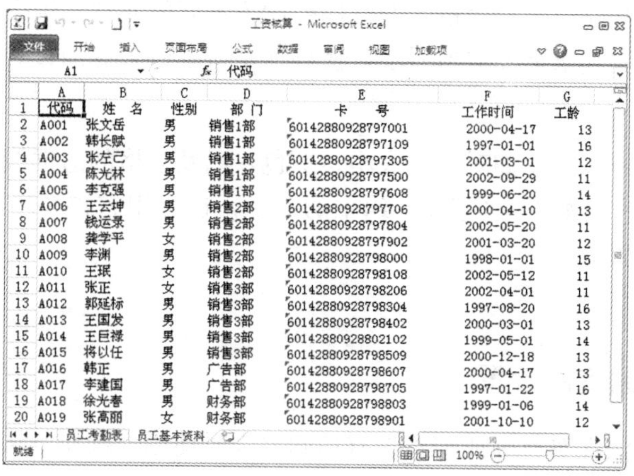

代码	姓 名	性别	部 门	卡 号	工作时间	工龄
A001	张文岳	男	销售1部	60142880928797001	2000-04-17	13
A002	韩长赋	男	销售1部	60142880928797109	1997-01-01	16
A003	张左己	男	销售1部	60142880928797305	2001-03-01	12
A004	陈光林	男	销售1部	60142880928797500	2002-09-29	11
A005	李克强	男	销售1部	60142880928797608	1999-06-20	14
A006	王云坤	男	销售2部	60142880928797706	2000-04-10	13
A007	钱运录	男	销售2部	60142880928797804	2002-05-20	11
A008	龚学平	女	销售2部	60142880928797902	2001-03-20	12
A009	李渊	男	销售2部	60142880928798000	1998-01-01	15
A010	王珉	女	销售2部	60142880928798108	2002-05-12	11
A011	张正	女	销售3部	60142880928798206	2002-04-01	11
A012	郭延标	男	销售3部	60142880928798304	1997-08-20	16
A013	王国发	男	销售3部	60142880928798402	2000-03-01	13
A014	王巨禄	男	销售3部	60142880928802102	1999-05-01	14
A015	将以任	男	销售3部	60142880928798509	2000-12-18	13
A016	韩正	男	广告部	60142880928798607	2000-04-17	13
A017	李建国	男	广告部	60142880928798705	1997-01-22	16
A018	徐光春	男	财务部	60142880928798803	1999-01-06	14
A019	张高丽	女	财务部	60142880928798901	2001-10-10	12

图 4—1—2—7

8. 保存文件。

操作与提高

练习：创建“学生情况表”，并以 EX802.xlsx 为文件名存盘，如图 4—1—2—8 所示。

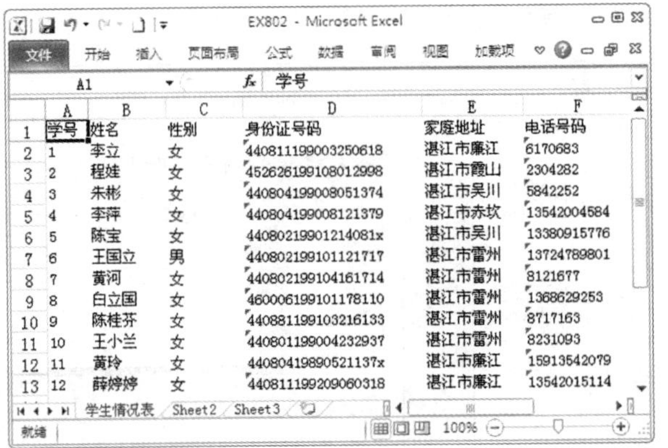

	A	B	C	D	E	F
1	学号	姓名	性别	身份证号码	家庭地址	电话号码
2	1	李立	女	440811199003250618	湛江市廉江	6170683
3	2	程娃	女	452626199108012998	湛江市霞山	2304282
4	3	朱彬	女	440804199008051374	湛江市吴川	5842252
5	4	李萍	女	440804199008121379	湛江市赤坎	13542004584
6	5	陈宝	女	44080219901214081x	湛江市吴川	13380915776
7	6	王国立	男	440802199101121717	湛江市雷州	13724789801
8	7	黄河	女	440802199104161714	湛江市雷州	8121677
9	8	白立国	女	460006199101178110	湛江市雷州	1368629253
10	9	陈桂芬	女	440881199103216133	湛江市雷州	8717163
11	10	王小兰	女	440801199004232937	湛江市雷州	8231093
12	11	黄玲	女	44080419890521137x	湛江市廉江	15913542079
13	12	薛婷婷	女	440811199209060318	湛江市廉江	13542015114

图 4－1－2－8

要点提示：身份证号码要设置为“文本”，并且要先设置后输入。

任务三　美化员工基本资料表

🕮任务描述

面对工作表中密密麻麻的庞大数据，看得眼睛都花了吧！因此工作表中的行高列宽以及单元格格式的设置很有必要哦！针对员工基本资料表，我们可将该表的标题和数据设置成不同的大小和颜色，对表格中的奇偶列设置不同的底纹，给表格加上边框线，这些设置都将使数据看起来更加清晰明了，使数据窗口看起来更加直观友好。

🕮任务分析

要对工作表进行修饰，如对字体大小、颜色，以及表格的边框线、底纹等设置，我们既可以考虑使用“开始”/“字体”组中的命令，也可用右拉菜单中的“设置单元格格式”选项进行设置。

🕮知识链接

一、行高和列宽的设置

拖动法。该方法在对行高或列宽没有精确要求时使用。操作方法是将鼠标指针放在行号（列号）按钮之间，指针形状由✚变成↔时拖动即可。

你知道吗？

当我们要将表格的行高（列宽）设置为最适合的行高（列宽）时，不仅可以使用功能区命令“开始”/“单元格”/“格式”/“自动调整行高”（“自动调整列宽”），而且可以使用鼠标对准要调整的单元格的下方的行线（右边的列线）双击。

二、单元格格式设置

操作方法：选择“开始”/“单元格”/“格式”/“设置单元格格式”命令。

字体选项卡：用于设置字符的字体、字形、字号、颜色、粗体、斜体等格式，如图

4－1－3－1 所示。

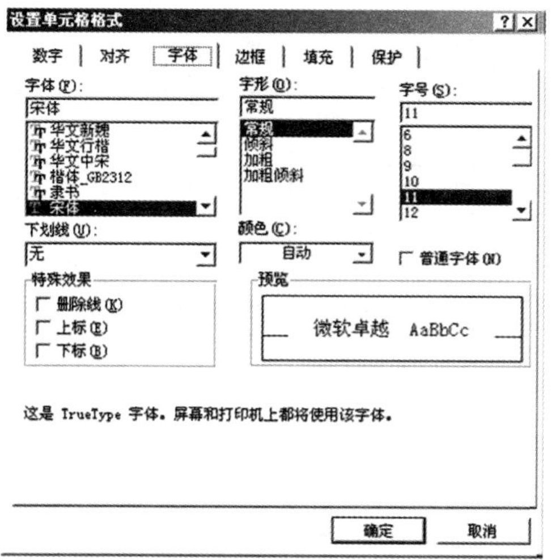

图 4－1－3－1

对齐选项卡：用于设置数据的对齐方式和方向等，如图 4－1－3－2 所示。

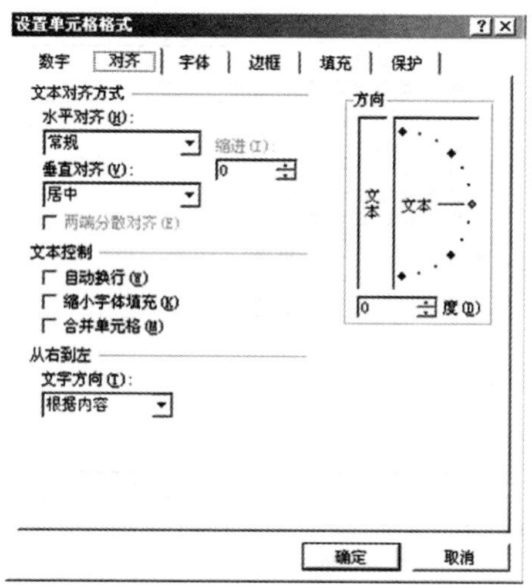

图 4－1－3－2

边框选项卡：用于设置单元格或表格的边框线，如图 4－1－3－3 所示。操作方法：先设置线条样式和颜色，再在“边框”选项中选择要添加边框线的位置。

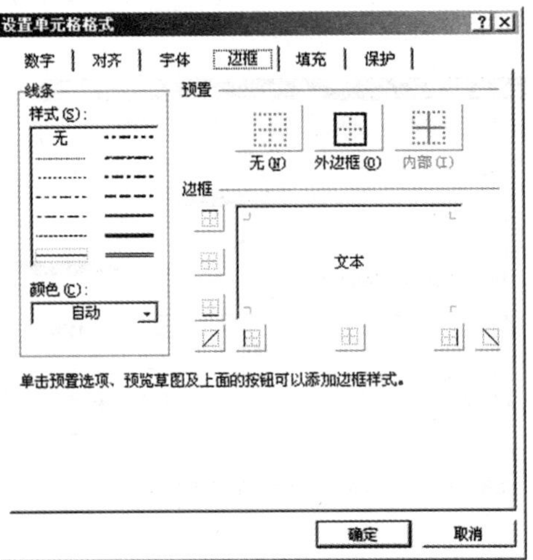

图 4—1—3—3

填充选项卡：用于设置表格的底纹和要填充的图案，如图 4—1—3—4 所示。

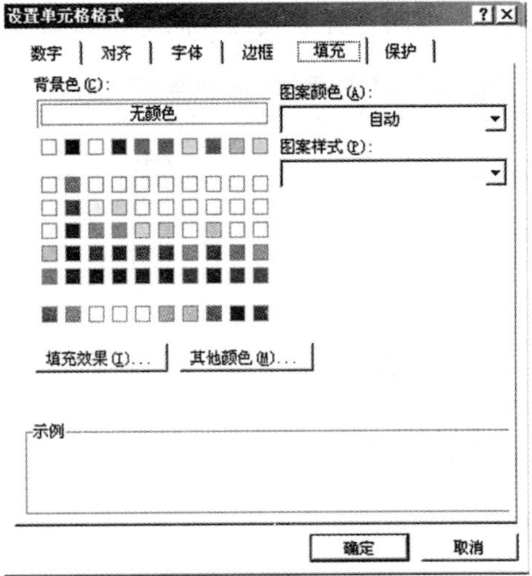

图 4—1—3—4

你知道吗?

单元格格式的设置也可以通过“开始”选项卡的“字体”组实现快速设置（如图 4—1—3—5所示）。

图 4—1—3—5

🕮任务实施

1. 打开“工资核算”工作簿中的“员工基本资料表”。

2. 设置行高与列宽。

(1) 标题行行高设置为 16，其他行高为 15。

(2) 所有的列宽为“最适合的列宽”。

3. 设置列标题格式。

选择第一行的列标题，将其字体设置为靛蓝加粗显示，并且水平和垂直方向的对齐方式匀居中。

4. 设置表格边框。

(1) 选择要设置边框线的数据区域，打开单元格格式对话框的边框选项卡。

(2) 设置外框线：选择线条选项中的双线条后，单击预置中的外边框选项。

(3) 设置内框线：选择线条选项中的单线条后，单击预置中的内部选项，点击确定完成设置。

5. 设置底纹。

(1) 选择要设置底纹的数据区域，打开单元格格式对话框的底纹选项卡。

(2) 在颜色选项中选择“浅黄”，点击确定完成设置。效果如图 4-1-3-6 所示。

工资核算 - Microsoft Excel

文件 开始 插入 页面布局 公式 数据 审阅 视图 加载项

D1 fx 部 门

	A	B	C	D	E	F	G
1	代码	姓　名	性别	部 门	卡　号	工作时间	工龄
2	A001	张文岳	男	销售1部	60142880928797001	2000-04-17	
3	A002	韩长赋	男	销售1部	60142880928797109	1997-01-01	
4	A003	张左己	男	销售1部	60142880928797305	2001-03-01	
5	A004	陈光林	男	销售1部	60142880928797500	2002-09-29	
6	A005	李克强	男	销售1部	60142880928797608	1999-06-20	
7	A006	王云坤	男	销售2部	60142880928797706	2000-04-10	
8	A007	钱运录	男	销售2部	60142880928797804	2002-05-20	
9	A008	龚学平	女	销售2部	60142880928797902	2001-03-20	
10	A009	李渊	男	销售2部	60142880928798000	1998-01-01	
11	A010	王珉	女	销售2部	60142880928798108	2002-05-12	
12	A011	张正	女	销售3部	60142880928798206	2002-04-01	
13	A012	郭延标	男	销售3部	60142880928798304	1997-08-20	
14	A013	王国发	男	销售3部	60142880928798402	2000-03-01	
15	A014	王巨禄	男	销售3部	60142880928802102	1999-05-01	
16	A015	将以任	男	销售3部	60142880928798509	2000-12-18	
17	A016	韩正	男	广告部	60142880928798607	2000-04-17	
18	A017	李建国	男	广告部	60142880928798705	1997-01-22	
19	A018	徐光春	男	财务部	60142880928798803	1999-01-06	
20	A019	张高丽	女	财务部	60142880928798901	2001-10-10	

员工考勤表　员工基本资料

就绪　100%

图 4-1-3-6

6. 保存文件。

操作与提高

1. 练习一：打开文件 E801. xlsx，对“学生成绩表”进行设置，以 EX803. xlsx 为文件名存盘，如图 4-1-3-7 所示。

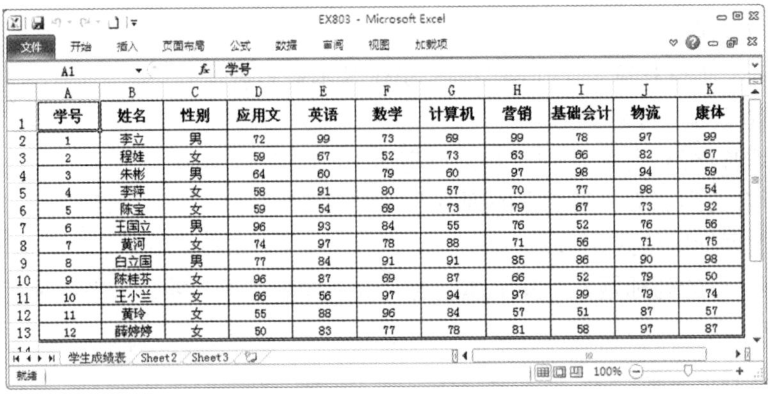

学号	姓名	性别	应用文	英语	数学	计算机	营销	基础会计	物流	康体
1	李立	男	72	99	73	69	99	78	97	99
2	程娃	女	59	67	52	73	63	66	82	67
3	朱彬	男	64	60	79	60	97	98	94	59
4	李萍	女	58	91	80	57	70	77	98	54
5	陈宝	女	59	54	69	73	79	67	73	92
6	王国立	男	96	93	84	55	76	52	76	56
7	黄河	女	74	97	78	88	71	56	71	75
8	白立国	男	77	84	91	91	85	86	90	98
9	陈桂芬	女	96	87	69	87	66	52	79	50
10	王小兰	女	66	56	97	94	97	99	79	74
11	黄玲	女	55	88	96	84	57	51	87	57
12	薛婷婷	女	50	83	77	78	81	58	97	87

图 4－1－3－7

相关参数设置：

对齐：所有内容水平和垂直方向均居中。

字体：标题为 12 磅、宋体、加粗。

边框：双线外边框，单线内框。

底纹：标题文字为“茶色”底纹，奇数列为“浅绿”底纹。

行高：第一行行高为 25。

2. 练习二：打开文件 E802. xlsx，对“学生情况表”进行设置，以 EX804. xlsx 为文件名存盘，如图 4－1－3－8 所示。

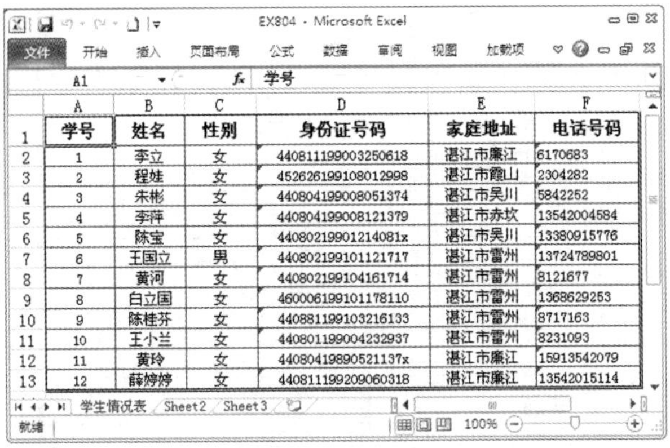

学号	姓名	性别	身份证号码	家庭地址	电话号码
1	李立	女	440811199003250618	湛江市廉江	6170683
2	程娃	女	452626199108012998	湛江市霞山	2304282
3	朱彬	女	440804199008051374	湛江市吴川	5842252
4	李萍	女	440804199008121379	湛江市赤坎	13542004584
5	陈宝	女	44080219901214081x	湛江市吴川	13380915776
6	王国立	男	440802199101121717	湛江市雷州	13724789801
7	黄河	女	440802199104161714	湛江市雷州	8121677
8	白立国	女	460006199101178110	湛江市雷州	1368629253
9	陈桂芬	女	440881199103216133	湛江市雷州	8717163
10	王小兰	女	440801199004232937	湛江市雷州	8231093
11	黄玲	女	44080419890521137x	湛江市廉江	15913542079
12	薛婷婷	女	440811199209060318	湛江市廉江	13542015114

图 4－1－3－8

相关参数设置：

对齐：除了“电话号码”列为水平方向左对齐，垂直方向居中外，其他内容水平和垂直方向均居中。

字体：标题为 12 磅、宋体、加粗。

边框：双线外边框，单线褐色内框。

底纹：标题文字用浅绿底纹。

行高：第一行行高为 22。

3. 练习三：打开文件 E803. xlsx，对“入库表”进行设置，并以 EX805. xlsx 为文

件名存盘，如图 4－1－3－9 所示。

入库单号码	供货商编号	供货商单位	入库日期	有无发票	材料代码	材料名称	规格	计量单位	数量	单价	金额
04-001	GHDW-101	材料供货商1	2007-4-12	有	101	纳盐	DFE-005	吨	20	2.3	
04-002	GHDW-102	材料供货商2	2007-4-13	无	102	硫酸	0	吨	15	2.2	
04-003	GHDW-103	材料供货商3	2007-4-14	有	102	硫酸	0	吨	20	2.8	
04-004	GHDW-104	材料供货商4	2007-4-15	有	103	盐酸	0	吨	30	3.6	
04-005	GHDW-105	材料供货商5	2007-4-16	有	102	硫酸	0	吨	40	5.4	
04-006	GHDW-106	材料供货商6	2007-4-17	有	101	纳盐	DFE-005	吨	50	5.8	
04-007	GHDW-107	材料供货商7	2007-4-18	有	105	纤维素	0	吨	30	9.6	
04-008	GHDW-108	材料供货商8	2007-4-19	有	104	氨基磺酸	0	吨	40	1.4	
04-009	GHDW-109	材料供货商9	2007-4-20	有	103	盐酸	0	吨	30	2.5	
04-010	GHDW-105	材料供货商5	2007-4-21	有	102	硫酸	0	吨	40	4.7	
04-011	GHDW-107	材料供货商7	2007-4-22	有	102	硫酸	0	吨	50	8.5	
04-012	GHDW-108	材料供货商8	2007-4-23	无	108	矾石	0	吨	30	2.9	

图 4－1－3－9

相关参数设置：

行高：标题行高为 39。

列宽：B、C、D、E、H 列宽为 13，F、G、J、K、L、M 列宽为 5.5，I 列宽为 7.5。

字体：标题为 14 磅、宋体、加粗。

边框：略。

隐藏网格线：可在菜单“工具”/“选项”的“视图”选项卡中设置。

项目二　Excel 2010 的数据处理

本项目主要是利用 Excel 提供的函数快速处理日常工作中的数据。要求创建一张销售业绩表，并利用公式和常用函数来实现数据的统计、比较和排序。

知识目标

掌握公式与函数的使用。

理解单元格地址概念。

掌握单元格地址及其引用（公式的复制及移动等操作）。

常用函数的使用（包括 SUM、AVERAGE、COUNT、IF、MAX、MIN）。

项目分解

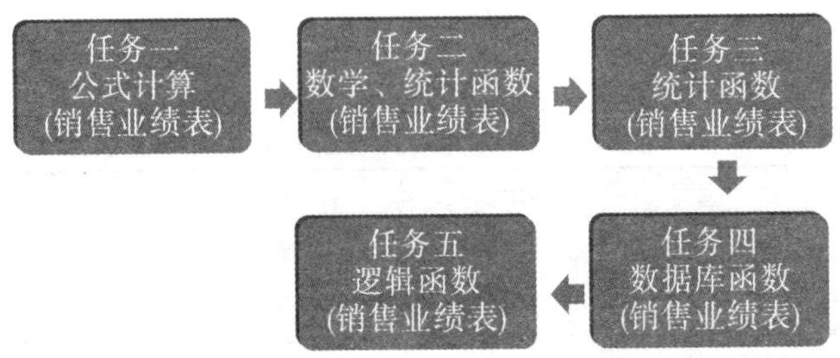

任务一　创建销售业绩表及公式计算

任务描述

统计公司员工的销售业绩是销售部门每月的常规工作。假如你所在的公司为了增强大家的竞争意识，每月又分上、中、下旬来公布业绩情况，那么请你设计一个这样的表格，并统计个人的总销售额。

任务分析

由于该业绩表不仅要用于业绩的公布，还要用于统计，所以这张表格至少应包含姓名、所属部门及上旬、中旬、下旬和总销售额字段，因此运用前面所学的知识，我们可以轻而易举地完成表格的设计，然后再运用公式对总销售额字段进行计算就可完成任务。

知识链接

一、单元格地址

一个单元格的地址：工作表中每一个单元格都有一个地址，地址的组成是单元格的列号+行号。如 A6 就表示处于第 A 列第 6 行的这一个单元格。

多个连续单元格的地址：使用“最靠左上的单元格地址：最靠右下的单元格地址”这样的形式来表示。如图 4-2-1-1 所示，被选中的单元格格区域表示为：A1:E4。

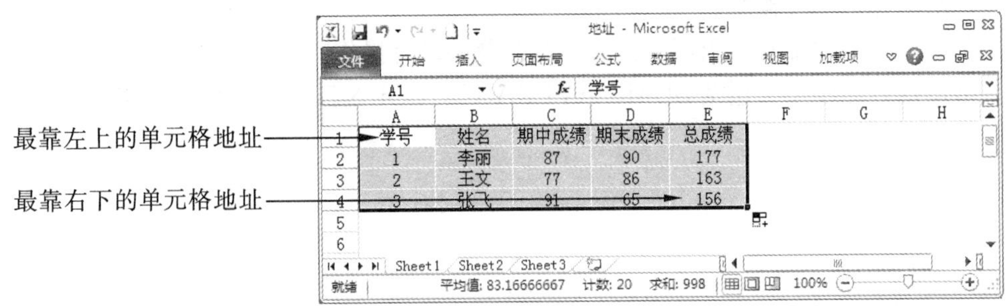

图 4-2-1-1

多个不连续单元格的地址：采用“单元格地址，单元格地址，单元格地址……”的形式来表示。如图 4　2　1　2 所示，被选中的单元格表示为：A2，C3，E4。

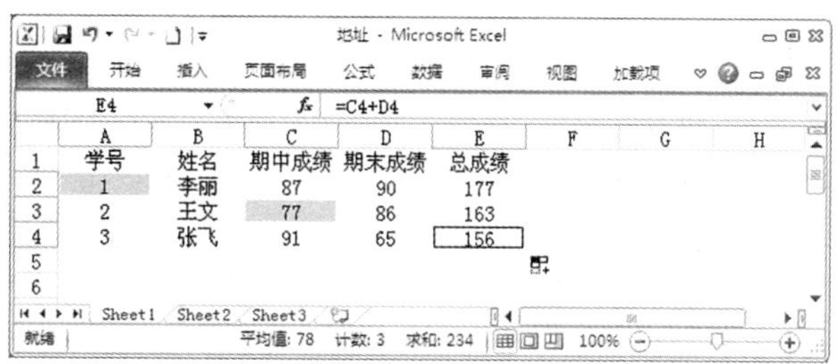

图 4－2－1－2

二、公式的概念

公式就是 Excel 工作表的计算式，也叫作等式。

公式是以等号开始的，其表现形式为：＝表达式。如图 4－2－1－3 所示，计算李丽的总成绩时，公式表示为：＝C2＋D2。

图 4－2－1－3

公式的输入方法：

(1) 双击要输出结果的单元格，在光标处输入公式，按回车键确认。

(2) 单击要输出结果的单元格，再单击“数据编辑区”，在光标处输入公式，按回车键或按“数据编辑区”左侧的按钮确认。

三、运算符

Excel 中的运算符有算术运算符、字符连接运算符和关系运算符。

常用的运算符如表 4－2－1－1 所示，表中的运算符按优先级从高到低排列。

表 4—2—1—1

优先级	运算符	功能	举例
↓	—	负号	—45，—B2
	%	百分号	11%（0.11）
	^	乘方	4^3（即 $4^3=64$）
	*，/	乘，除	4 * 2，12/4
	+，—	加，减	3+1，10—2
	&	字符串连接	“计算机”&“考试”（即“计算机考试”）
	=，<> >，>= <，<=	等于，不等于 大于，大于等于 小于，小于等于	3+4=7，3+4<>8 3+4>5，3+4>=5 3+4<8，3+4<=8

📖任务实施

1. 打开“工资核算”文件。
2. 根据前面所学的知识，创建“销售业绩表”，效果如图 4—2—1—4。

	A	B	C	D	E	F	G	H
1	姓名	部门	上旬	中旬	下旬	总销售额	排名	考核
2	张文岳	销售1部	75,500	62,500	87,000			
3	韩长赋	销售1部	79,500	98,500	68,000			
4	张左己	销售1部	82,050	63,500	90,500			
5	陈光林	销售1部	82,500	78,000	81,000			
6	李克强	销售1部	84,500	71,000	99,500			
7	王云坤	销售2部	87,500	63,500	67,500			
8	钱运录	销售2部	76,500	70,000	64,000			
9	龚学平	销售2部	77,000	60,500	66,050			
10	李渊	销售2部	80,500	96,000	72,000			
11	王珉	销售2部	83,500	78,500	70,500			
12	张正	销售3部	92,500	93,500	77,000			
13	郭延标	销售3部	95,000	95,000	70,000			
14	王国发	销售3部	97,000	76,000	73,000			
15	王巨禄	销售3部	52,500	70,000	57,000			
16	将以任	销售3部	62,500	57,500	85,000			

J	K	L	M
	上旬	中旬	下旬
平均销售额			
优秀率			
达标率			
第一名			
最后一名			
总人数			

	销售段人数
18万以下	
18万-20万	
20万-22万	
22万-24万	
24万以上	

图 4—2—1—4

3. 计算。

“总销售额”列的计算：

用鼠标单击要输出结果的单元格 F2，再单击数据编辑区，在光标处输入公式“=C2+D2+E2”，最后按回车键确认。效果如图 4—2—1—5 所示。

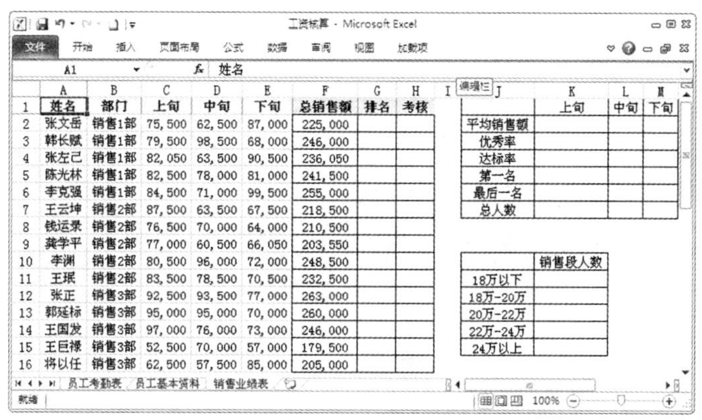

姓名	部门	上旬	中旬	下旬	总销售额	排名	考核
张文岳	销售1部	75,500	62,500	87,000	225,000		
韩长赋	销售1部	79,500	98,500	68,000	246,000		
张左己	销售1部	82,050	63,500	90,500	236,050		
陈光林	销售1部	82,500	78,000	81,000	241,500		
李克强	销售1部	84,500	71,000	99,500	255,000		
王云坤	销售2部	87,500	63,500	67,500	218,500		
钱运录	销售2部	76,500	70,000	64,000	210,500		
龚学平	销售2部	77,000	60,500	66,050	203,550		
李渊	销售2部	80,500	96,000	72,000	248,500		
王珉	销售2部	83,500	78,500	70,500	232,500		
张正	销售3部	92,500	93,500	77,000	263,000		
郭延标	销售3部	95,000	95,000	70,000	260,000		
王国发	销售3部	97,000	76,000	73,000	246,000		
王巨禄	销售3部	52,500	70,000	57,000	179,500		
将以任	销售3部	62,500	57,500	85,000	205,000		

	上旬	中旬	下旬
平均销售额			
优秀率			
达标率			
第一名			
最后一名			
总人数			

	销售段人数
18万以下	
18万-20万	
20万-22万	
22万-24万	
24万以上	

图 4—2—1—5

4. 保存文件。

你知道吗?

很多时候，我们并不是采用键盘输入单元格的地址，而是采用鼠标来选取。

在“总销售额”列，我们只需要计算第一个单元格 F2 的值，其他的单元格采用复制方法，通过直接拖动单元格右下角的填充柄或双击填充柄实现。

操作与提高

1. 打开文件 E901. xlsx 中的“学生成绩表”，运用公式计算表中的总分和平均分列，并设置平均分的小数位数为 1 位，以 EX901. xlsx 为文件名存盘，如图 4—2—1—6 所示。

学号	姓名	性别	应用文	英语	数学	计算机	营销	基础会计	物流	康体	总分	平均分
1	李立	男	72	99	73	69	99	78	97	99	686	85.8
2	程娃	女	59	67	52	73	63	66	82	67	529	66.1
3	朱彬	男	64	60	79	60	97	98	94	59	611	76.4
4	李萍	女	58	91	80	57	70	77	98	54	585	73.1
5	陈宝	女	59	54	69	73	79	67	73	92	566	70.8
6	王国立	男	96	93	84	55	76	52	76	56	588	73.5
7	黄河	女	74	97	78	88	71	56	71	75	610	76.3
8	白立国	男	77	84	91	91	85	86	90	98	702	87.8
9	陈桂芬	女	96	87	69	87	66	52	79	50	586	73.3
10	王小兰	女	66	56	97	94	97	99	79	74	662	82.8
11	黄玲	女	55	88	96	84	57	51	87	57	575	71.9
12	薛婷婷	女	50	83	77	78	81	58	97	87	611	76.4

图 4—2—1—6

2. 打开文件 E902. xlsx 中的“入库表”，运用公式计算表中的金额，以 EX902. xlsx 为文件名存盘，如图 4—2—1—7 所示。

入库单号码	供货商编号	供货商单位	入库日期	有无发票	材料代码	材料名称	规格	计量单位	数量	单价	金额
04-001	GHDW-101	材料供货商1	2007-4-12	有	101	纳盐	DFE-005	吨	20	2.3	46
04-002	GHDW-102	材料供货商2	2007-4-13	无	102	硫酸	0	吨	15	2.2	33
04-003	GHDW-103	材料供货商3	2007-4-14	有	102	硫酸	0	吨	20	2.8	56
04-004	GHDW-104	材料供货商4	2007-4-15	有	103	盐酸	0	吨	30	3.6	108
04-005	GHDW-105	材料供货商5	2007-4-16	有	102	硫酸	0	吨	40	5.4	216
04-006	GHDW-106	材料供货商6	2007-4-17	有	101	纳盐	DFE-005	吨	50	5.8	290
04-007	GHDW-107	材料供货商7	2007-4-18	有	105	纤维素	0	吨	30	9.6	288
04-008	GHDW-108	材料供货商8	2007-4-19	有	104	氨基磺酸	0	吨	40	1.4	56
04-009	GHDW-109	材料供货商9	2007-4-20	有	103	盐酸	0	吨	30	2.5	75
04-010	GHDW-105	材料供货商5	2007-4-21	有	102	硫酸	0	吨	40	4.7	188
04-011	GHDW-107	材料供货商7	2007-4-22	有	102	硫酸	0	吨	50	8.5	425
04-012	GHDW-108	材料供货商8	2007-4-23	无	108	矾石	0	吨	30	2.9	87

图 4－2－1－7

3. 打开文件 E903. xlsx 中的“出库表”，运用公式计算表中的金额，以 EX903. xlsx 为文件名存盘，如图 4－2－1－8 所示。

出库单号码	领用代码	产品名称	发料时间	材料代码	材料名称	规格	计量单位	数量	单价	金额
04-001	XHDW-101	产品1	2007-4-15	CL-101	纳盐	DFE-005	吨	1	12	12
04-002	XHDW-102	产品2	2007-4-16	CL-101	纳盐	DFE-005	吨	2.5	12	30
04-003	XHDW-103	产品3	2007-4-17	CL-102	硫酸	0	吨	3.2	18	57.6
04-004	XHDW-104	产品4	2007-4-18	CL-103	盐酸	0	吨	2.4	25	60
04-005	XHDW-105	产品5	2007-4-19	CL-102	硫酸	0	吨	1.5	21	31.5
04-006	XHDW-106	产品6	2007-4-20	CL-103	盐酸	0	吨	2.7	36	97.2
04-007	XHDW-107	产品7	2007-4-21	CL-104	氨基磺酸	0	吨	1.1	27	29.7
04-008	XHDW-108	产品8	2007-4-22	CL-105	纤维素	0	吨	0.8	33	26.4
04-009	XHDW-109	产品9	2007-4-23	CL-106	硅酸钠	0	吨	0.9	28	25.2

图 4－2－1－8

任务二　销售业绩表的函数计算（一）

📖任务描述

创建销售业绩表，不仅仅想了解员工的个人业绩、每一时期的销售明星，还希望了解公司不同时期的平均业绩，以敦促业绩低于平均值的员工要努力，同时也为公司作进一步的计划提供依据。

📖任务分析

要统计公司每一时期的平均业绩，需要用到平均函数 AVERAGE（）；而销售明星一般是第一名，也就是求每一旬业绩的最大值，使用函数 MAX（）；最后一名则是求最小值，使用函数 MIN（）。

📖知识链接

一、单元格的引用

单元格引用是指公式中指明的一个单元格或一组单元格。公式中对单元格的引用分为相对引用、绝对引用和混合引用。

相对引用：用“H2”这样的方式来引用单元格是相对引用。相对引用是指当公式

在复制或移动时，公式中引用单元格的地址会随着移动的位置自动改变。

绝对引用：在行号和列号前均加上“＄”，如“＄H＄2”这样的方式来引用单元格是绝对引用。当公式在复制或移动时，公式中引用单元格的地址不会随着公式的位置而改变。

混合引用：混合引用是指单元格地址中既有相对引用，也有绝对引用。“＄H2”，表示具有绝对列和相对行，当公式在复制或移动时，保持列不变，而行变化；“H＄2”表示具有相对列和绝对行，当公式在复制或移动时，保持行不变，而列变化。

二、函数

函数：通俗地讲，函数就是常用公式的简化形式。如公式为“=A1+B1+C1”，使用函数可表示为“=SUM（A1，B1，C1）”或“=SUM（A1：C1）”。

（1）函数的格式：

函数名（［参数1］，［参数2］，［参数3］……）

如：

=SUM（A1，B1，C1）或=SUM（A1:C1）

函数名参数1参数2参数3　函数名参数1

（2）函数格式要求：

函数必须有函数名；

函数名后面必须跟有1对小括号；

参数可以是数值、单元格引用、文字、其他函数的计算结果；

各参数之间用逗号分隔。

（3）几个常用的数学函数和统计函数如表4—2—2—1所示。

表4—2—2—1

函数形式	功能说明
SUM（number1，number2……）	计算参数的和
AVERAGE（number1，number2……）	计算参数的平均值
MAX（number1，number2……）	计算参数中的最大值
MIN（number1，number2……）	计算参数中的最小值

🕮任务实施

1. 打开“工资核算”文件。

2. 计算。

使用函数计算“总销售额”列：

方法一：用鼠标单击要输出结果的单元格F2，再单击“公式”选项卡下的Σ自动求和按钮，最后按回车键确认。

方法二：用鼠标单击要输出结果的单元格F2，再单击“数据编辑区”，在光标处输入公式“=SUM（C2:E2）”然后按✔按钮确认。

方法三：与方法二相类似，不同点在于输入的公式为“=SUM（C2，D2，E2)”。

方法四：用鼠标单击要输出结果的单元格 F2，再单击“公式”选项卡下的打开“插入函数”对话框，选择“数学与三角函数”类别中的“SUM”函数，然后在打开的“函数参数”对话框中设置参数（用鼠标选取的方法较为方便)，如图 4－2－2－1 所示，最后按“确定”按钮确认。

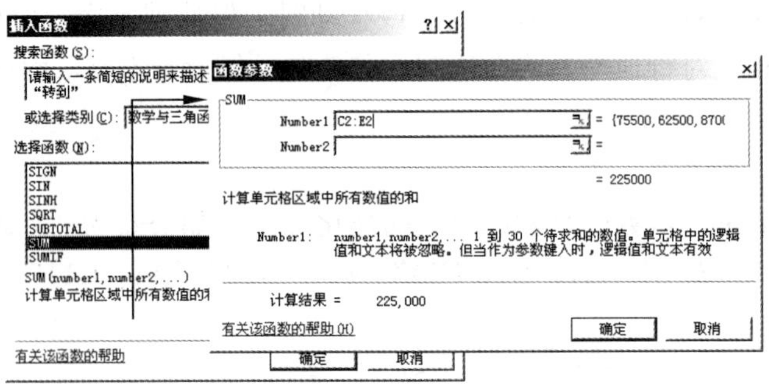

图 4－2－2－1

“平均销售额”的计算：

操作方法与 SUM（）函数相类似，在 K2 上输入的公式为：“=AVERAGE（C2：C16)”

“第一名”的计算：

操作方法与 SUM（）函数相类似，在 K5 上输入的公式为：“=MAX（C2:C16)”

“最后一名”的计算：

操作方法与 SUM（）函数相类似，在 K6 上输入的公式为：“=MIN（C2:C16)”

效果如图 4－2－2－2 所示。

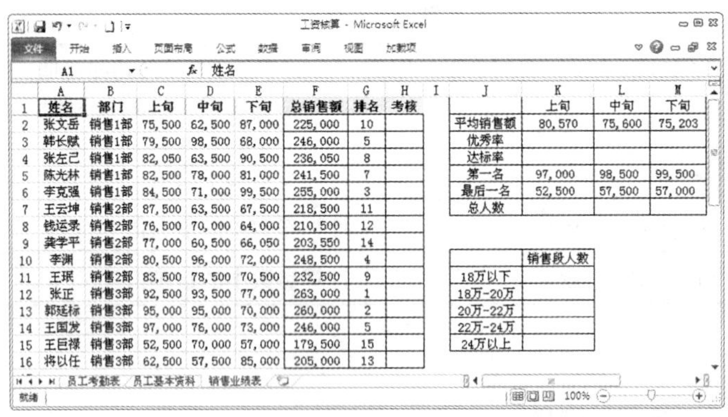

姓名	部门	上旬	中旬	下旬	总销售额	排名	考核
张文岳	销售1部	75,500	62,500	87,000	225,000	10	
韩长赋	销售1部	79,500	98,500	68,000	246,000	5	
张左己	销售1部	82,050	63,500	90,500	236,050	8	
陈光林	销售1部	82,500	78,000	81,000	241,500	7	
李克强	销售1部	84,500	71,000	99,500	255,000	3	
王云坤	销售2部	87,500	63,500	67,500	218,500	11	
钱运录	销售2部	76,500	70,000	64,000	210,500	12	
龚学平	销售2部	77,000	60,500	66,050	203,550	14	
李渊	销售2部	80,500	96,000	72,000	248,500	4	
王珉	销售2部	83,500	78,500	70,500	232,500	9	
张正	销售3部	92,500	93,500	77,000	263,000	1	
郭廷标	销售3部	95,000	95,000	70,000	260,000	2	
王国发	销售3部	97,000	76,000	73,000	246,000	5	
王巨禄	销售3部	52,500	70,000	57,000	179,500	15	
将以任	销售3部	62,500	57,500	85,000	205,000	13	

	上旬	中旬	下旬
平均销售额	80,570	75,600	75,203
优秀率			
达标率			
第一名	97,000	98,500	99,500
最后一名	52,500	57,500	57,000
总人数			

	销售段人数
18万以下	
18万-20万	
20万-22万	
22万-24万	
24万以上	

图 4－2－2－2

3. 保存文件。

操作与提高

1. 打开文件 E904. xlsx 中的“学生成绩表”，运用函数计算表中的总分、平均分、平均分的最高分和最低分，并设置平均分的小数位数为 1 位，以 EX904. xlsx 为文件名

存盘。

2. 打开文件 E905. xlsx 中的“入库表”，运用函数计算表中的总金额，以 EX905. xlsx 为文件名存盘。

2. 打开文件 E906. xlsx 中的“出库表”，运用函数计算表中的总金额，以 EX906. xlsx 为文件名存盘。

任务三　销售业绩表的函数计算（二）

📖任务描述

公司希望工作表中能体现销售的达标率、优秀率各为多少，按公司的标准每一旬的销售额达 80000 元以上的为优秀。此外还希望了解排名情况，以便做出奖励或对工作做进一步的计划。

📖任务分析

因为优秀率等于优秀人数除以总人数，所以要求优秀率必须先求优秀人数，优秀人数可用统计函数 COUNTIF（）来计算，总人数可采用 COUNT（）或 COUNTA（）来计算；达标率的求解方法和求优秀率一样；而业绩排名则可用 RANK（）函数。

📖知识链接

几个常用函数如表 4－2－3－1 所示。

表 4－2－3－1

函数形式	功能说明
COUNT（value1，value2……） COUNTA（value1，value2……）	计算参数列表中包含数字的单元格个数 计算参数列表中所包含的非空单元格数目
COUNTIF（range，criteria）	计算满足条件的非空单元格数目
RANK（number，ref，order）	计算某个数字在一列数字中的大小排位

1. COUNT（）和 COUNTA（）。

COUNT（）和 COUNTA（）的操作方法与 SUM（）、AVERAGE（）、MAX（）、MIN（）类似，参数可以是数字，也可以是地址。

2. COUNTIF（）。

COUNTIF（range，criteria）

range 为要计算的区域。

criteria 为条件。

3. RANK（）。

RANK（number，ref，order）

number 为要排位的数字。

ref 为一组数或对数字列表的引用。

order 为指明排位的方式。order 不为零，按照升序排列；order 为 0 或省略，按照降序排列。

📖任务实施

1. 打开“工资核算”文件。

2. 计算。

“总人数”的计算：

在 K7 上输入的公式为：“=COUNT（C2:C16)”。

“优秀率”的计算：

在 K3 上输入的公式为：“=COUNTIF（C2:C16," >=80000")/COUNT（C2:C16)”。

说明：先使用公式 COUNTIF（C2:C16," >=80000"）统计出总人数，再除以 COUNT（C2:C16）统计出的总人数。

“达标率”的计算：

在 K4 上输入的公式为：“=COUNTIF（C2:C16," >=60000")/COUNT（C2:C16)”。

“排名”的计算：

在 G2 上输入的公式为：“=RANK（F2，$F$2:$F$16，0)”。

思考：第二个参数为什么要用绝对地址，如果不用又会有什么结果?

3. 保存文件。

效果如图 4-2-3-1 所示。

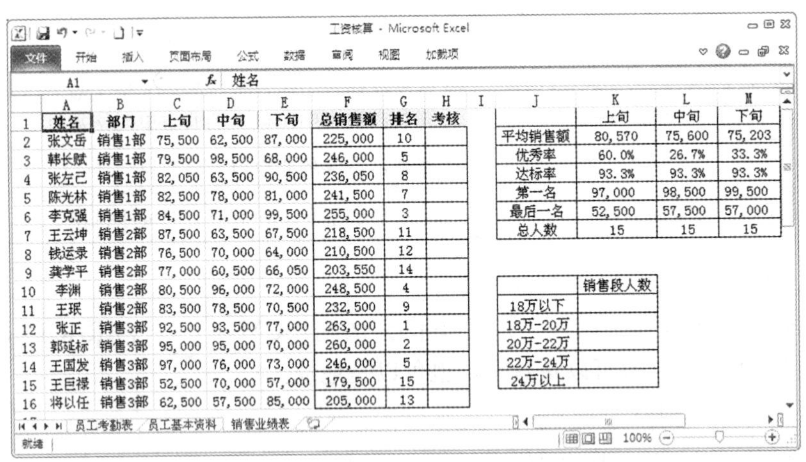

姓名	部门	上旬	中旬	下旬	总销售额	排名	考核
张文岳	销售1部	75,500	62,500	87,000	225,000	10	
韩长赋	销售1部	79,500	98,500	68,000	246,000	5	
张左己	销售1部	82,050	63,500	90,500	236,050	8	
陈光林	销售1部	82,500	78,000	81,000	241,500	7	
李克强	销售1部	84,500	71,000	99,500	255,000	3	
王云坤	销售2部	87,500	63,500	67,500	218,500	11	
钱运录	销售2部	76,500	70,000	64,000	210,500	12	
龚学平	销售2部	77,000	60,500	66,050	203,550	14	
李渊	销售2部	80,500	96,000	72,000	248,500	4	
王珉	销售2部	83,500	78,500	70,500	232,500	9	
张正	销售3部	92,500	93,500	77,000	263,000	1	
郭延标	销售3部	95,000	95,000	70,000	260,000	2	
王国发	销售3部	97,000	76,000	73,000	246,000	5	
王巨禄	销售3部	52,500	70,000	57,000	179,500	15	
将以任	销售3部	62,500	57,500	85,000	205,000	13	

	上旬	中旬	下旬
平均销售额	80,570	75,600	75,203
优秀率	60.0%	26.7%	33.3%
达标率	93.3%	93.3%	93.3%
第一名	97,000	98,500	99,500
最后一名	52,500	57,500	57,000
总人数	15	15	15

	销售段人数
18万以下	
18万-20万	
20万-22万	
22万-24万	
24万以上	

图 4-2-3-1

操作与提高

1. 打开文件 E907.xlsx 中的“学生成绩表”，运用函数计算表中的排名、总人数等，以 EX907.xlsx 为文件名存盘。

2. 打开文件 E908.xlsx 中的“入库表”，运用函数计算表中的入库单数和 50 吨以上的单数，并以 EX908.xlsx 为文件名存盘。

3. 打开文件 E909. xlsx 中的“出库表”，运用函数计算表中的出库单数和 2 吨以上的单数，并以 EX909. xlsx 为文件名存盘。

任务四 销售业绩表的函数计算（三）

📖任务描述

本任务主要是想了解各个销售段的人数，目的也一样是为销售工作做进一步的计划。主要分为五个销售段，分别是销售额 18 万元以下、18 万元至 20 万元、20 万元至 22 万元、22 万元至 24 万元、24 万元以上。

📖任务分析

要统计条件是各个销售段的人数，我们可以使用前面学习过的 COUNTIF ()，也可以使用数据库函数 DCOUNT () 或 DCOUNTA ()。使用数据库函数时要先设置条件，然后再计算。

📖知识链接

几个常用涵数如表 4－2－4－1 所示。

表 4－2－4－1

函数形式	功能说明
DCOUNT (database，field，criteria)	从满足条件的数据库字段中，计算数值单元格数目
DCOUNTA (database，field，criteria)	从满足条件的数据库字段中，计算非空单元格数目

1. DCOUNT (database，field，criteria)。

2. DCOUNTA (database，field，criteria)。

database 为列表或数据库的单元格区域。

field 为列标签或表示该列在列表中位置的数值。

criteria 为指定条件的单元格区域。

📖任务实施

1. 打开“工资核算”文件。

2. 设置条件。

在 A18:H19 的区域中设置条件，如表 4－2－4－2 所示。

表 4－2－4－2

总销售额	总销售额	总销售额	总销售额	总销售额	总销售额	总销售额	总销售额
<180000	>=180000	<200000	>=200000	<220000	>=220000	<240000	>=240000

3. 计算。

“销售段人数”的计算：

在 K11 上输入的公式为：

=DCOUNT（$A$1:$H$16，$F$1，A18:A19）

效果如图 4-2-4-1 所示。

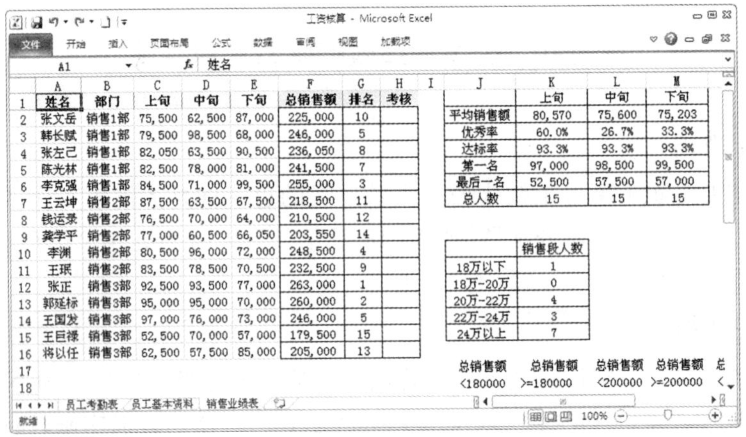

	姓名	部门	上旬	中旬	下旬	总销售额	排名	考核
2	张文岳	销售1部	75,500	62,500	87,000	225,000	10	
3	韩长赋	销售1部	79,500	98,500	68,000	246,000	5	
4	张左己	销售1部	82,050	63,500	90,500	236,050	8	
5	陈光林	销售1部	82,500	78,000	81,000	241,500	7	
6	李克强	销售1部	84,500	71,000	99,500	255,000	3	
7	王云坤	销售2部	87,500	63,500	67,500	218,500	11	
8	钱运录	销售2部	76,500	70,000	64,000	210,500	12	
9	龚学平	销售2部	77,000	60,500	66,050	203,550	14	
10	李渊	销售2部	80,500	96,000	72,000	248,500	4	
11	王珉	销售2部	83,500	78,500	70,500	232,500	9	
12	张正	销售3部	92,500	93,500	77,000	263,000	1	
13	郭廷标	销售3部	95,000	95,000	70,000	260,000	2	
14	王国发	销售3部	97,000	76,000	73,000	246,000	5	
15	王巨禄	销售3部	52,500	70,000	57,000	179,500	15	
16	将以任	销售3部	62,500	57,500	85,000	205,000	13	

	上旬	中旬	下旬
平均销售额	80,570	75,600	75,203
优秀率	60.0%	26.7%	33.3%
达标率	93.3%	93.3%	93.3%
第一名	97,000	98,500	99,500
最后一名	52,500	57,500	57,000
总人数	15	15	15

	销售段人数
18万以下	1
18万-20万	0
20万-22万	4
22万-24万	3
24万以上	7

总销售额	总销售额	总销售额	总销售额
<180000	>=180000	<200000	>=200000

图 4-2-4-1

4. 保存文件。

操作与提高

1. 打开文件 E910. xlsx 中的“学生成绩表”，运用函数计算各分数段的人数，并以 EX910. xlsx 为文件名存盘。

2. 打开文件 E911. xlsx 中的“入库表”，运用函数计算 4 月中旬的入库吨数和金额，并以 EX911. xlsx 为文件名存盘。

3. 打开文件 E912. xlsx 中的“出库表”，运用函数计算硫酸的出库吨数和出库金额，并以 EX912. xlsx 为文件名存盘。

任务五　销售业绩表的函数计算（四）

任务描述

本任务是希望能对所有员工的业绩进行考核，看是否达标还是优秀，要求总销售额达 240000 元以上的为优秀，180000 元以上为达标，否则不达标。

任务分析

考核的结果中有三种情况：第一种总销售额达 240000 元以上的为优秀，第二种 180000 元以上为达标，第三种是 180000 元以下为不达标。至少要进行两次判断，所以必须用到 IF（）函数的嵌套。

知识链接

函数形式如表 4-2-5-1 所示。

表 4－2－5－1

函数形式	功能说明
IF（logicaltest，valueiftrue，valueiffalse）	根据条件判断，满足返回一个值，否则返回另一个值

IF（logicaltest，valueiftrue，valueiffalse）

logicaltest 为要判断的条件。

valueiftrue 为条件满足时的返回值。

valueiffalse 为条件不满足时的返回值。

IF 函数最多可以嵌套 7 层。

出错时，应怎样检查？

（1）小括号是否齐全，是否为英文状态？

（2）参数是否齐全？

（3）参数间的逗号是否为英文标点符号？

任务实施：

1. 打开“工资核算”文件。

2. 计算。

“考核”列的计算：

在 H2 上输入的公式为：

=IF（F2＞＝240000," 优秀"，IF（F2＜180000," 不达标"," 达标"））

效果如图 4－2－5－1 所示。

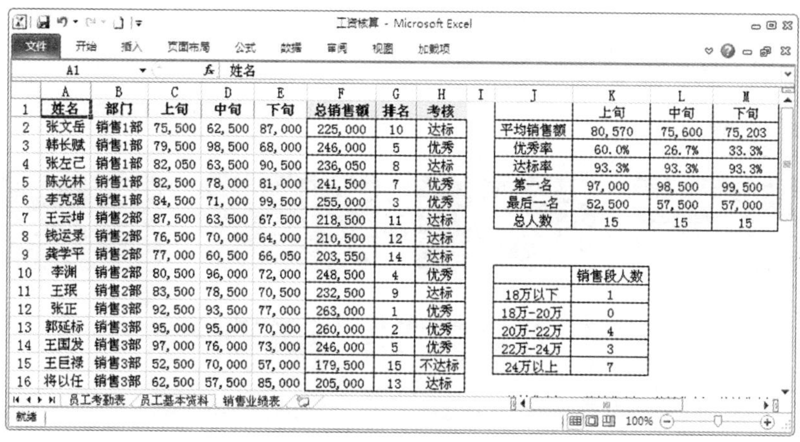

	A	B	C	D	E	F	G	H
1	姓名	部门	上旬	中旬	下旬	总销售额	排名	考核
2	张文岳	销售1部	75,500	62,500	87,000	225,000	10	达标
3	韩长赋	销售1部	79,500	98,500	68,000	246,000	5	优秀
4	张左己	销售1部	82,050	63,500	90,500	236,050	8	达标
5	陈光林	销售1部	82,500	78,000	81,000	241,500	7	优秀
6	李克强	销售1部	84,500	71,000	99,500	255,000	3	优秀
7	王云坤	销售2部	87,500	63,500	67,500	218,500	11	达标
8	钱运录	销售2部	76,500	70,000	64,000	210,500	12	达标
9	龚学平	销售2部	77,000	60,500	66,050	203,550	14	达标
10	李渊	销售2部	80,500	96,000	72,000	248,500	4	优秀
11	王珉	销售2部	83,500	78,500	70,500	232,500	9	达标
12	张正	销售3部	92,500	93,500	77,000	263,000	1	优秀
13	郭延标	销售3部	95,000	95,000	70,000	260,000	2	优秀
14	王国发	销售3部	97,000	76,000	73,000	246,000	5	优秀
15	王巨禄	销售3部	52,500	70,000	57,000	179,500	15	不达标
16	将以任	销售3部	62,500	57,500	85,000	205,000	13	达标

J	K	L	M
	上旬	中旬	下旬
平均销售额	80,570	75,600	75,203
优秀率	60.0%	26.7%	33.3%
达标率	93.3%	93.3%	93.3%
第一名	97,000	98,500	99,500
最后一名	52,500	57,500	57,000
总人数	15	15	15

	销售段人数
18万以下	1
18万-20万	0
20万-22万	4
22万-24万	3
24万以上	7

图 4－2－5－1

3. 保存文件。

操作与提高

1. 打开文件 E913. xlsx 中的“学生成绩表”，运用函数计算总评列（平均分 60 分以上显示总评及格，否则显示不及格），以 EX913. xlsx 为文件名存盘。

2. 打开文件 E914. xlsx 中的“材料总账”，运用函数计算备注列（期末库存数量少于 30 吨显示缺货字样，否则不显示），以 EX914. xlsx 为文件名存盘。

3. 打开文件 E913. xlsx 中的“学生成绩表”，运用函数计算总评列（平均分 60 分以下显示总评不及格，60 至 85 分显示及格，85 分以上显示优秀），以 EX915. xlsx 为文件名存盘。

4. 打开文件 E913. xlsx 中的“学生成绩表”，运用函数计算总评列（平均分 60 分以下显示总评不及格，60 至 75 分显示及格，75 至 85 分显示良好，85 分以上显示优秀），以 EX916. xlsx 为文件名存盘。

项目三　Excel 2010 的数据查阅和分析

本项目主要是针对销售业绩进行操作，利用 Excel 提供的冻结、条件格式、排序、筛选等命令快速查看数据，通过创建分类汇总、数据透视表、图表等方法来汇总和分析数据。

知识目标

灵活运用冻结、条件格式命令。

掌握排序的方法。

掌握分类汇总方法。

熟练运用筛选方法筛选数据。

熟练运用分类汇总分类统计数据。

熟练使用图表分析数据。

项目分解

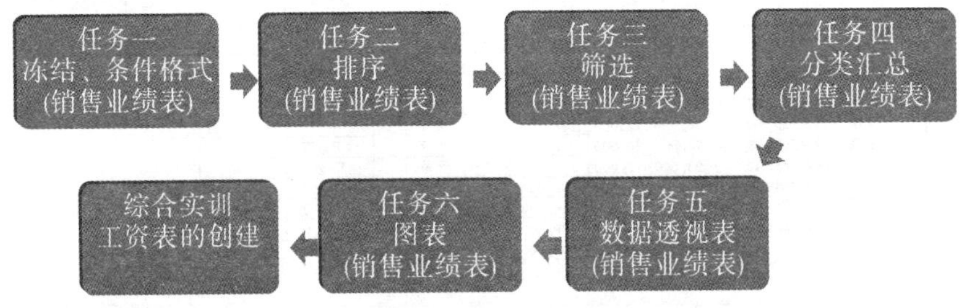

任务一　查看数据

任务描述

为了方便、准确地浏览数据，我们希望冻结标题行和姓名列，同时所有考核“优秀”的字体设置为“加粗”和用“紫罗兰”色突出显示。

📖任务分析

要冻结第 n 行，必须先选择第 $n+1$ 行，同样要冻结第 n 列，须选取第 $n+1$ 列，然后再使用“视图”/“窗口”/“冻结窗格”/“冻结拆分窗格”命令，但是如果要同时冻结第 n 行和第 n 列，那应该怎么选呢？要将所有考核“优秀”的字体突出显示，关键在于找到“条件格式”命令。

📖知识链接

一、冻结

冻结的作用：能方便且准确地查看某个数据，对于行和列很长很宽的工作表的数据查看尤其有效和方便。

操作方法：选择要冻结的行（列）的下一行（列），然后点击命令“视图”/“窗口”/“冻结窗格”/“冻结拆分窗格”。

要同时冻结某一行某一列：

选择行和列相交的这一单元格，然后再使用冻结命令即可。

二、条件格式

条件格式：将满足某些条件的数据的字体、边框或底纹设置为特定的格式。

操作方法：选择数据区域，然后点击“开始”/“样式”/“条件格式”/“突出显示单元格规则”下对应的命令。如图 4-3-1-1 所示。

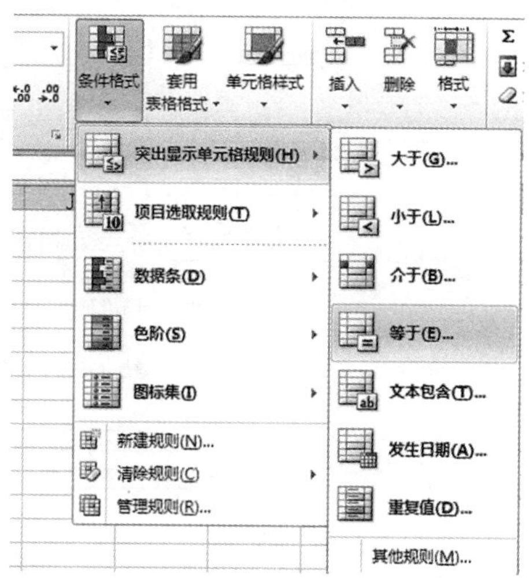

图 4-3-1-1

📖任务实施

1. 打开“工资核算”文件中的“员工考勤表”。

2. 冻结标题行和姓名列以方便查看数据：

选择处在第二行、第三列的单元格，即 C2，然后点击命令“视图”/“窗口”/

"冻结窗格"/"冻结拆分窗格"冻结行标题和姓名列，如图 4—3—1—2 所示。

	A	B	F	G	H	I	J
1	代码	姓 名	实出勤天数	日常加班天数	节日加班天数		
16	A015	将以任	18				
17	A016	韩正	24		1		
18	A017	李建国	24	1			
19	A018	徐光春	21				
20	A019	张高丽	24	1			
21							

图 4—3—1—2

3. 将所有考核优秀的字体设置为加粗，用"紫罗兰"色突出显示：

选择 H 列，然后点击"开始"/"样式"/"条件格式"/"突出显示单元格规则"/"等于（E）"，具体设置如图 4—3—1—3 所示。

图 4—3—1—3

效果如图 4—3—1—4 所示。

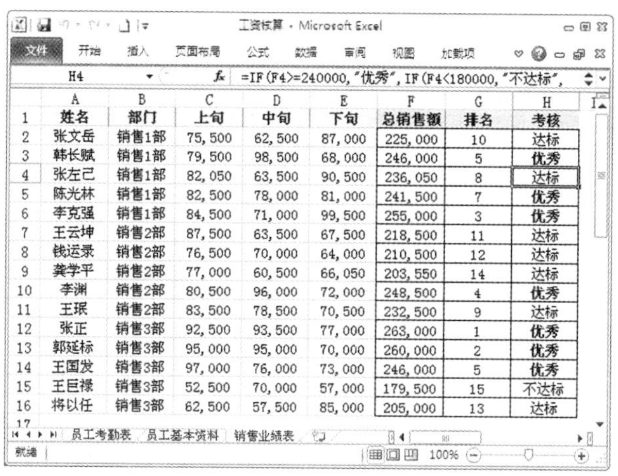

	A	B	C	D	E	F	G	H
1	姓名	部门	上旬	中旬	下旬	总销售额	排名	考核
2	张文岳	销售1部	75,500	62,500	87,000	225,000	10	达标
3	韩长赋	销售1部	79,500	98,500	68,000	246,000	5	优秀
4	张左己	销售1部	82,050	63,500	90,500	236,050	8	达标
5	陈光林	销售1部	82,500	78,000	81,000	241,500	7	优秀
6	李克强	销售1部	84,500	71,000	99,500	255,000	3	优秀
7	王云坤	销售2部	87,500	63,500	67,500	218,500	11	达标
8	钱运录	销售2部	76,500	70,000	64,000	210,500	12	达标
9	龚学平	销售2部	77,000	60,500	66,050	203,550	14	达标
10	李渊	销售2部	80,500	96,000	72,000	248,500	4	优秀
11	王珉	销售2部	83,500	78,500	70,500	232,500	9	达标
12	张正	销售3部	92,500	93,500	77,000	263,000	1	优秀
13	郭延标	销售3部	95,000	95,000	70,000	260,000	2	优秀
14	王国发	销售3部	97,000	76,000	73,000	246,000	5	优秀
15	王巨禄	销售3部	52,500	70,000	57,000	179,500	15	不达标
16	将以任	销售3部	62,500	57,500	85,000	205,000	13	达标

图 4－3－1－4

4. 保存文件。

操作与提高

1. 打开文件 E1001. xlsx 中的“入库表”，将材料名称为硫酸的字体以红色突出显示，以 EX1001. xlsx 为文件名存盘。

2. 打开文件 E1003. xlsx 中的“学生成绩表”，利用冻结窗格来查看“王国立”的基础会计成绩；并将各个科目、平均分不及格的数据用红色显示，以 EX1002. xlsx 为文件名存盘。

任务二　分析销售业绩表——排序的应用

🕮任务描述

虽然已对总销售额进行了排名计算，但为了更方便地浏览数据，我们还希望按“总销售额”排序，如果“总销售额”相同，则按“部门”排序。

🕮任务分析

要排序数据，关键在于找到“排序”命令，此外还要注意主要关键字和次要关键字的设置。先按“总销售额”排序，如果“总销售额”相同，才按“部门”排序，所以“总销售额”为“主要关键字”，“部门”为“次要关键字”。

🕮知识链接

排序：以某一个或几个关键字为依据，按一定的顺序原则重新排列数据。

操作方法：单击要排序表格中的任意单元格，然后点击“数据”/“排序和筛选”/“排序”命令，在弹出的“排序”对话框中进行相关设置，如图 4－3－2－1 所示。

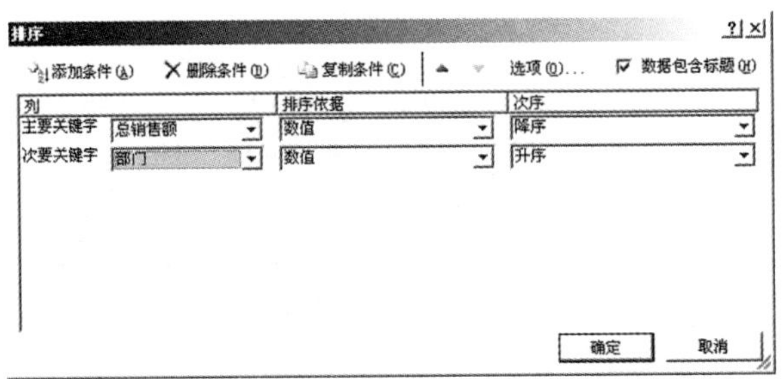

图 4-3-2-1

你知道吗？

如果一次排序有两个排序依据（关键字）时，会先按“主关键字”排序，如果数据相同的才会按“次要关键字”排序。

📖任务实施

1. 打开“工资核算”文件中的“销售业绩表”。

2. 单击要排序表格中的任意单元格，然后点击“数据”/“排序和筛选”/“排序”命令，在弹出的“排序”对话框中进行相关设置（如图 4-3-2-2 所示）。

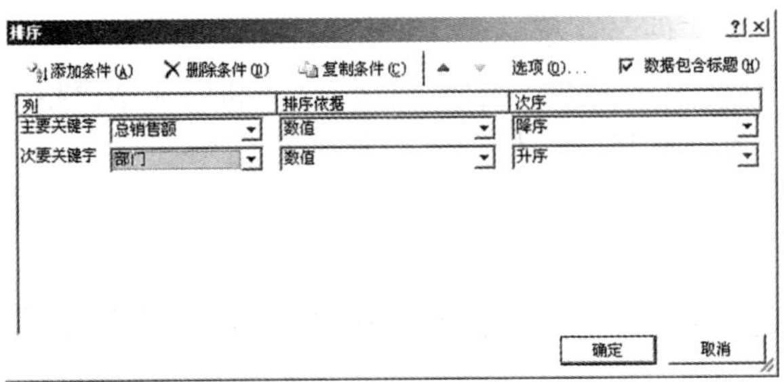

图 4-3-2-2

效果如图 4-3-2-3 所示。

	A	B	C	D	E	F	G	H
1	姓名	部门	上旬	中旬	下旬	总销售额	排名	考核
2	张正	销售3部	92, 500	93, 500	77, 000	263, 000	1	优秀
3	郭延标	销售3部	95, 000	95, 000	70, 000	260, 000	2	优秀
4	李克强	销售1部	84, 500	71, 000	99, 500	255, 000	3	优秀
5	李渊	销售2部	80, 500	96, 000	72, 000	248, 500	4	优秀
6	韩长赋	销售1部	79, 500	98, 500	68, 000	246, 000	5	优秀
7	王国发	销售3部	97, 000	76, 000	73, 000	246, 000	5	优秀
8	陈光林	销售1部	82, 500	78, 000	81, 000	241, 500	7	优秀
9	张左己	销售1部	82, 050	63, 500	90, 500	236, 050	8	达标
10	王珉	销售2部	83, 500	78, 500	70, 500	232, 500	9	达标
11	张文岳	销售1部	75, 500	62, 500	87, 000	225, 000	10	达标
12	王云坤	销售2部	87, 500	63, 500	67, 500	218, 500	11	达标
13	钱运录	销售2部	76, 500	70, 000	64, 000	210, 500	12	达标
14	将以任	销售3部	62, 500	57, 500	85, 000	205, 000	13	达标
15	龚学平	销售2部	77, 000	60, 500	66, 050	203, 550	14	达标
16	王巨禄	销售3部	52, 500	70, 000	57, 000	179, 500	15	不达标

图 4-3-2-3

3. 保存文件。

操作与提高

1. 打开文件 E1001.xlsx 中的“入库表”，按金额列降序排序数据，以 EX1003.xlsx 为文件名存盘。

2. 打开文件 E1002.xlsx 中的“出库表”，按数量升序排序数据，以 EX1004.xlsx 为文件名存盘。

3. 打开文件 E1003.xlsx 中的“学生成绩表”，按平均分降序排序数据，如果平均分相同的则按学号升序排序，以 EX1005.xlsx 为文件名存盘。

任务三　分析销售业绩表——筛选的应用

🕮任务描述

有时我们仅仅想查看或打印某一部分的数据，如本任务我们希望查看的是销售 3 部，考核优秀的人员。

🕮任务分析

“筛选”命令可以很方便地帮助我们从大量的数据中筛选出我们所想要的数据。本任务如果采用“自动筛选”的方法，需要使用两次“自动筛选”的命令，如果采用“高级筛选”的方法，则要注意条件的设置。

🕮知识链接

一、自动筛选

1. 自动筛选数据。

操作方法：单击“数据”/“排序和筛选”/“筛选”菜单命令，工作表标题行的每个单元格将会出现下拉按钮▾，单击下拉按钮▾出现下拉列表，在列表中选择要筛选的数据选项即可进行筛选。

2. 自定义筛选。

如果要筛选的条件在“自动筛选”的下拉列表中找不到相应的选项，就可以使用“自定义自动筛选方式”的功能来筛选数据。

操作方法如图 4-3-3-1 所示。

3. 保存文件。

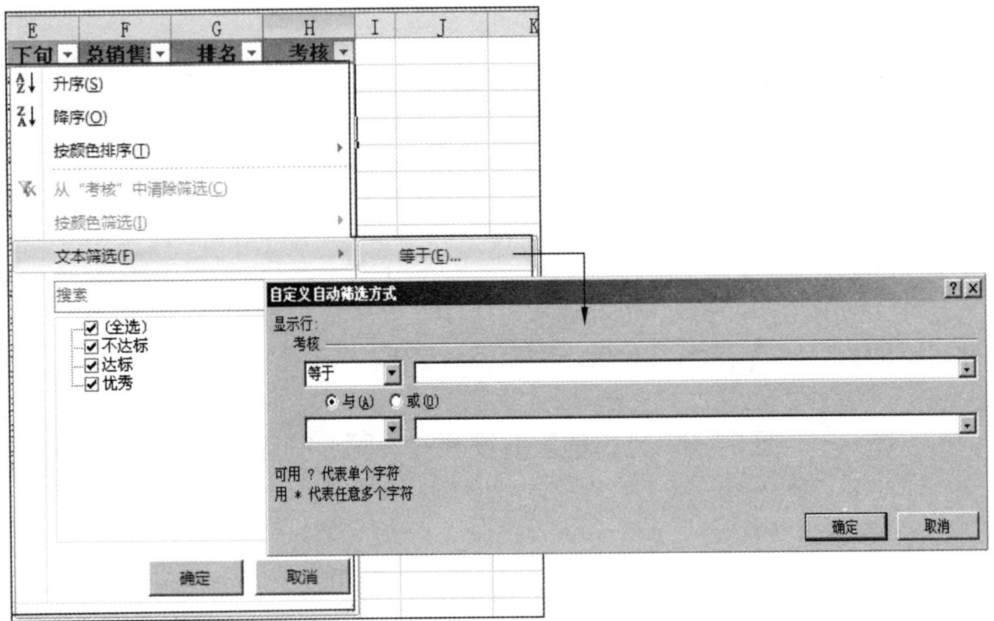

图 4－3－3－1

二、取消筛选

方法一：单击“数据”／“排序和筛选”／“清除”命令。

方法二：再次点击“数据”／“排序和筛选”／“筛选”命令。

思考：还有其他方法吗？

三、高级筛选

自动筛选一次只对一个要素（字段）进行筛选，而针对多个字段的综合条件的筛选只有通过高级筛选才能做到。

1. 建立筛选条件。

格式要求：

“筛选条件”由“字段名”＋“条件数据”构成。“条件数据”在“字段名”的下一行；多个条件时，如果条件是“与”的关系，两个“条件数据”处在同一行；如果条件是“或”的关系，两个“条件数据”不能同处一行。

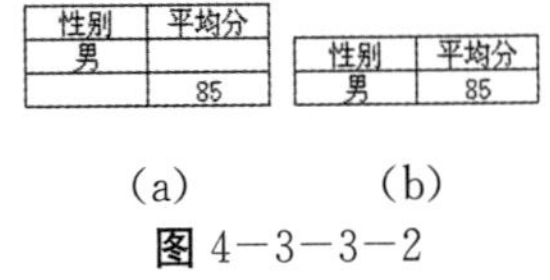

性别	平均分
男	
	85

性别	平均分
男	85

（a）　　（b）

图 4－3－3－2

图 4－3－3－2（a）所示条件是性别为男或平均分在 85 分以上。

图 4－3－3－2（b）所示条件是性别为男并且平均分在 85 分以上。

注意：

●条件区域与数据清单区域之间必须有空白行或空白列隔开。

●条件区域至少应该有两行，第一行用来放置字段名，下面的行放置筛选条件。

●条件区域的字段名必须与数据清单中的字段名完全一致，最好通过复制得到。

2. 高级筛选的方法。

单击要筛选的数据区域的任一单元格，然后单击“数据”/“排序和筛选”/“高级”命令，将打开“高级筛选”对话框，如图 4-3-3-3 所示。

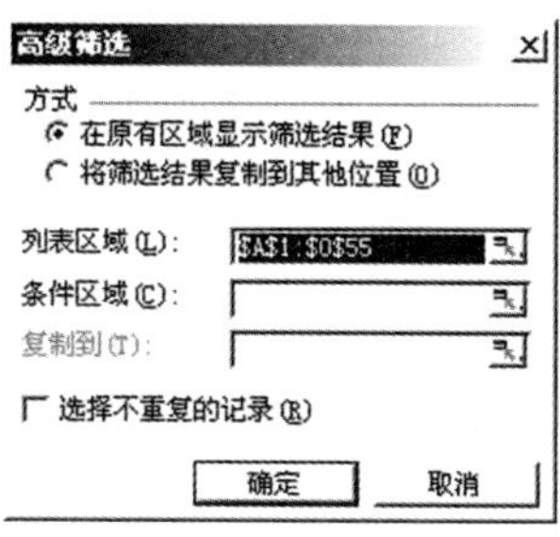

图 4-3-3-3

如果“列表区域”和“条件区域”设置有误，则可以单击右侧的折叠按钮，将对话框折叠起来，用鼠标在工作表中重新选择正确的区域。

📖任务实施

1. 打开“工资核算”文件。

2. 设置如表 4-3-3-1 所示筛选条件。

表 4-3-3-1

部门	考核
销售 3 部	优秀

3. 执行“数据”/“排序和筛选”/“高级”命令，相关设置如图 4-3-3-4 所示。

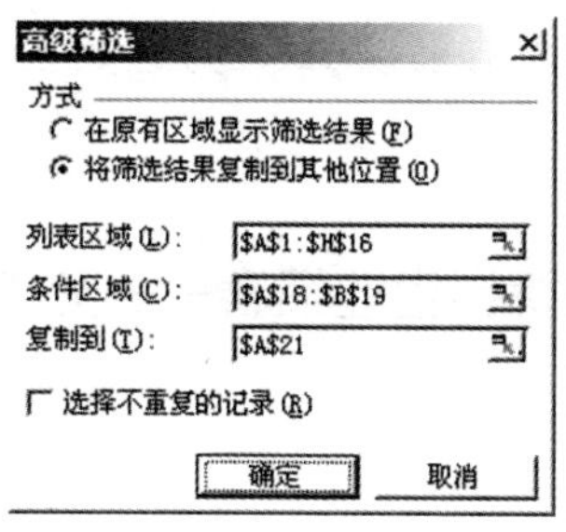

图 4-3-3-4

效果如图 4-3-3-5 所示。

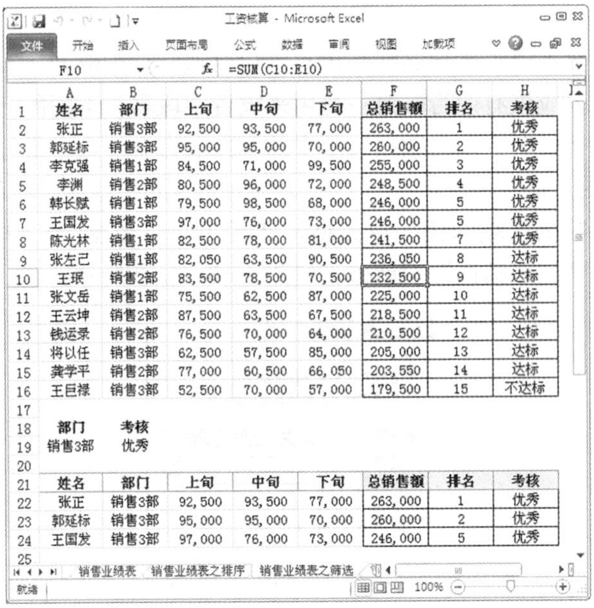

F10 =SUM(C10:E10)

	A	B	C	D	E	F	G	H
1	姓名	部门	上旬	中旬	下旬	总销售额	排名	考核
2	张正	销售3部	92,500	93,500	77,000	263,000	1	优秀
3	郭延标	销售3部	95,000	95,000	70,000	260,000	2	优秀
4	李克强	销售1部	84,500	71,000	99,500	255,000	3	优秀
5	李渊	销售2部	80,500	96,000	72,000	248,500	4	优秀
6	韩长赋	销售1部	79,500	98,500	68,000	246,000	5	优秀
7	王国发	销售3部	97,000	76,000	73,000	246,000	5	优秀
8	陈光林	销售1部	82,500	78,000	81,000	241,500	7	优秀
9	张左己	销售1部	82,050	63,500	90,500	236,050	8	达标
10	王珉	销售2部	83,500	78,500	70,500	232,500	9	达标
11	张文岳	销售1部	75,500	62,500	87,000	225,000	10	达标
12	王云坤	销售2部	87,500	63,500	67,500	218,500	11	达标
13	钱运录	销售2部	76,500	70,000	64,000	210,500	12	达标
14	将以任	销售3部	62,500	57,500	85,000	205,000	13	达标
15	龚学平	销售2部	77,000	60,500	66,050	203,550	14	达标
16	王巨禄	销售3部	52,500	70,000	57,000	179,500	15	不达标
17								
18	部门	考核						
19	销售3部	优秀						
20								
21	姓名	部门	上旬	中旬	下旬	总销售额	排名	考核
22	张正	销售3部	92,500	93,500	77,000	263,000	1	优秀
23	郭延标	销售3部	95,000	95,000	70,000	260,000	2	优秀
24	王国发	销售3部	97,000	76,000	73,000	246,000	5	优秀

图 4－3－3－5

4. 最后保存文件。

操作与提高

1. 打开文件 E1005. xlsx 中的“材料总账”，利用自动筛选筛选出缺货的材料记录，以 EX1006. xlsx 为文件名存盘。

2. 打开文件 E1002. xlsx 中的“出库表”，利用自定义筛选筛选出硫酸或盐酸的相关数据，以 EX1007. xlsx 为文件名存盘。

3. 打开文件 E1003. xlsx 中的“学生成绩表”，筛选出平均分 80 分以上或计算机成绩 85 分以上的相关数据（筛选条件以 O2 为起始位置，筛选结果以 A15 为起始位置），以 EX1008. xlsx 为文件名存盘。

4. 打开文件 E1004. xlsx 中的“学生情况表”，筛选出雷州同学的相关数据（筛选条件以 H2 为起始位置），筛选结果以 A15 为起始位置，以 EX1009. xlsx 为文件名存盘。

任务四　分析销售业绩表——分类汇总的应用

🕮任务描述

本任务我们不仅仅希望看到所有的数据，而且希望能按照不同的部门分组计算每一旬和总销售额的平均值，以便查看和比较不同部门的业绩。

🕮任务分析

根据要求得知，本任务将使用到“分类汇总”命令，按“部门”字段进行分类，对

“上旬”“中旬”“下旬”“总销售额”字段进行汇总，求平均值。

📖知识链接

一、分类汇总

分类汇总，顾名思义包括两种操作。

一是分类：将相同数据的记录分类集中。

二是汇总：对每个类别的指定数值数据进行计算，如求和、求平均值等。

二、分类汇总的方法

1. 先排序。

2. 再分类汇总。

操作：单击“数据”/“分类显示”/“分类汇总”命令，弹出对话框如图4−3−4−1所示。

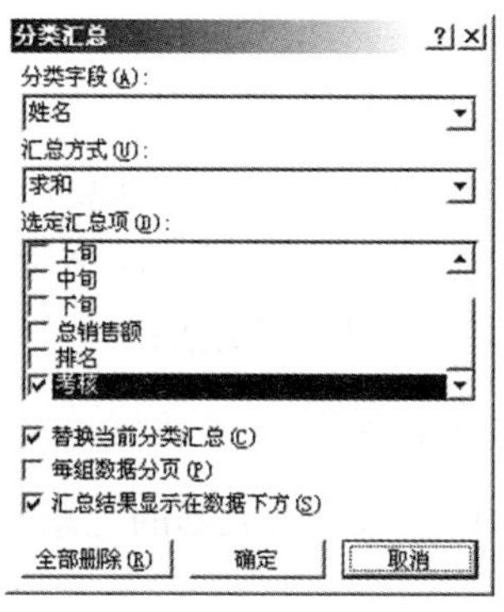

图4−3−4−1

“分类汇总”对话框中其他选项的含义如下：

●替换当前分类汇总：如果此前做过分类汇总的操作，此时不选此项，则原来的汇总结果还会保留。

●每组数据分页：打印时，每类汇总数据（如销售1部为一类，销售2部为一类）单独为一页。

●汇总结果显示在数据下方：汇总计算的结果放置在每个分类的下面。

●全部删除：如果取消分类汇总的效果，可以单击此按钮。

分级显示列表以便我们显示和隐藏每个分类汇总的明细行，如图4−3−4−2所示。

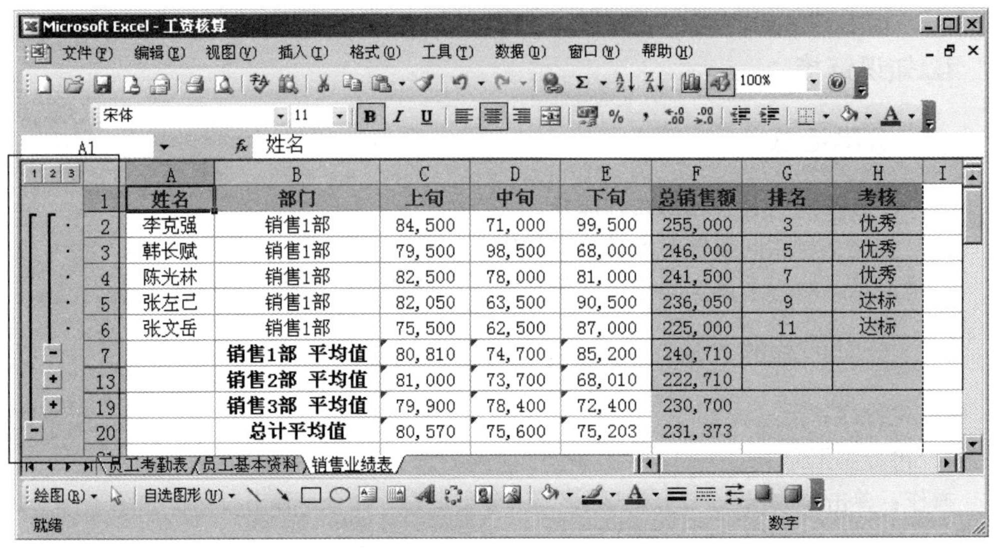

	A	B	C	D	E	F	G	H
1	姓名	部门	上旬	中旬	下旬	总销售额	排名	考核
2	李克强	销售1部	84,500	71,000	99,500	255,000	3	优秀
3	韩长赋	销售1部	79,500	98,500	68,000	246,000	5	优秀
4	陈光林	销售1部	82,500	78,000	81,000	241,500	7	优秀
5	张左己	销售1部	82,050	63,500	90,500	236,050	9	达标
6	张文岳	销售1部	75,500	62,500	87,000	225,000	11	达标
7		销售1部 平均值	80,810	74,700	85,200	240,710		
13		销售2部 平均值	81,000	73,700	68,010	222,710		
19		销售3部 平均值	79,900	78,400	72,400	230,700		
20		总计平均值	80,570	75,600	75,203	231,373		

图 4—3—4—2

1 2 3：分级显示按钮，分别代表 3 个层次的显示结果。

●按 1 按钮：只显示全部数据的汇总结果，即总计。

●按 2 按钮：只显示每组数据的汇总结果，即小计。

●按 3 按钮：显示全部数据及全部汇总结果。

-：变成此按钮时，表示数据展开。

+：变成此按钮时，表示只显示此组数据的汇总结果，而隐藏数据。

📖任务实施

1. 打开“工资核算”文件。

2. 排序。

单击要排序的数据区域的任一单元格，选择“数据”/“排序和筛选”/“排序”命令，在弹出的“排序”对话框中设置排序的主关键为“部门”，然后确定。

3. 分类汇总。

单击要分类汇总的数据区域的任一单元格，选择“数据”/“分类显示”/“分类汇总”命令，弹出的“分类汇总”对话框，并按图 4—3—4—3 所示设置。

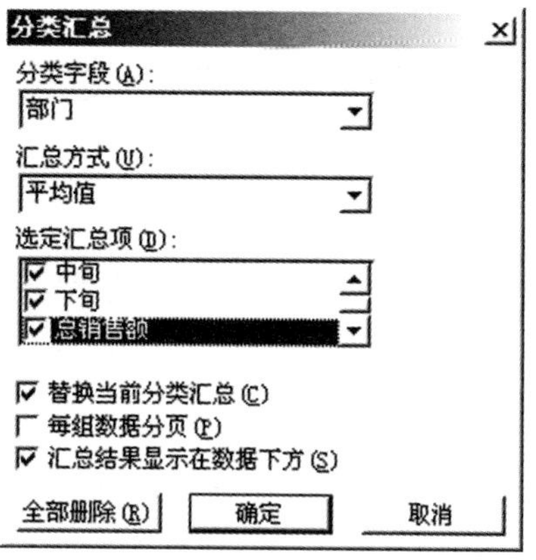

图 4－3－4－3

效果如图 4－3－4－4 所示。

	A	B	C	D	E	F	G	H
1	姓名	部门	上旬	中旬	下旬	总销售额	排名	考核
2	张正	销售3部	92, 500	93, 500	77, 000	263, 000	1	优秀
3	郭延标	销售3部	95, 000	95, 000	70, 000	260, 000	2	优秀
4	王国发	销售3部	97, 000	76, 000	73, 000	246, 000	5	优秀
5	将以任	销售3部	62, 500	57, 500	85, 000	205, 000	15	达标
6	王巨禄	销售3部	52, 500	70, 000	57, 000	179, 500	17	不达标
7		销售3部 平均值	79, 900	78, 400	72, 400	230, 700		
8	李渊	销售2部	80, 500	96, 000	72, 000	248, 500	4	优秀
9	王珉	销售2部	83, 500	78, 500	70, 500	232, 500	9	达标
10	王云坤	销售2部	87, 500	63, 500	67, 500	218, 500	13	达标
11	钱运录	销售2部	76, 500	70, 000	64, 000	210, 500	14	达标
12	龚学平	销售2部	77, 000	60, 500	66, 050	203, 550	16	达标
13		销售2部 平均值	81, 000	73, 700	68, 010	222, 710		
14	李克强	销售1部	84, 500	71, 000	99, 500	255, 000	3	优秀
15	韩长赋	销售1部	79, 500	98, 500	68, 000	246, 000	5	优秀
16	陈光林	销售1部	82, 500	78, 000	81, 000	241, 500	7	优秀
17	张左己	销售1部	82, 050	63, 500	90, 500	236, 050	8	达标
18	张文岳	销售1部	75, 500	62, 500	87, 000	225, 000	11	达标
19		销售1部 平均值	80, 810	74, 700	85, 200	240, 710		
20		总计平均值	80, 570	75, 600	75, 203	231, 373		

图 4－3－4－4

4. 保存文件。

操作与提高

1. 打开文件 E1001. xlsx 中的“入库表”，分类汇总不同材料的入库金额，以 EX1010. xlsx 为文件名存盘。

2. 打开文件 E1003. xlsx 中的“学生成绩表”，分类汇总男女同学平均分的平均值，以 EX1011. xlsx 为文件名存盘。

3. 打开文件 E1004. xlsx 中的“学生情况表”，利用分类汇总统计男女同学的人数，以 EX1012. xlsx 为文件名存盘。

任务五　分析销售业绩表——透视表的创建

任务描述

本任务不仅仅希望能按照不同的部门分组计算每一旬的总销售额，而且希望能随时变换着查看不同的数据信息及其汇总项。

任务分析

根据任务要求得知应当使用“数据透视表”命令，并且“部门”作为行标签，而“上旬”“中旬”“下旬”作为值。

知识链接

一、数据透视表的概念

透视表，即交互式报表，可快速分类汇总和比较大量的数据，并可以随时选择其中页、行和列中的不同元素，快速查看源数据的不同统计结果，同时还可以随意显示和打印所感兴趣区域的明细数据。

二、创建数据透视表

方法：选择“插入”/“表格”/“数据透视表”选项，将弹出如图 4-3-5-1 所示对话框。在对话框中选择要创建透视表的数据区域，和要放置透视表的位置。

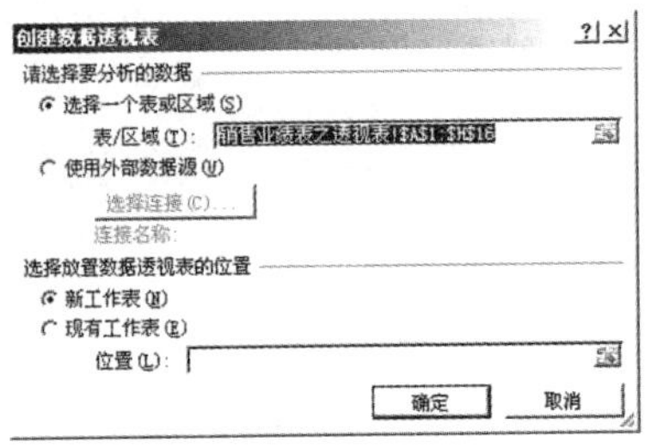

图 4-3-5-1

三、布局

1. 添加字段：

方法一：直接拖动字段列表中的字段至左边图中相应的位置即可构造出数据透视表。

方法二：在字段列表中右键单击相应的字段名称，然后从右拉菜单“添加到报表筛选”“添加到列标签”“添加到行标签”或“添加到值”中选择相应的选项。

2. 删除字段：直接拖动字段至透视表外即可移除，或在右边字段列表中去掉对应的字段的“√”也能达到同样的效果，如图 4-3-5-2 所示。

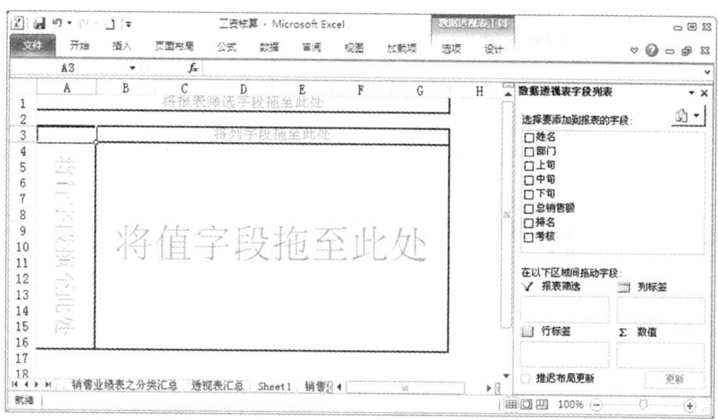

图 4—3—5—2

四、整理数据透视表

1. 整理复合字段。

方法一：通过拖动字段实现，如图 4—3—5—3 所示拖动“数据”标签至“汇总”单元格即可将行标签“数据”改成列标签。

部门	(全部)	
姓名	数据	汇总
陈光林	求和项:上旬	82500
	求和项:中旬	78000
	求和项:下旬	81000
龚学平	求和项:上旬	77000
	求和项:中旬	60500
	求和项:下旬	66050
郭延标	求和项:上旬	95000
	求和项:中旬	95000
	求和项:下旬	70000
韩长赋	求和项:上旬	79500
	求和项:中旬	98500
	求和项:下旬	68000
将以任	求和项:上旬	62500
	求和项:中旬	57500
	求和项:下旬	85000
李克强	求和项:上旬	84500
	求和项:中旬	71000
	求和项:下旬	99500

图 4—3—5—3

方法二：在右侧的“数据透视表字段列表”面板下方直接拖动字段至列标签。

2. 重命名字段。

选择要改名的字段，点击“选项”/“活动字段”/“字段设置”（也可在右拉菜单中选择“字段设置”），然后在打开的“数据透视表字段”对话框中更改名称项目，如图 4—3—5—4 所示。

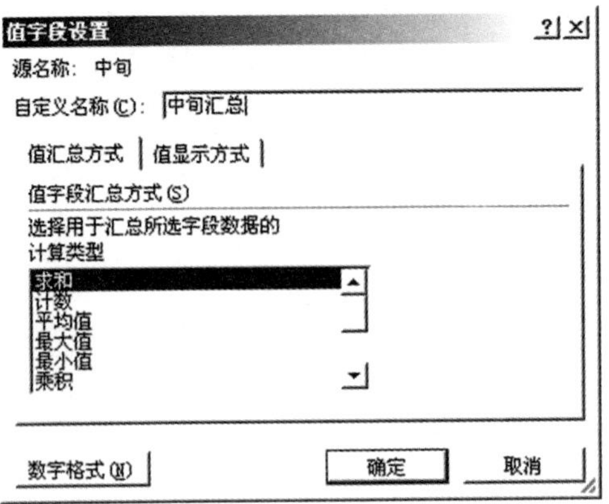

图 4—3—5—4

3. 显示/隐藏数据项。

在数据透视表中，每个字段右侧都有一个小箭头，单击它可打开一个带有复选框的下拉列表，给复选框打上“√”可显示相应的数据项，反之将隐藏数据项。如图4—3—5—5所示分别为报表筛选字段和行字段的下拉列表。

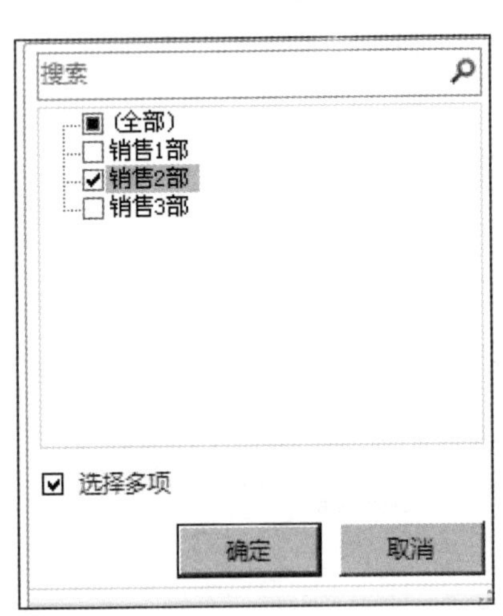

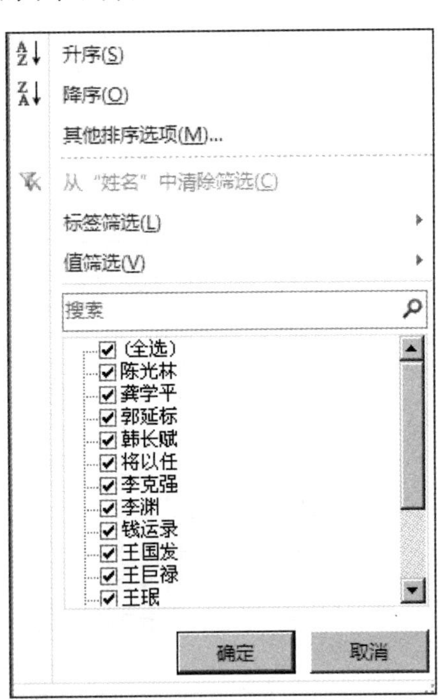

图 4—3—5—5

📖任务实施

1. 打开“工资核算”文件中的“销售业绩表之透视表”。

2. 创建空白的数据透视表。

选择要创建透视表的数据区域，点击“插入”/“表格”/“数据透视表”命令，根据提示创建一个空白的数据透视表。

3. 布局透视表。

通过拖动的方法添加字段，将“上旬”“中旬”“下旬”作为“值字段”拖入。效果如图 4—3—5—6 所示。

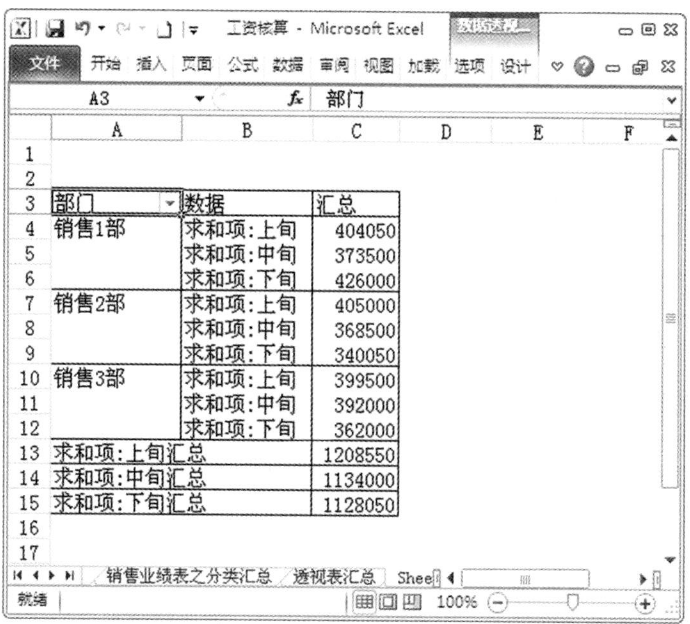

部门	数据	汇总
销售1部	求和项:上旬	404050
	求和项:中旬	373500
	求和项:下旬	426000
销售2部	求和项:上旬	405000
	求和项:中旬	368500
	求和项:下旬	340050
销售3部	求和项:上旬	399500
	求和项:中旬	392000
	求和项:下旬	362000
求和项:上旬汇总		1208550
求和项:中旬汇总		1134000
求和项:下旬汇总		1128050

图 4—3—5—6

4. 整理复合字段。

拖动“数据”按钮至“汇总”单元格，使“数据”改成列标签。效果如图 4—3—5—7 所示。

	数据		
部门	求和项:上旬	求和项:中旬	求和项:下旬
销售1部	404050	373500	426000
销售2部	405000	368500	340050
销售3部	399500	392000	362000
总计	1208550	1134000	1128050

图 4—3—5—7

5. 重命名字段。

右击要改名的字段，如图 4—3—5—8 所示，在弹出的菜单中选择“字段设置”，然后在打开的“数据透视表字段”对话框中更改名称项目。

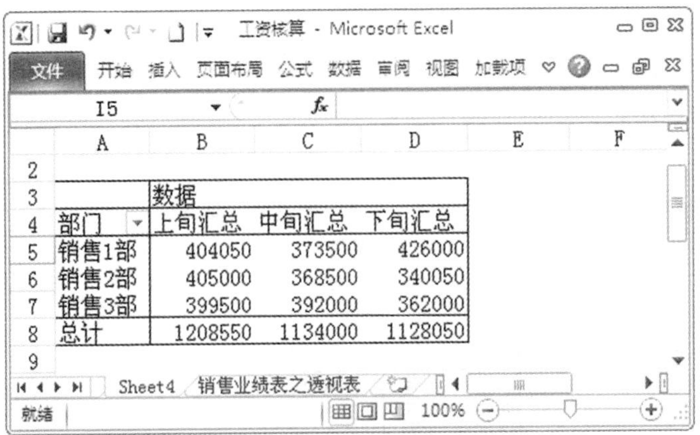

部门	数据		
	上旬汇总	中旬汇总	下旬汇总
销售1部	404050	373500	426000
销售2部	405000	368500	340050
销售3部	399500	392000	362000
总计	1208550	1134000	1128050

图 4—3—5—8

6. 重命名工作表。

将工作表重命名为“透视表汇总”，如图 4—3—5—9 所示。

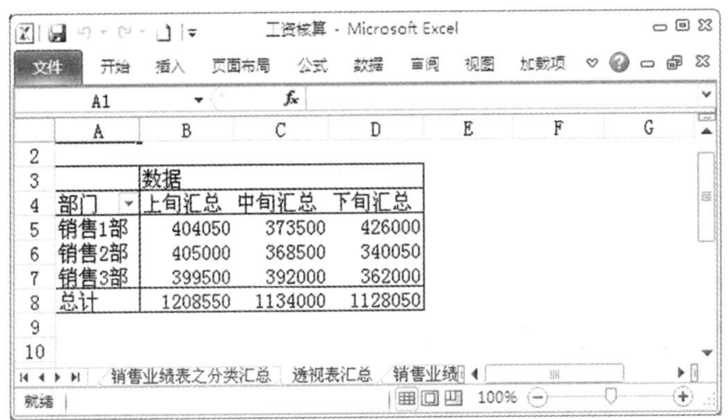

部门	数据		
	上旬汇总	中旬汇总	下旬汇总
销售1部	404050	373500	426000
销售2部	405000	368500	340050
销售3部	399500	392000	362000
总计	1208550	1134000	1128050

图 4—3—5—9

7. 保存文件。

操作与提高

1. 打开文件 E1001. xlsx 中的“入库表”，利用透视表汇总比较不同供货商的供货情况，以 EX1013. xlsx 为文件名存盘，结果如图 4—3—5—10 所示。

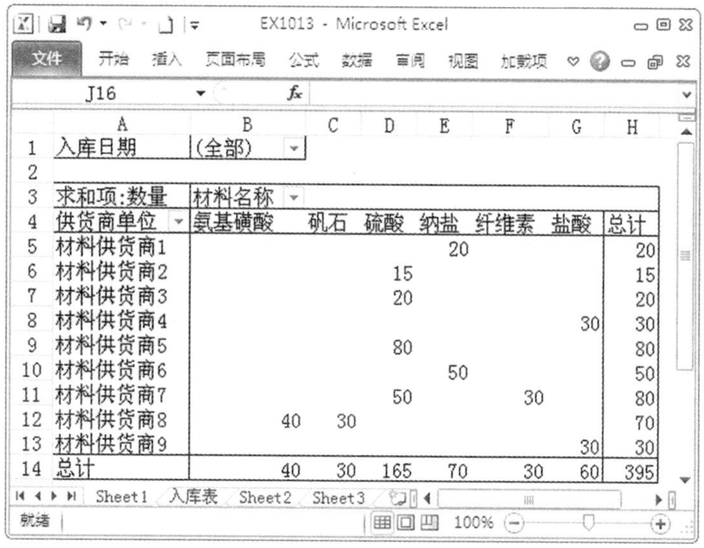

入库日期	(全部)						
求和项:数量	材料名称						
供货商单位	氨基磺酸	矾石	硫酸	纳盐	纤维素	盐酸	总计
材料供货商1				20			20
材料供货商2			15				15
材料供货商3			20				20
材料供货商4						30	30
材料供货商5			80				80
材料供货商6				50			50
材料供货商7			50		30		80
材料供货商8	40	30					70
材料供货商9						30	30
总计	40	30	165	70	30	60	395

图 4－3－5－10

2. 打开文件 E1004. xlsx 中的“学生情况表”，利用透视表汇总来自不同地区的男女生人数，以 EX1014. xlsx 为文件名存盘，结果如图 4－3－5－11 所示。

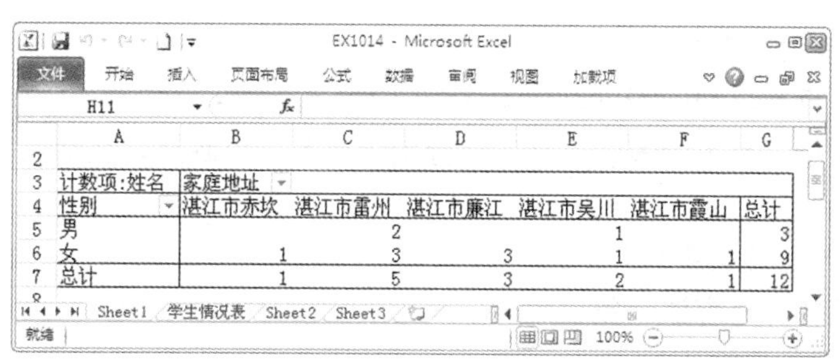

计数项:姓名	家庭地址					
性别	湛江市赤坎	湛江市雷州	湛江市廉江	湛江市吴川	湛江市霞山	总计
男		2		1		3
女	1	3	3	1	1	9
总计	1	5	3	2	1	12

图 4－3－5－11

任务六　分析销售业绩表——图表的创建

🕮任务描述

本任务是希望能用簇状柱形图的方式将各个销售段的人数更加直观地表现出来。

🕮任务分析

要创建图表，关键是要先选择要创建图表的数据区域，然后使用“插入”/“图表”/“柱形图”命令插入二维簇状柱形图。

🕮知识链接

一、图表

1. 作用：能更清晰直观地表现和比较数据。

2. 图表中的重要名词。

数据系列：一组有关联的数据，来源于工作表中的一行或一列。

数据点：数据系列中一个独立数据，通常源自一个单元格。

3. 图表的组成要素。

（1）图表的标题。

（2）绘图区：图表的主体部分，是表现数据的图形。

（3）图例项：对绘图区中的图形进行说明。

（4）图表区：图表中的白色区域，其他各个要素都是放置在图表区中的，相当于图表的一个“桌面”。

（5）分类轴：X 轴。

（6）数字轴：Y 轴。

二、创建图表

创建图表的方法：选择要创建图表的数据区域，然后在“插入”选项卡的“图表”组中选择要创建的图表类型即可。

三、图表的修改与设置

1. 移动、改变图表大小。

移动图表：直接拖动图表可以移动整个图表。

调整图表大小：单击图表区，其四周分别出现 8 个控制点，拖动控制点可以改变整个图表的大小。

2. 移动、改变各要素的大小。

方法与图表的操作方法一致。

3. 修改设置各要素。

方法一：用鼠标右键单击某要素，在弹出的快捷菜单中选择对应的格式命令。

方法二：双击某要素，将弹出相应的格式对话框，根据需要设置即可。

🕮任务实施

1. 打开“工资核算”文件中的“销售业绩表之图表”。

2. 创建图表。

选择要创建图表的数据区域，然后在“插入”选项卡的“图表”组中选择要创建的图表类型——簇状柱形图。

3. 修改图表设置。

单击分类（X）轴，在“开始”选项卡的“字体”组中设置字号为 8 磅。

单击图例，在“开始”选项卡的“字体”组中设置字号为 11 磅。

右击绘图区，在弹出的菜单中选择“设置绘图区格式”，打开“设置绘图区格式”对话框，设置填充淡蓝色，如图 4-3-6-1 所示。

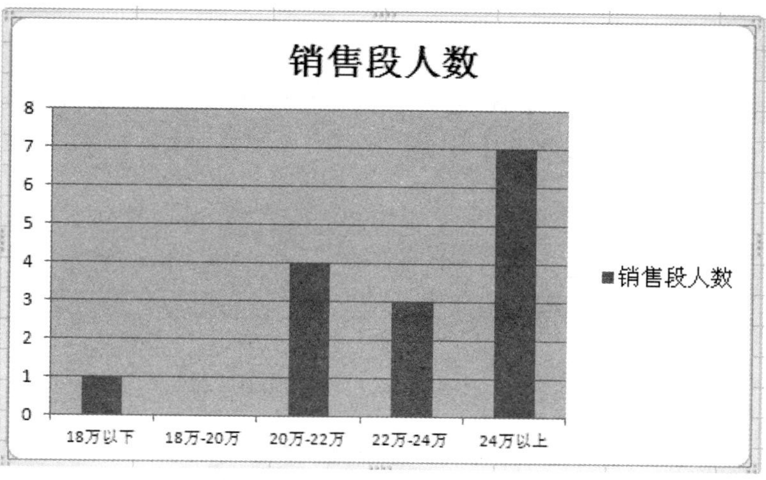

图 4—3—6—1

4. 调整图表位置。

移动图表至以 J20 为起始点的位置，如图 4—3—6—2 所示。

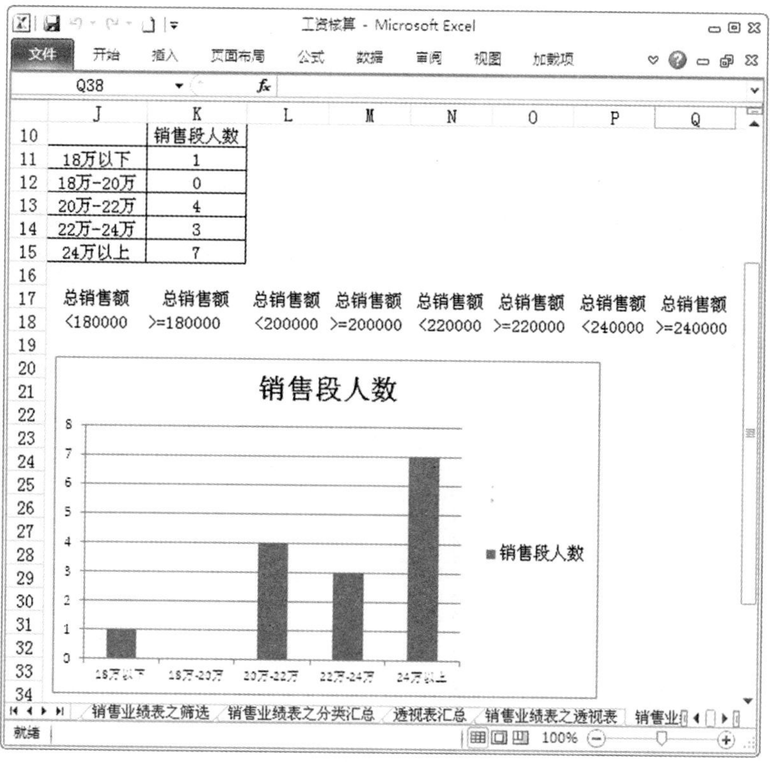

图 4—3—6—2

5. 保存文件。

操作与提高

1. 打开文件 E1006. xlsx 中的“学生成绩表”，为各分数段的人数创建图表，图表标题为“各分数段人数”，标题字体大小为 16 磅，数据标识为百分比，以 EX1015. xlsx 为文件名存盘，结果如图 4－3－6－3 所示。

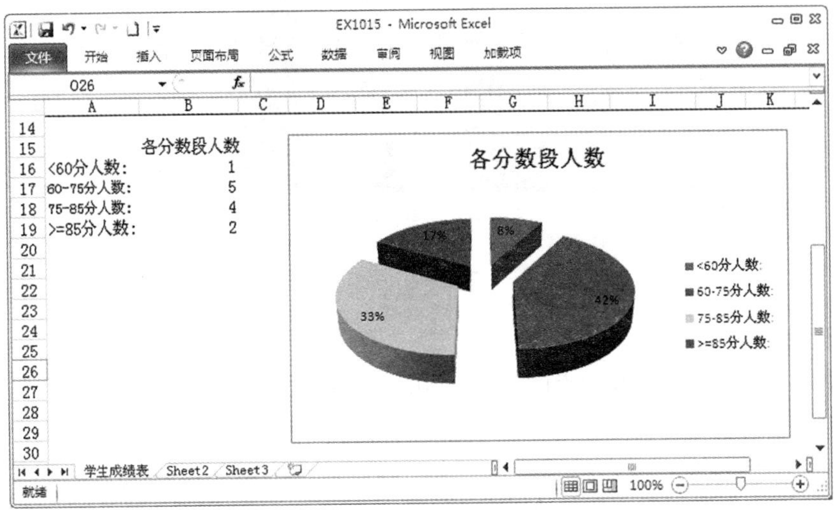

图 4－3－6－3

2. 打开文件 E1005. xlsx 中的“材料总账”，创建材料库存图表，X 坐标轴字号为 8.5 磅，Y 坐标轴标题和图例字号均为 12 磅，图表区用粉色填充，背景墙用茶色填充，系列用蓝色填充，以 EX1016. xlsx 为文件名存盘，结果如图 4－3－6－4 所示。

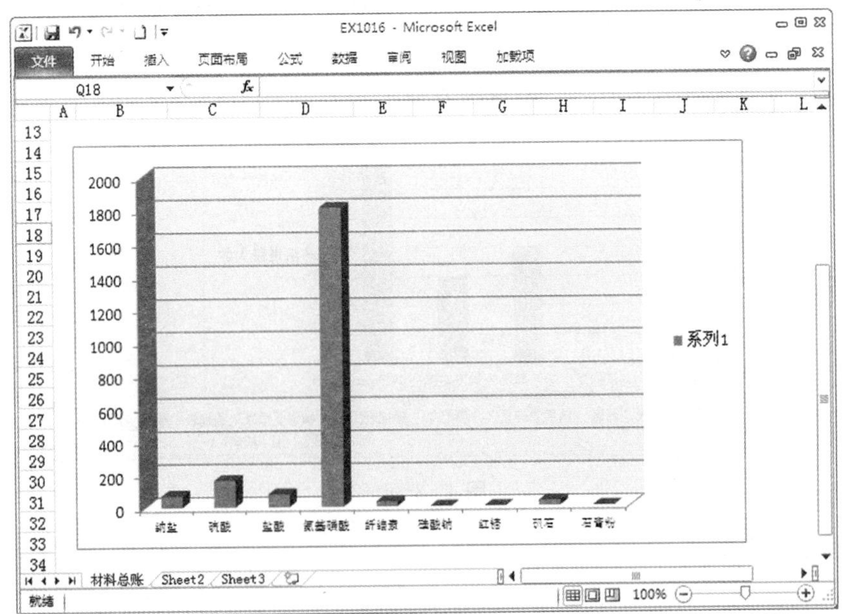

图 4－3－6－4

综合实训　工资表的创建

📖任务描述

本任务要完成一张工资表的创建，这张工资表应包含有职工代码、姓名、性别、部门、基本工资、考核奖金、工龄工资、社会保险、应发工资、应纳税工资额、个人所得税、实发工资等字段，并要计算出所有的数据。其中考核奖金根据“销售业绩表”得出，优秀为5000元，达标为2500元，其他为0；工龄工资根据“员工基本资料表”的情况计算，每多一年工龄，工资增加50元；社会保险根据应发工资的11%缴纳；应纳税工资额根据当前的税收政策，起征点为3500元；个人所得税具体查看给出的税率速算表；实发工资为扣除保险和税收后所得。

📖任务分析

要完成工资表的创建，首先要分析包含哪些字段，并输入相关的数据，其次是对要计算的列进行计算，最后是修饰表格，完成工资表操作。

📖任务实施

1. 打开“工资核算”文件，创建“工资表”，如图4—3—6—5所示。

代码	姓　名	性别	部　门	基本工资	考核奖金	工龄工资	应发工资	社会保险	应纳税工资额	个人所得税	实发工资
A001	李克强	男	销售1部	1800							
A002	韩长赋	男	销售1部	1800							
A003	陈光林	男	销售1部	1800							
A004	张左己	男	销售1部	1800							
A005	张文岳	男	销售1部	1800							
A006	李渊	男	销售2部	1800							
A007	王珉	男	销售2部	1800							
A008	王云坤	女	销售2部	1800							
A009	钱运录	男	销售2部	1800							
A010	龚学平	女	销售2部	1800							
A011	张正	女	销售3部	1800							
A012	郭延标	男	销售3部	1800							
A013	王国发	男	销售3部	1800							
A014	将以任	男	销售3部	1800							
A015	王巨禄	男	销售3部	1800							
A016	韩正	男	广告部	4000							
A017	李建国	男	广告部	4000							
A018	徐光春	男	财务部	3500							
A019	张高丽	女	财务部	3500							

图4—3—6—5

2. 计算。

(1)“考核奖金”列的计算：

（根据“销售业绩表”的情况计算，如果业绩优秀，奖励5000元；如果业绩达标，奖励2500元。）

在F2上输入的公式为：

=IF（销售业绩表！H2=" 优秀"，5000，IF（销售业绩表！H2=" 达标"，2500，0））

(2)“工龄工资”列的计算：

(根据“员工基本资料表”的情况计算，每多一年工龄，工资增加 50 元。)

在 G2 上输入的公式为：

=员工基本资料！G2 * 50

(3)“应发工资”列的计算：

在 H2 上输入的公式为：

=E2+F2+G2

(4)“社会保险”列的计算：

在 I2 上输入的公式为：

=H2 * 11%

(5)“应纳税工资”列的计算：

(当前工资税收的起征点为 3500 元)

在 J2 上输入的公式为：

=H2−I2−3500

(6)“个人所得税”列的计算：

税率速算表如表 4−3−6−1 所示。

表 4−3−6−1

级数	全月应纳税所得额	扣税百分率	扣除数	起征额
1	不超过 1500 元	0.03	0	3500
2	超过 1500 元至 4500 元的部分	0.1	105	
3	超过 4500 元至 9000 元的部分	0.2	555	
4	超过 9000 元至 35000 元的部分	0.25	1005	
5	超过 35000 元至 55000 元的部分	0.3	2755	
6	超过 55000 元至 80000 元的部分	0.35	5505	
7	超过 80000 元的部分	0.45	13505	

由于该公司员工的应纳税工资均低于 4500 元，所以根据税率速算表，在 K2 上输入的公式为：

=IF(J2>=1500,J2*10%−105,IF(J2>0,J2*3%,0))

(7)“实发工资”列的计算：

在 L2 上输入的公式为：“=H2−I2−K2”

结果如图 4−3−6−6 所示。

代码	姓 名	性别	部 门	基本工资	考核奖金	工龄工资	应发工资	社会保险	应纳税工资额	个人所得税	实发工资
A001	李克强	男	销售1部	1800	5000	650	7450	819.5	3130.5	208.05	6422.45
A002	韩长赋	男	销售1部	1800	5000	800	7600	836	3264	221.4	6542.6
A003	陈光林	男	销售1部	1800	5000	600	7400	814	3086	203.6	6382.4
A004	张左己	男	销售1部	1800	2500	550	4850	533.5	816.5	24.495	4292.005
A005	张文岳	男	销售1部	1800	2500	700	5000	550	950	28.5	4421.5
A006	李渊	男	销售2部	1800	5000	650	7450	819.5	3130.5	208.05	6422.45
A007	王珉	男	销售2部	1800	2500	550	4850	533.5	816.5	24.495	4292.005
A008	王云坤	女	销售2部	1800	2500	600	4900	539	861	25.83	4335.17
A009	钱运录	男	销售2部	1800	2500	750	5050	555.5	994.5	29.835	4464.665
A010	龚学平	女	销售2部	1800	2500	550	4850	533.5	816.5	24.495	4292.005
A011	张正	女	销售3部	1800	5000	550	7350	808.5	3041.5	199.15	6342.35
A012	郭延标	男	销售3部	1800	5000	800	7600	836	3264	221.4	6542.6
A013	王国发	男	销售3部	1800	5000	650	7450	819.5	3130.5	208.05	6422.45
A014	将以任	男	销售3部	1800	2500	700	5000	550	950	28.5	4421.5
A015	王巨禄	男	销售3部	1800	0	650	2450	269.5	0	0	2180.5
A016	韩正	男	广告部	4000	0	650	4650	511.5	638.5	19.155	4119.345
A017	李建国	男	广告部	4000	0	800	4800	528	772	23.16	4248.84
A018	徐光春	男	财务部	3500	0	700	4200	462	238	7.14	3730.86
A019	张高丽	女	财务部	3500	0	600	4100	451	149	4.47	3644.53

图 4-3-6-6

3. 修饰表格。

(1) 选择 E 至 L 列的数据，将其设置为“货币”格式。

(2) 选择要修饰的数据区域，设置表格线和底纹。

4. 保存文件，最后效果如图 4-3-6-7 所示。

代码	姓 名	性别	部 门	基本工资	考核奖金	工龄工资	应发工资	社会保险	应纳税工资额	个人所得税	实发工资
A001	李克强	男	销售1部	1,800.00	5,000.00	650.00	7,450.00	819.50	3,130.50	208.05	6,422.45
A002	韩长赋	男	销售1部	1,800.00	5,000.00	800.00	7,600.00	836.00	3,264.00	221.40	6,542.60
A003	陈光林	男	销售1部	1,800.00	5,000.00	600.00	7,400.00	814.00	3,086.00	203.60	6,382.40
A004	张左己	男	销售1部	1,800.00	2,500.00	550.00	4,850.00	533.50	816.50	24.50	4,292.01
A005	张文岳	男	销售1部	1,800.00	2,500.00	700.00	5,000.00	550.00	950.00	28.50	4,421.50
A006	李渊	男	销售2部	1,800.00	5,000.00	650.00	7,450.00	819.50	3,130.50	208.05	6,422.45
A007	王珉	男	销售2部	1,800.00	2,500.00	550.00	4,850.00	533.50	816.50	24.50	4,292.01
A008	王云坤	女	销售2部	1,800.00	2,500.00	600.00	4,900.00	539.00	861.00	25.83	4,335.17
A009	钱运录	男	销售2部	1,800.00	2,500.00	750.00	5,050.00	555.50	994.50	29.84	4,464.67
A010	龚学平	女	销售2部	1,800.00	2,500.00	550.00	4,850.00	533.50	816.50	24.50	4,292.01
A011	张正	女	销售3部	1,800.00	5,000.00	550.00	7,350.00	808.50	3,041.50	199.15	6,342.35
A012	郭延标	男	销售3部	1,800.00	5,000.00	800.00	7,600.00	836.00	3,264.00	221.40	6,542.60
A013	王国发	男	销售3部	1,800.00	5,000.00	650.00	7,450.00	819.50	3,130.50	208.05	6,422.45
A014	将以任	男	销售3部	1,800.00	2,500.00	700.00	5,000.00	550.00	950.00	28.50	4,421.50
A015	王巨禄	男	销售3部	1,800.00	0.00	650.00	2,450.00	269.50	0.00	0.00	2,180.50
A016	韩正	男	广告部	4,000.00	0.00	650.00	4,650.00	511.50	638.50	19.16	4,119.35
A017	李建国	男	广告部	4,000.00	0.00	800.00	4,800.00	528.00	772.00	23.16	4,248.84
A018	徐光春	男	财务部	3,500.00	0.00	700.00	4,200.00	462.00	238.00	7.14	3,730.86
A019	张高丽	女	财务部	3,500.00	0.00	600.00	4,100.00	451.00	149.00	4.47	3,644.53

图 4-3-6-7

模块五　PowerPoint 2010 演示文稿

项目　电子演示文稿的制作

本项目以 PowerPoint 2010 为平台，通过新建、设置版式、添加对象、设置动画、添加主题背景等操作完成宣传短片“彩色湛江”的制作，并进行放映和跨平台演示。

知识目标

了解 PowerPoint 2010 图形界面的组成及基本操作。

掌握幻灯片的制作方法，能灵活进行版式编排和文字的格式化处理。

掌握如何修饰、美化演示文稿，能利用工具为演示文稿添加图片、动画和声音。

掌握模板和母版的使用。

项目分解

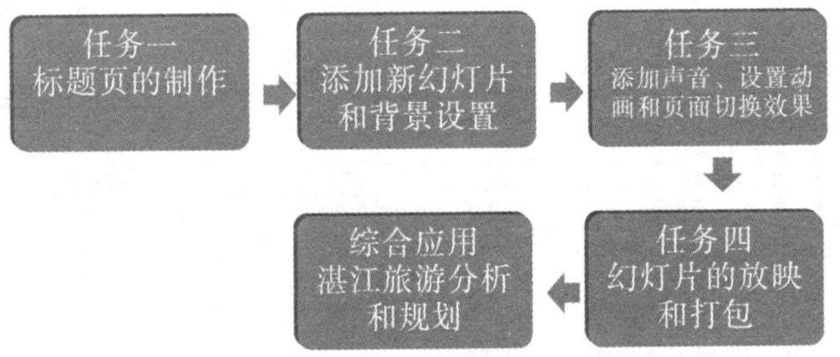

任务一　旅游推介——彩色湛江（一）

任务描述

本任务要创建一张标题页，要求幻灯片大小为 25.4 cm×15.4 cm，标题文字为“彩色湛江”，副标题文字为“相约在中国大陆最南端”，此外还要求每一页幻灯片的右下方都应当有“更多精彩 http://www.0759hr.com”的字样。

任务分析

幻灯片的大小在页面设置中设置即可；标题文字应当具有较强的凝聚力，能快速引

起观众的注意，所以采用艺术字，并且设置填充效果；每一页幻灯片都将出现的文字，最好在母版中进行设置。

📖知识链接

一、PowerPoint 介绍

PowerPoint：简称 PPT，专门用于制作演示文稿（俗称幻灯片），广泛应用于学术交流、演讲、产品展示、学校教学、广告宣传等。

PowerPoint 的特点：

1. “幻灯片”式的演示效果：非常适用于学术交流、演讲、工作汇报、辅助教学和产品展示等需要多媒体演示的场合。

2. 强大的多媒体功能：支持图形图像、音频和视频等对象。

3. 简单易学。

注意：虽说演示文稿俗称幻灯片，但演示文稿和幻灯片还是有区别的，一个演示文稿可能包含多张幻灯片

二、PowerPoint 的启动与退出

方法一：单击 Windows 的“开始”菜单/“程序”/“Microsoft Office”/“Microsoft Office PowerPoint 2010”启动 PowerPoint 2010。

方法二：双击“PowerPoint 2010”桌面快捷方式。

三、PowerPoint 的窗口组成

启动 PowerPoint 后，会打开 PowerPoint 的主窗口，和 Word、Excel 一样，PowerPoint 的主窗口由程序窗口和文档窗口组成。PowerPoint 的窗口组成如图 5－1－1－1 所示。

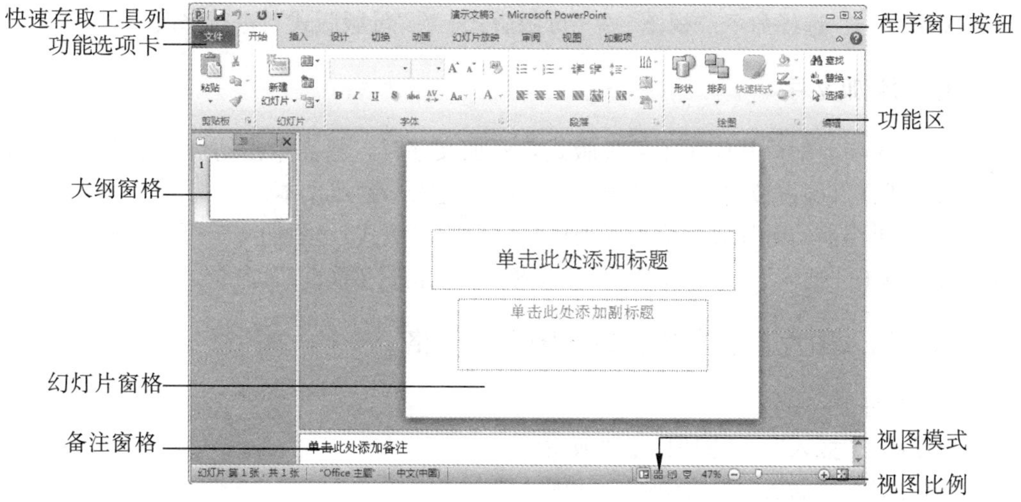

图 5－1－1－1

大纲窗格：显示演示文稿中所有幻灯片的标题，是管理幻灯片的工具。

幻灯片窗格：显示当前幻灯片的全部内容。

备注窗格：可以在这里为当前幻灯片添加备注信息。

视图模式：通过单击不同的按钮，可以切换到其他的视图模式。

视图比例：直接拖动游标可调整窗口视图的显示比例。

四、演示文稿的新建和保存

1. 演示文稿的新建。

方法一：启动 PowerPoint 后，系统会自动创建一个名叫演示文稿 1 的演示文稿。

方法二：点击“文件”/“新建”/“空白演示文稿”/“创建”。

2. 演示文稿的保存。

单击菜单“文件”/“保存”，弹出“另存为”对话框，选择文件要保存的路径和类型，并输入文件名即可。

五、幻灯片版式

版式：幻灯片上标题和副标题文本、列表、图片、表格、图表、形状和视频等元素的排列方式，即幻灯片的布局。

在 PowerPoint 2010 版本中，新建的演示文稿默认应用了一种“标题幻灯片”的版式。若要修改版式，可单击“开始”/“幻灯片”/“幻灯片版式”命令，打开版式下拉列表，选择所需的版式。

六、母版

定义：幻灯片层次结构中的项级幻灯片，它存储有关演示文稿的主题和幻灯片版式的所有信息，包括背景、颜色、字体、效果、占位符大小和位置。

作用：可以很方便地统一幻灯片的风格。

编辑方法：选择命令“视图”/“母版版式”/“母版版式”进行修改。

七、添加文字

1. 如果当前幻灯片应用了某种版式，添加文字时，只需单击幻灯片上含有提示性文字的虚线框（即占位符），激活插入点光标，键入标题或文本。

2. 如果当前幻灯片没有应用任何版式（即空白版式），添加文字可采用添加文本框的方法：单击“插入”/“文本”/“文本框”/“水平（垂直）”命令。

八、插入图片、艺术字、自选图形、表格

操作方法：

剪贴画：“插入”/“图像”/“剪贴画”。

其他图片：“插入”/“图像”/“图片”。

艺术字：“插入”/“文本”/“艺术字”。

自选图形：“插入”／“插图”／“形状”。

表格：“插入”／“表格”／“表格”。

九、文本、图片的设置

选择图片对象后，在功能选项卡上将会增加一个“图片工具格式”的选项，选择该选项后就可针对图片的大小、样式等进行设置和调整。如图 5-1-1-2 所示。

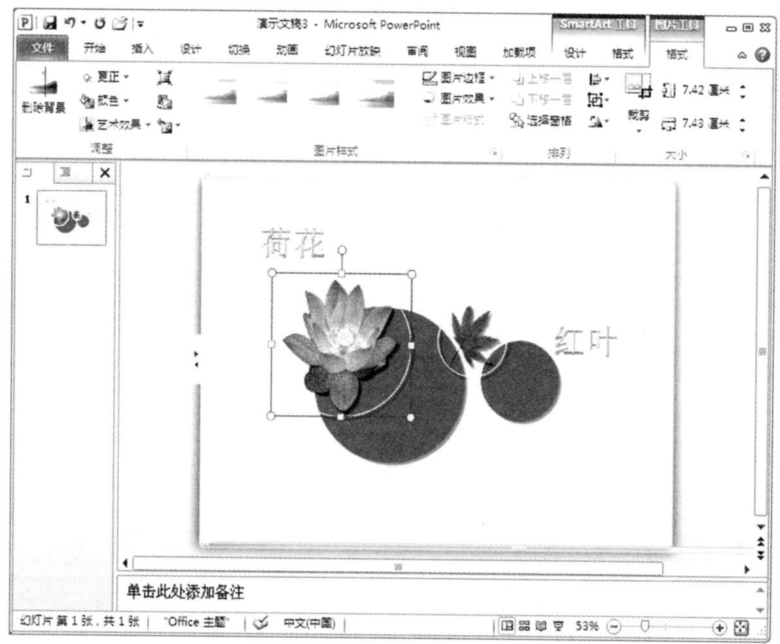

图 5-1-1-2

文本、艺术字、自选图形的设置同图片类似，相关的命令都在“格式”选项中。

🕮任务实施

1. 启动 PowerPoint。

双击“PowerPoint 2010”桌面快捷方式。

2. 页面设置。

选择“设计”／“页面设置”／“页面设置”命令，弹出对话框，具体设置如图 5-1-1-3所示。

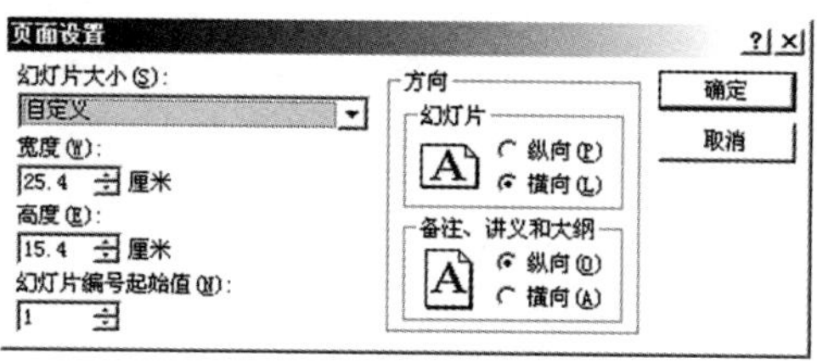

图 5-1-1-3

3．选择版式。

单击“开始”/“幻灯片”/“版式”命令，展开版式下拉列表，选择空白版式。如图5−1−1−4所示。

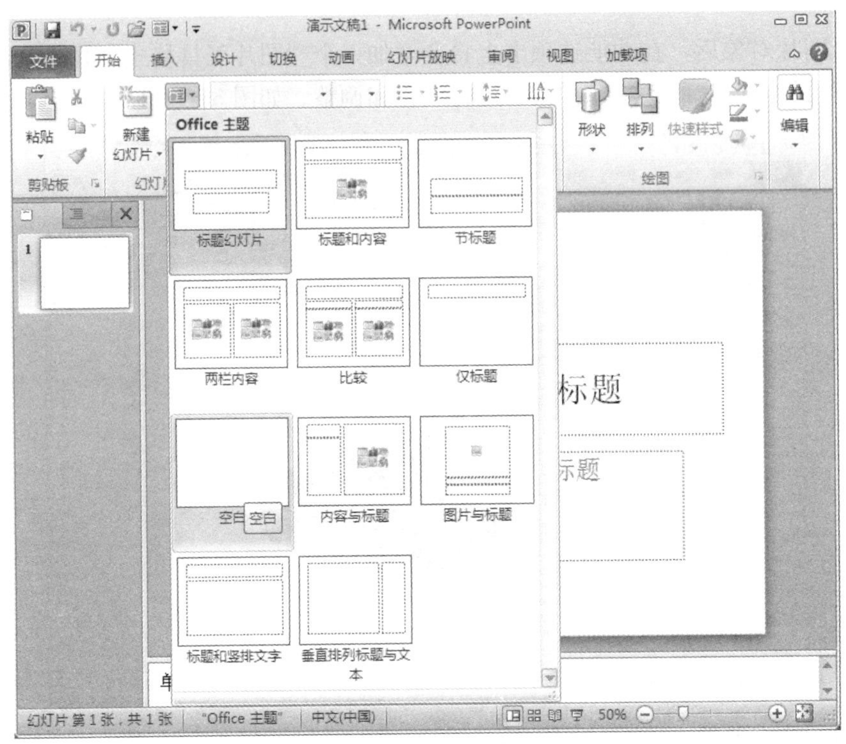

图 5−1−1−4

4．编辑母版。

单击菜单“视图”/“母版视图”/“幻灯片母版”，切换到编辑母版的模式下，在母版的页脚区的右边输入文字“更多精彩 http://www.0759hr.com”，输入后关闭母版视图（点击“幻灯片母版”/“关闭”/“关闭母版视图”命令）。

5．添加标题文字。

（1）添加标题：选择“插入”/“文本”/“艺术字”命令打开“艺术字”下拉列表，选择第一种样式，输入文字“彩色湛江”，并设置字体为72磅“华文行楷”，效果如图5−1−1−5所示。

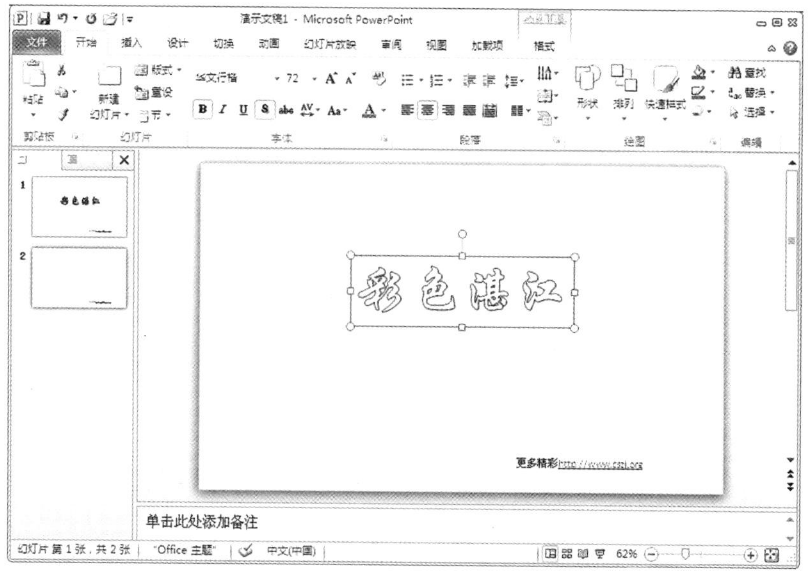

图 5—1—1—5

（2）选择艺术字，然后点击“绘图工具格式”/“艺术字样式”打开“设置文本效果格式”，具体参数如下（如图 5—1—1—6 所示）：

文本填充：渐变填充。

预设颜色：彩虹出岫。

类型：射线。

方向：从右下角。

文本边框：无线条。

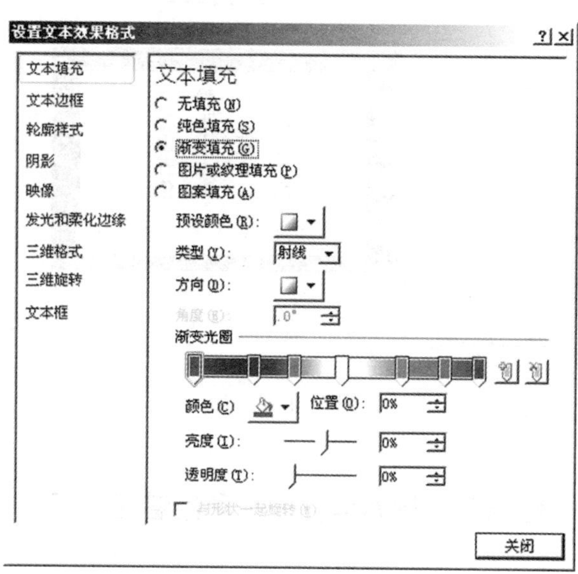

图 5—1—1—6

（3）添加副标题：单击“插入”/“文本”/“文本框”/“横排文本框”命令，在幻灯片窗格中绘制文本框，并输入“——相约在中国大陆最南端”的文字，字体设置为“微软雅黑”，字号为 24 磅，效果如图 5−1−1−7 所示。

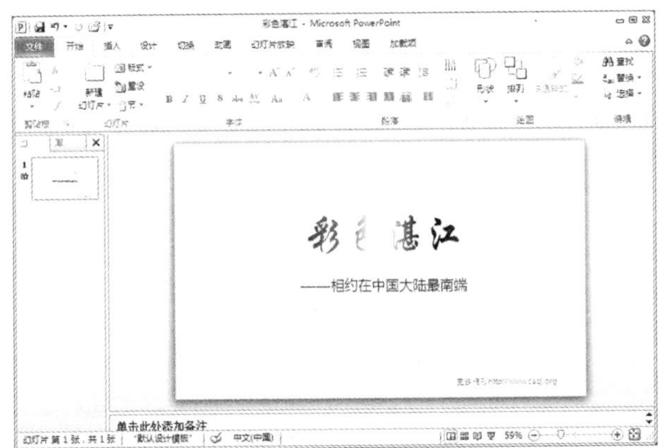

图 5−1−1−7

6. 保存文件。

操作与提高

启动 PowerPoint，创建一张幻灯片，并以 P1.pptx 为文件名存盘，效果如图 5−1−1−8所示。

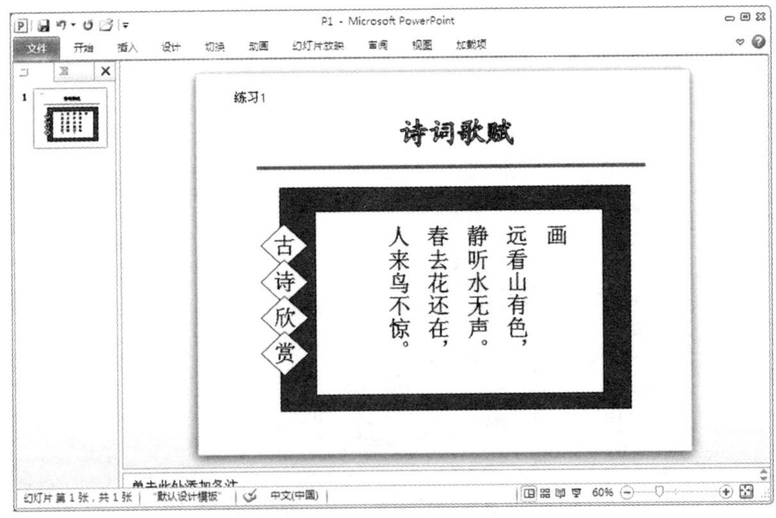

图 5−1−1−8

任务二　旅游推介——彩色湛江（二）

📖任务描述

本任务要根据提供的素材完成整个幻灯片的大体布局，并设置背景。

📖任务分析

要完成本任务首先要添加新幻灯片页面，然后在页面中适当的位置添加图片、艺术字、形状等，并调整好其位置，最后再添加主题背景。

📖知识链接

一、插入、删除幻灯片

1. 插入幻灯片。

方法一：

步骤 1：定位。确定在哪张幻灯片后插入新幻灯片，选择该张幻灯片。

步骤 2：单击“开始”/“幻灯片”/“新建幻灯片”命令，在展开的下拉列表中选取合适的模板。

方法二：

确定在哪张幻灯片后插入新幻灯片，将光标置于该张幻灯片的后面，按下 Enter 键，将会插入一张应用了模板与该幻灯片一样的新幻灯片。

2. 删除幻灯片。

单击“编辑”/“清除”菜单命令，或“编辑”/“删除幻灯片”命令。

二、幻灯片的选取及顺序调整

1. 幻灯片的选取。

选择单张幻灯片：直接单击选取。

选择多张连续的幻灯片：与 Shift 键配合使用，方法和文件夹/文件操作类似。

选择多张不连续的幻灯片：与 Ctrl 键配合使用，方法和文件夹/文件操作类似。

2. 调整幻灯片顺序。

方法一：选取后直接拖动幻灯片至指定的位置。

方法二：使用“剪切”命令，方法与文件夹/文件操作类似，但要注意粘贴时要选取“保留源格式”，如图 5−1−2−1 所示。

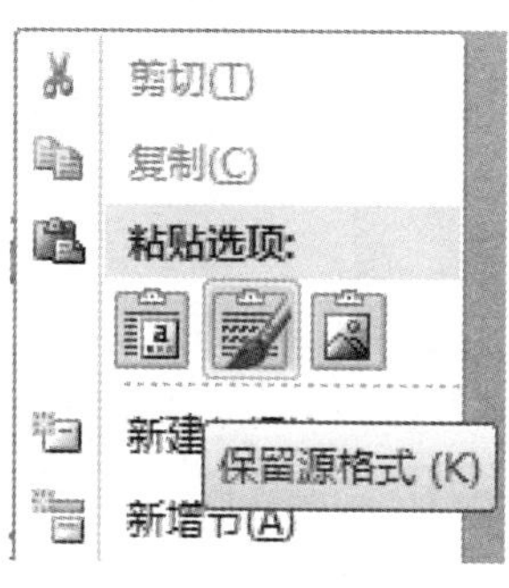

图 5−1−2−1

三、设置幻灯片背景

1. 应用主题。

主题：一组格式选项，包括一组主题颜色、一组主题字体（包括标题字体和正文字体）和一组主题效果（包括线条和填充效果）。

作用：可以让用户把精力集中在内容的搜集和展现上，通过效果选择、整体色调处理及文字字体的定义，使得整个幻灯片具有统一的风格，达到美观的效果。

步骤 1：选择要应用主题的幻灯片。

步骤 2：单击“设计”选项卡，在功能区“主题”的列表框中选择所需的主题。

步骤 3：在“主题”功能区的右侧适当更改主题的颜色、字体和效果。

注意：选择主题时，如果直接左键单击，将默认应用至整个演示文稿的所有幻灯片中；如果要应用到当前幻灯片中，可使用右键弹出菜单，在菜单中选择“应用于选定的幻灯片”命令。

2. 设置背景。

单击“设计”/“背景”/“背景样式”命令，在展开的列表框中选择所需的样式或自定义设置背景格式。如图 5−1−2−2 所示。

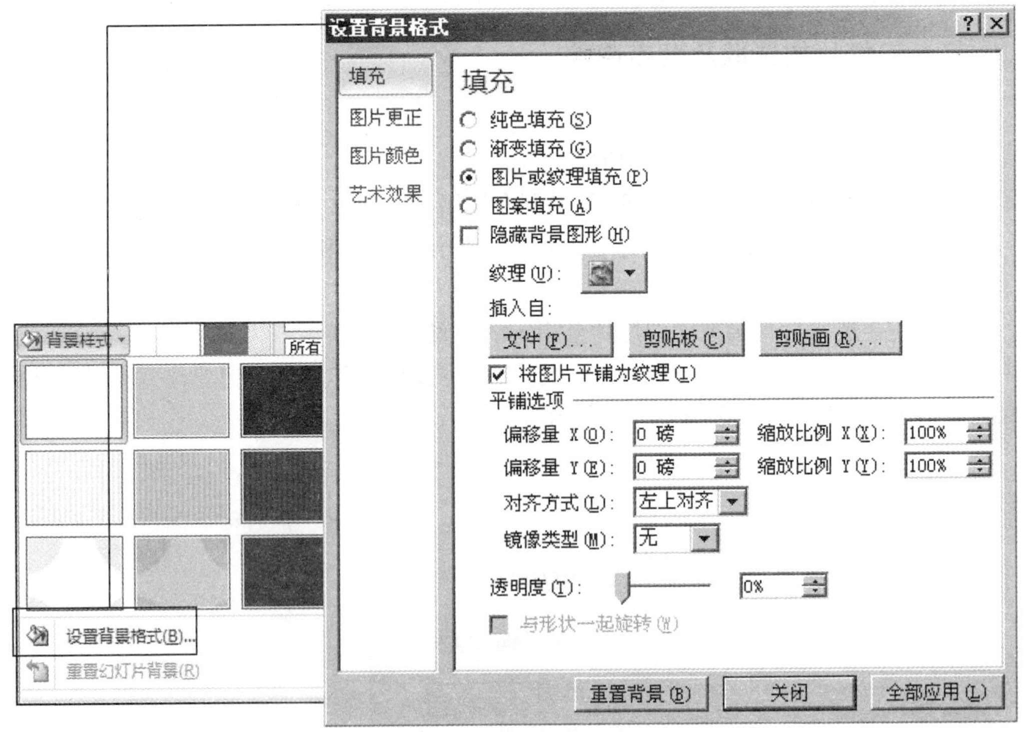

图 5−1−2−2

如图 5−1−2−3 所示是使用“纸莎草纸”纹理和应用了“影印”艺术效果后的效果。

图 5—1—2—3

四、幻灯片视图

普通视图：最常用、系统默认的视图。主体上由大纲窗格、幻灯片窗格和备注窗格3部分组成，如图5—1—2—4所示。

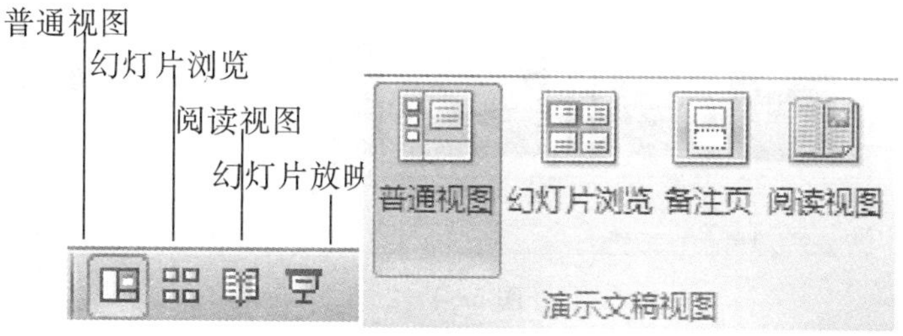

图 5—1—2—4

幻灯片浏览视图：可以在屏幕上同时看到演示文稿中的所有幻灯片的缩略图。

幻灯片放映视图：在计算机屏幕上像幻灯机那样动态地播放演示文稿的全部幻灯片，是实际播放演示文稿视图。

备注页视图：供讲演者使用的，每一张幻灯片都可以有相应的备注。

阅读视图：将演示文稿作为适应窗口大小的幻灯片进行放映查看。

🕮任务实施

1. 打开任务一创建的“彩色湛江”。

2. 插入新幻灯片。

单击“开始”/“新建幻灯片”下的“空白”主题，将插入一张“空白”版式的幻灯片。

3. 设计新幻灯片。

(1) 插入图片并设置阴影，同时调整其大小和位置。

(2) 标题文字均为艺术字（字体为华文行楷，大小 66 磅，加粗，文字阴影，并适当填充渐变效果，其中硇洲古韵添加的是“麦浪滚滚”，东海旭日添加的是“金色年华Ⅱ”）。

(3) 插入形状中的“十字星”，并设置其线条和填充的颜色。

用同样的方法插入和设置第三至第六张幻灯片。

4. 设置幻灯片背景。

(1) 为第一张添加背景：选择第一张幻灯片，单击“设计”/“背景”/“背景样式”/“设置背景格式”命令，在打开的“设置背景格式”对话框中选择“填充”→“图片或纹理填充”→“文件”添加背景图片。

(2) 为第二至第六张添加背景：选择“设计”/“主题”下的“复合”主题。

效果如图 5-1-2-5 所示。

图 5-1-2-5

5. 保存文件。

操作与提高

创建一个包含三张幻灯片的演示文稿，具体效果如图 5-1-2-6 所示，并以 P2.pptx 为文件名存盘。

注：所有字体均为宋体。

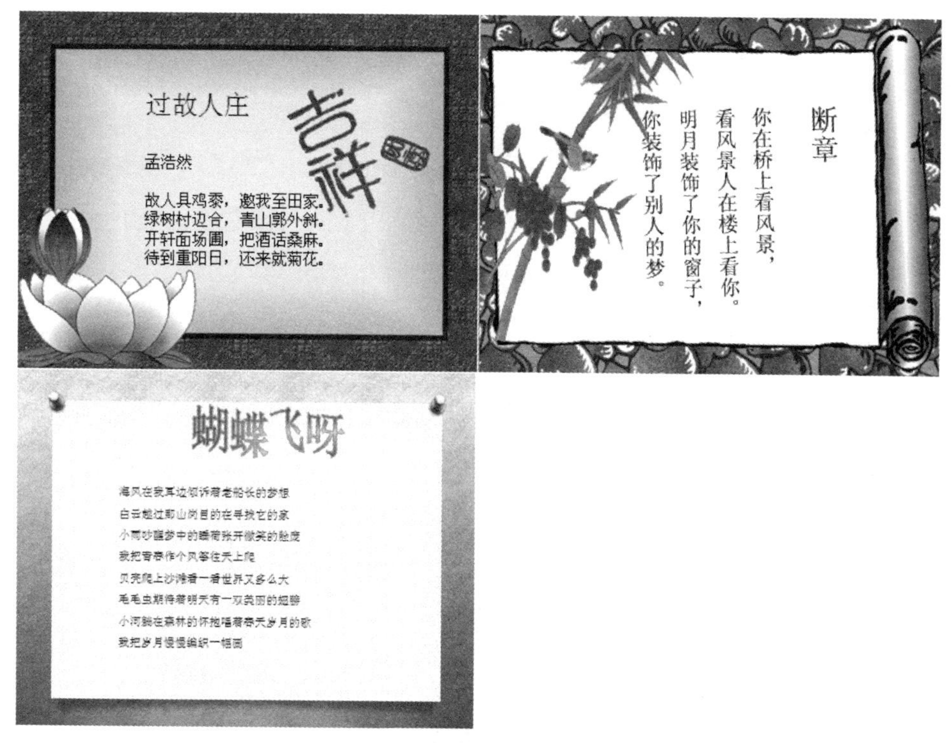

图 5-1-2-6

任务三　旅游推介——彩色湛江（三）

🕮任务描述

本任务的目的是让你的演示文稿告别无声，奏响背景音乐，让画面中的所有对象动起来，让整个画面动起来！

🕮任务分析

要添加背景音乐，可考虑插入音频的方法，让它在演示文稿打开时播放；要让整个画面动起来，也即给画面中的对象添加动画，并设置页面的切换效果。

🕮知识链接

一、插入声音

插入声音文件：单击“插入”/“媒体”/“音频”命令，可添加声音文件。添加声音文件后，在演示文稿中将出现一个声音图标。

设置声音的播放和显示方式：单击声音图标，选取“播放”选项卡，在功能区将会出现与播放相关的设置命令，如图 5-1-3-1 所示。

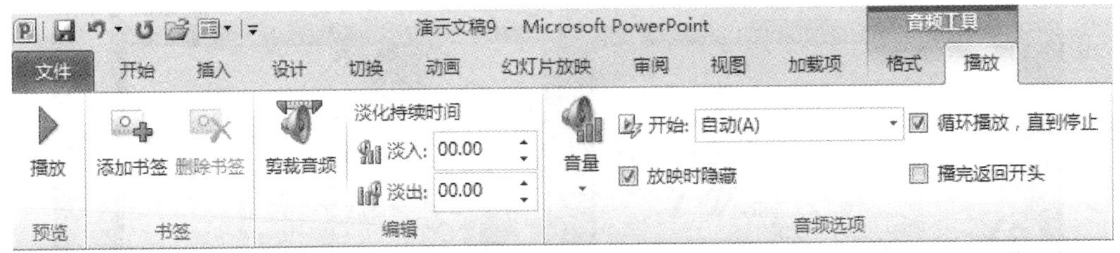

图 5—1—3—1

二、设置动画效果

步骤 1：选择要添加动画的对象，单击“动画”/“高级动画”/“添加动画”命令，添加所需的效果，如图 5—1—3—2 所示。

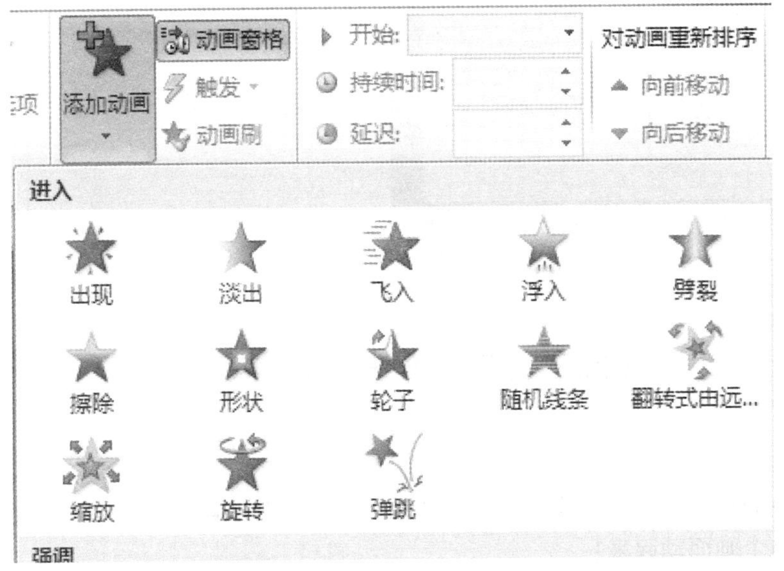

图 5—1—3—2

步骤 2：设置相关效果选项。可以直接在功能区中修改动画开始的方式、速度等（如图 5—1—3—3 所示），也可以在动画窗格中右击要设置的动画，在弹出的菜单中选择“效果选项”（如图 5—1—3—4 所示），打开相应的效果选项对话框进行设置。

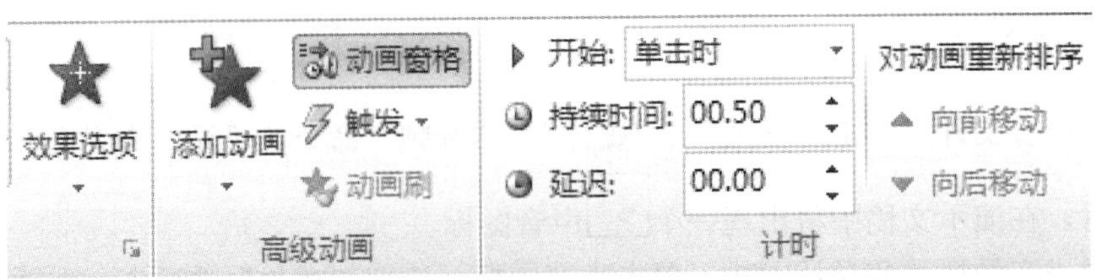

图 5—1—3—3

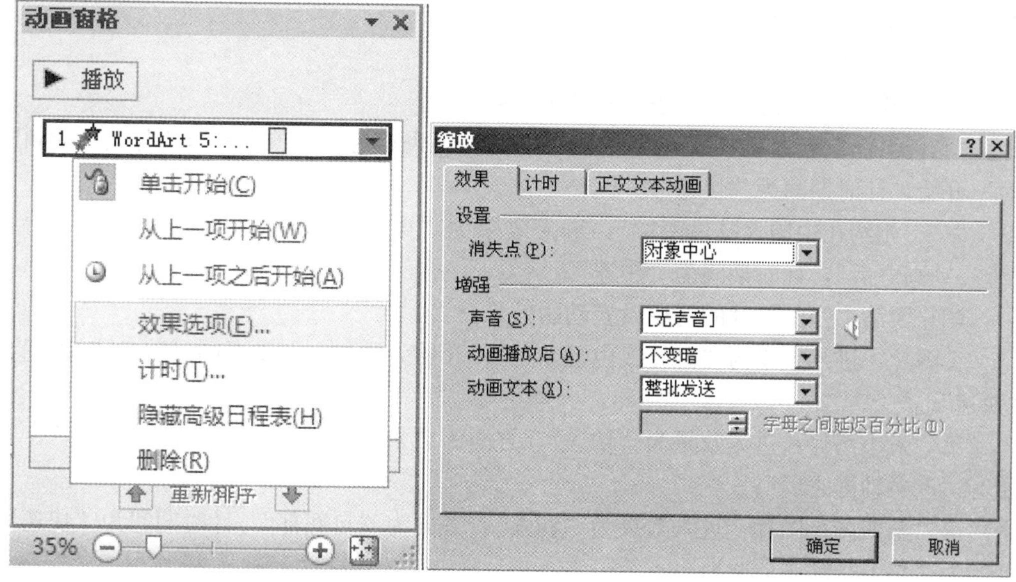

图 5—1—3—4

三、设置切换效果

一张幻灯片放映完毕，另一张幻灯片登场，如果它们之间没有过渡是非常生硬的，所以，我们一般要为幻灯片添加过渡效果，也即切换效果。

设置切换效果的方法：

步骤 1：选择需要设置切换效果的幻灯片，单击“切换”选项，在“切换到此幻灯片”列表中选取切换时的效果。

步骤 2：在功能区中对切换速度、声音、换片方式等进行设置。如图 5—1—3—5 所示。

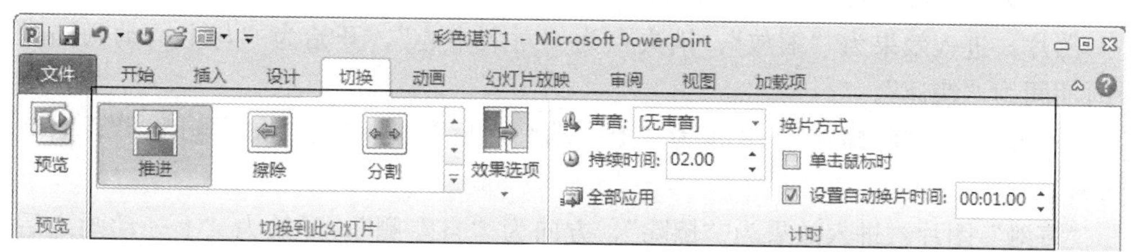

图 5—1—3—5

任务实施

1. 打开任务二创建的“彩色湛江”。

2. 添加声音文件。

(1) 选择第一张幻灯片，单击“插入”/“媒体”/“音频”/“文件中的音频”命令，添加“日光海岸 . mp3”。

(2) 点击声音图标，选择“播放”选项卡，在“音频选项”中设置“自动”播放、

“放映时隐藏”“循环播放，直到停止”。

3. 设置动画效果。

(1) 为第一张幻灯片的对象设置动画效果：

“彩色湛江”艺术字：进入效果为“缩放”，消失点为“对象中心”，“与上一动画同时”开始，计时期间为“快速”。

“——相约在中国大陆最南端”：进入效果为“擦除”，方向为“自左侧”，开始为“上一动画之后”，计时期间为“中速”。

(2) 为第二张幻灯片的对象设置动画效果：

大图片：进入效果为“翻转式由远及近”，开始为“与上一动画同时”，计时期间为“快速”。

第一张小图片：进入效果为“切入”，方向为“自底部”，计时期间为“快速”，开始为“上一动画之后”；

第二至四张小图片：进入效果为“切入”，方向为“自底部”，计时期间为“快速”，开始为“与上一动画同时”。

“长廊观海”艺术字：进入效果为“擦除”，方向为“自左侧”，开始为“上一动画之后”，计时期间为“快速”。

第一颗十字星：进入效果为“渐变”，开始为“上一动画之后”，计时期间为“中速”。

第二、三颗十字星：进入效果为“渐变”，开始为“与上一动画同时”，计时期间为“中速”。

第一颗十字星：强调效果为“彩色脉冲”，开始为“上一动画之后”，计时期间为“快速”。

第二、三颗十字星：强调效果为“彩色脉冲”；开始为“与上一动画同时”，计时期间为“快速”。

(3) 为第三张幻灯片的对象设置动画效果：

图片：进入效果为“缩放”，消失点为“对象中心”，开始为“与上一动画同时”，计时期间为“快速”。

强调效果为“陀螺旋”，开始为“上一动画之后”，数量为“360°顺时针”，速度为“快速”。

“海滩”图片：进入效果为“擦除”，方向为“自左侧”，开始为“上一动画之后”；延迟为“1”秒，计时期间为“快速”。

“硇洲古韵”艺术字：进入效果为“擦除”；方向为“自左侧”；开始为“上一动画之后”；计时期间为“中速”。

(4) 为第四张幻灯片的对象设置动画效果：

“东海旭日”图片：进入效果为“轮子”，辐射状为“4 轮辐图案”，开始为“与上一动画同时”，计时期间为“快速”。

“沙滩”图片：进入效果为“擦除”，方向为“自左侧”，开始为“上一动画之后”，计时期间为“快速”。

“东海旭日”艺术字：进入效果为“浮入”，开始为“上一动画之后”，计时期间为“快速”。

（5）为第五张幻灯片的对象设置动画效果：

大图片：进入效果为“缩放”，消失点为“对象中心”，开始为“与上一动画同时”，计时期间为“中速”。

第一张小图片：进入效果为“淡出”；开始为“上一动画之后”，延迟“1”秒；计时期间为“中速”；

第二、三张小图片：进入效果为“淡出”，开始为“与上一动画同时”，计时期间为“中速”。

“湖光山色”艺术字：进入效果为“擦除”，方向为“自右侧”，开始为“上一动画之后”，计时期间为“中速”。

（6）为第六张幻灯片的对象设置动画效果：

横线条：进入效果为“飞入”，方向为“自左侧”，开始为“与上一动画同时”，计时期间为“快速”。

纵线条：进入效果为“飞入”，方向为“自顶部”，开始为“上一动画之后”，计时期间为“快速”。

横线条：强调效果为“淡出”，开始为“上一动画之后”，计时期间为“非常快”。

纵线条：强调效果为“淡出”，开始为“上一动画之后”，计时期间为“非常快”。

文本框：进入效果为“擦除”，方向为“自左侧”，开始为“与上一动画同时”，计时期间为“中速”。

女子：进入效果为“淡出”，开始为“上一动画之后”，计时期间为“快速”。

4. 设置幻灯片切换效果。

（1）为第一张幻灯片设置切换效果：

自左侧推进；持续时间“2 秒”，鼠标单击或每隔 6 秒换片。

（2）为第二张幻灯片设置切换效果：

自左侧推进；持续时间“2 秒”，鼠标单击或每隔 9 秒换片。

（3）为第三张幻灯片设置切换效果：

放大形状；持续时间“1.5 秒”，鼠标单击或每隔 9 秒换片。

（4）为第四张幻灯片设置切换效果：

切出形状；持续时间“1.5 秒”，鼠标单击或每隔 7 秒换片。

（5）为第五张幻灯片设置切换效果：

居中涟漪；持续时间“1.5 秒”，鼠标单击或每隔 9 秒换片。

（6）为第六张幻灯片设置切换效果：

自右侧推进；持续时间“1 秒”，鼠标单击退出。

5. 保存文件。

操作与提高

参考所提供的演示文稿，为练习二创建的幻灯片添加声音文件，并自行设置其动画效果和切换效果，以 P3. pptx 为文件名存盘。

任务四　旅游推介——彩色湛江（四）

📖任务描述

本任务是进一步完善幻灯片的设置，让幻灯片能实现跨平台播放，并且能对播放进行控制操作。

📖任务分析

要让幻灯片实现跨平台播放，最方便、最保障的方法就是对其进行打包操作后再移植。

📖知识链接

一、演示文稿的放映

1. 开始放映。

单击“幻灯片放映”/“开始放映幻灯片”/“从头开始”命令，或按下 F5 键。

2. 控制放映。

(1) 将鼠标移至幻灯片左下角，出现幻灯片控制放映图标，如图 5-1-4-1 所示。

(2) 右键弹出放映控制菜单。

图 5-1-4-1

：上一张幻灯片。

：荧光笔。

：放映控制菜单。

：下一张幻灯片。

3. 设置自动放映模式。

单击“幻灯片放映”/“设置”/“设置幻灯片放映”命令，弹出“设置放映方式”对话框，如图 5-1-4-2 所示。

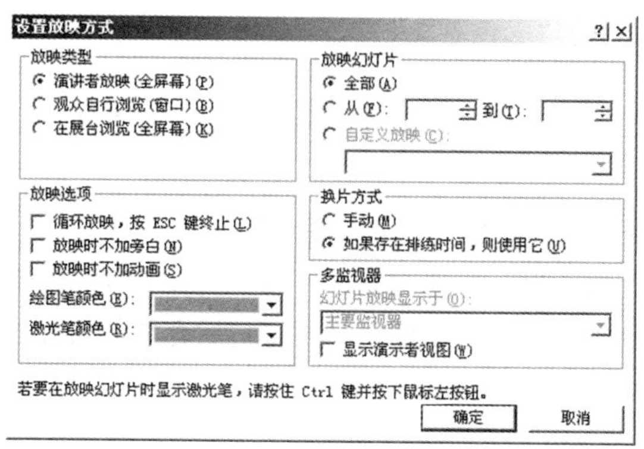

图 5-1-4-2

二、演示文稿的打包

“打包”命令可以将演示文稿和相应的链接文件、TrueType 字体等打包成一个完整的文件，但是要在安装有 PowerPoint Viewer 2010 的计算机上才可以播放。

操作：单击“文件”/“保存并发送”/“将演示文稿打包成 CD”/“打包成 CD”，将弹出“打包成 CD”对话框（如图 5-1-4-3 所示）。

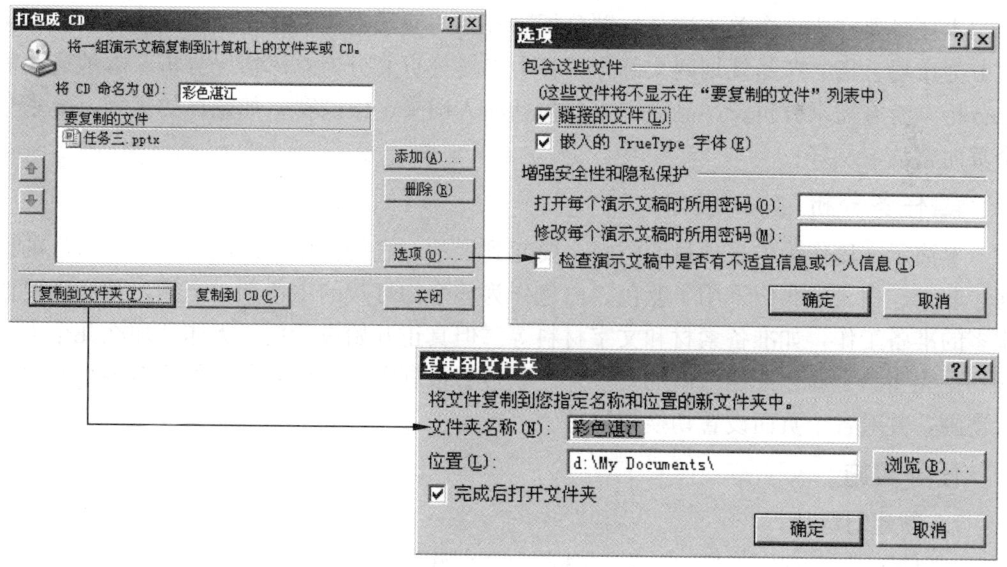

图 5-1-4-3

将 CD 命名为：打包后存放相关文件的 CD 的名字。

添加文件：添加要打包的文件。

选项：选择打包要包含的文件以及设置演示文稿在播放器中的播放方式和密码。

复制到文件夹：将打包好的文件都放到该文件夹中。

复制到 CD：将打包好的文件都刻录到 CD 中。

任务实施

1. 打开任务三创建的“彩色湛江”。

2. 打包文件。

(1) 选择“文件”/“保存并发送”/“将演示文稿打包成 CD”/“打包成 CD”命令。

(2) 在“将 CD 命名为”中输入“彩色湛江”。

(3) 打开“选项”对话框，加选“嵌入 TrueType 字体”选项。

(4) 打开“复制到文件夹”对话框，修改打包后存放的具体位置。

3. 保存文件。

操作与提高

1. 将练习三设置好的演示文稿打包。

2. 根据提供的材料（也可自备素材）设计一个介绍海产品的演示文稿。

综合实训　湛江旅游分析和规划

任务描述

本任务要完成一个关于湛江旅游分析和规划的演示文稿，这个演示文稿有 7 页，主要分为市场分析、产品规划两大部分，其中市场分析又分为总体情况分析、本地居民需求分析、游客需求分析，产品规划主要包括渔人码头、康琦赛、如意岛的规划，要求整个页面整洁、友好！

任务分析

本演示文稿作为申报项目的资料，要起到展示、宣传作用，因此为了突出湛江的碧海、蓝天、白云，我们采用了蓝色、白色作为整个幻灯片的主色调；当然，我们还要做很多的准备工作，如准备素材和文字材料等。但真正开始设计后，无非就那么几个大步骤，首先当然是新建或插入新的幻灯片，紧接着根据需要添加对象，然后对各个对象设置动画，并对各个页面设置切换效果等。

任务实施

1. 新建幻灯片。

“文件”/“新建”/“空白演示文稿”/“创建”。

2. 页面设置。

选择“设计”/“页面设置”/“页面设置”命令，弹出对话框，具体设置如图 5-1-4-4所示。

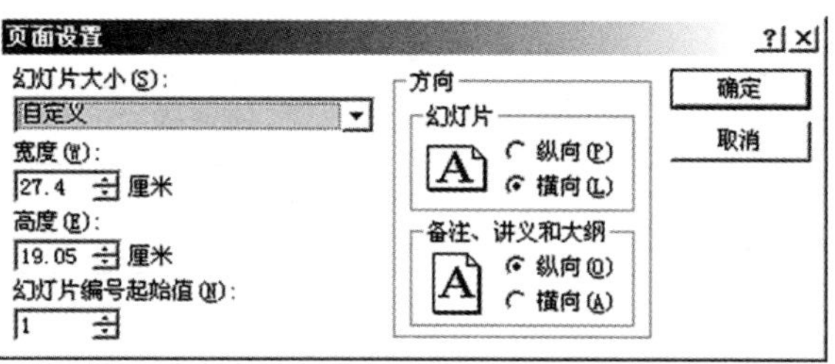

图 5-1-4-4

3. 选择版式。

单击“开始”/“幻灯片”/“版式”命令，展开版式下拉列表，选择空白版式。

4. 编辑幻灯片。

(1) 第1页：

①输入文本并调整其级别（通过“开始”/“段落”/“提高列表级别”命令），如图 5-1-4-5 所示。

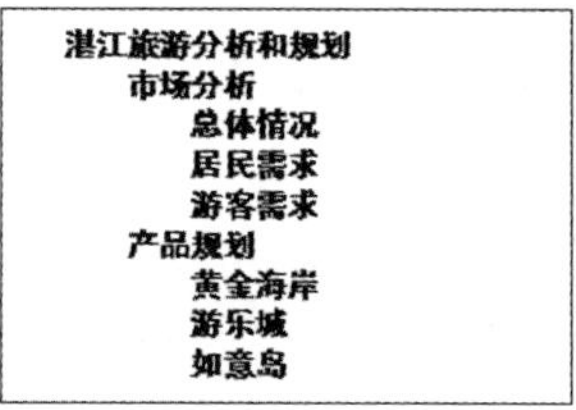

图 5-1-4-5

②文本转换为“SmartArt”图（选择“层次结构”→“线性列表”），如图 5-1-4-6 所示。

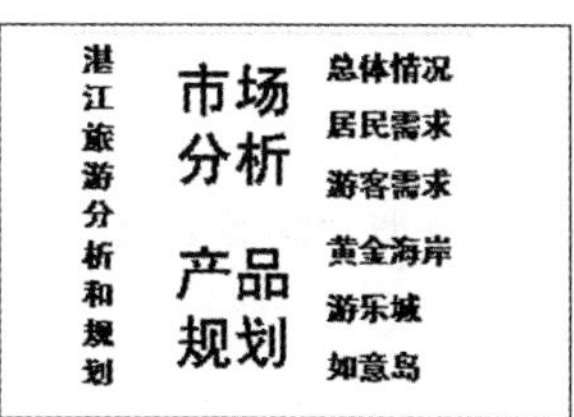

图 5-1-4-6

③调整字体大小（一级标题为 36 磅，二级标题为 28 磅，三级标题为 24 磅），并将标题换为艺术字（文本填充颜色为 51，153，255；文本轮廓颜色为 0，176，80），如图 5-1-4-7 所示。

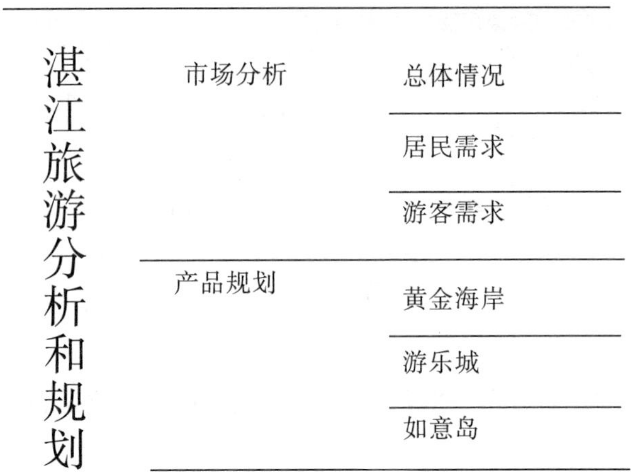

湛江旅游分析和规划
市场分析
总体情况
居民需求
游客需求
产品规划
黄金海岸
游乐城
如意岛

图 5－1－4－7

④设置“SmartArt”样式为“日落场景”，更改颜色为“强调文字颜色 1”中的“彩色轮廓”；设置“SmartArt”图中的“形状填充”为“薄雾浓云”，并设置其类型为“射线”，方向为“从右上角”，如图 5－1－4－8 所示。

湛江旅游分析和规划
市场分析
总体情况
居民需求
游客需求
产品规划
黄金海岸
游乐城
如意岛

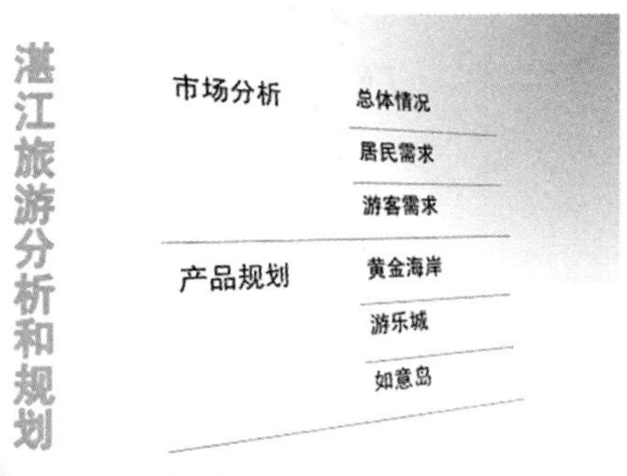

图 5－1－4－8

⑤设置主题为“图钉”，颜色主题为“暗香扑面”，背景样式来自图片“彩色湛江背景”，如图 5－1－4－9 所示。

湛江旅游分析和规划
市场分析
产品规划

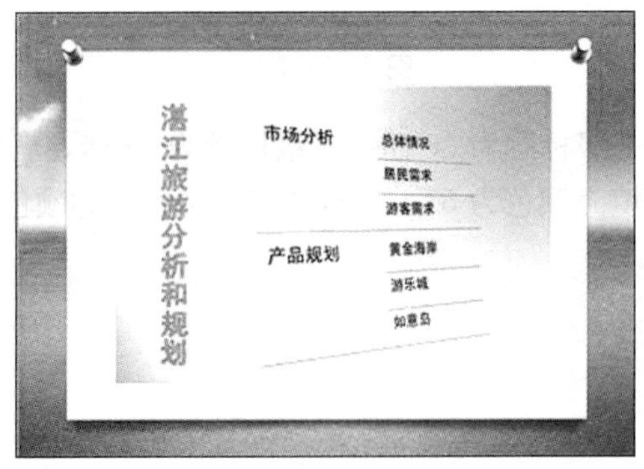

图 5－1－4－9

（2）第 2 页：

①在幻灯片母版中位于标题位置添加一条水平线。

②输入文字，并设置标题文字为“44 磅”“宋体”；二级标题文字为“17 磅”“微软雅黑”；正文为“12 磅”“微软雅黑”，并添加“带填充效果的大圆形项目符号”。

③插入表格，并在“设计”／“表格样式选项”中勾选标题行；在“表格样式”中选择“中度样式 2－强调 1”，给表添加“所有框线”。

④插入图片，并适当调整各个对象的位置，如图 5－1－4－10 所示。

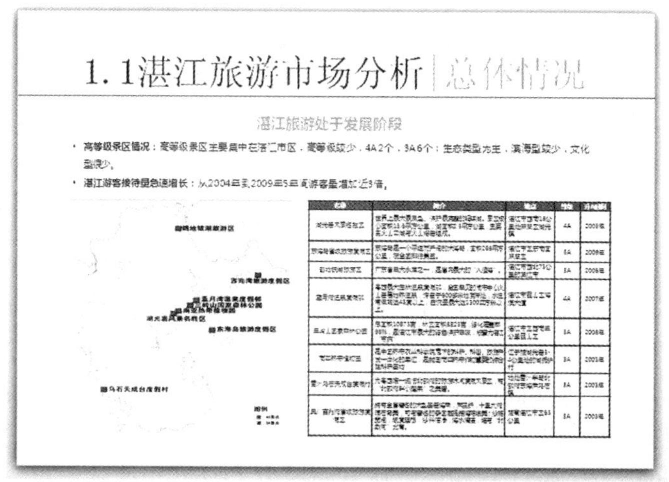

图 5－1－4－10

（3）第 3 页：

①输入文字，并设置标题文字为“43 磅”“宋体”；二级标题文字为“17 磅”“微软雅黑”；正文为“10 磅”“微软雅黑”，并添加“带填充效果的大圆形项目符号”。

②插入图表：点击“插入”／“插图”／“图表”命令，选择“簇状柱形图”，在打开的 Excel 2010 中编辑输入数据，并可利用“设计”选项卡的“数据”组的命令重新选择图表数据区域，以及切换行和列。

③调整图表的字体：除了标题外，所有的均为“8 磅”“微软雅黑”，并适当调整绘图区的高度；在“布局”／“标签”／“图表标题”中选择“图表上方”为图表添加标题文字，并设置字体为“10 磅”“微软雅黑”。效果如图 5－1－4－11 所示。

④用同样的方法创建另一图表。

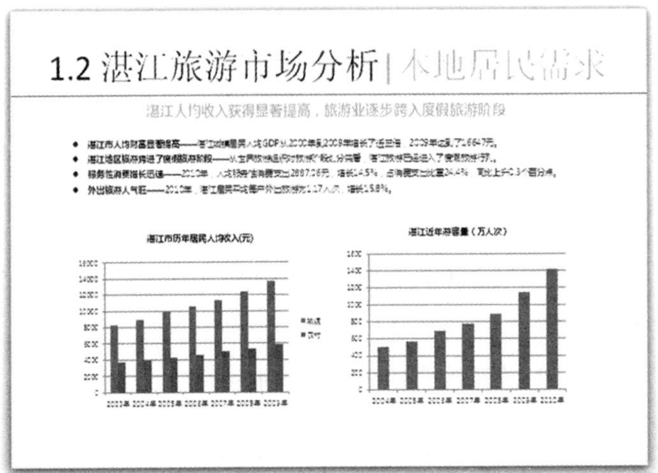

图 5-1-4-11

（4）第 4 页：

①输入文字，并设置标题文字为“44 磅”“宋体”；二级标题文字为“17 磅”“微软雅黑”；正文为“9 磅”“微软雅黑”，并添加“带填充效果的大圆形项目符号”。

②插入图表：插入方法同前面，不同之处在于左边图表为“簇状条形图”，右边的图表为“分离型三维饼图”。

③调整图表的字体：除了标题外，所有的均为“8 磅”“微软雅黑”，并适当调整绘图区的高度；在“布局”/“标签”/中选择命令为图表添加标题和数据标签。其中标题文字为“10 磅”“微软雅黑”，数据标签为“8 磅”“微软雅黑”。效果如图 5-1-4-12 所示。

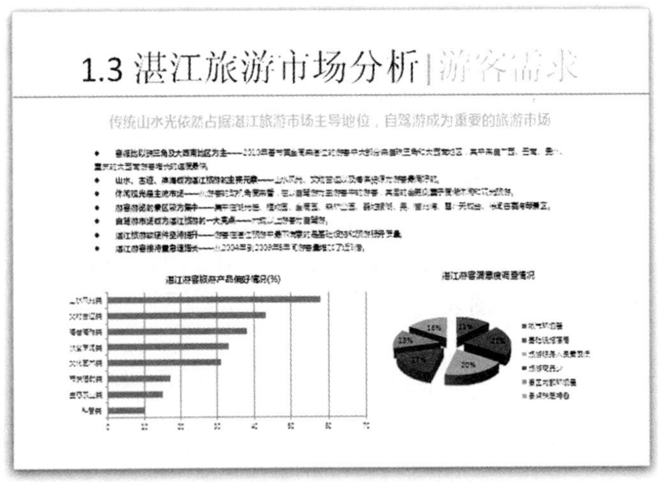

图 5-1-4-12

（5）第 5 页：

新建一张其他版式的幻灯片，并删除占位的虚线框。

①插入一条颜色为（0，176，240），大小为1.5磅的方点虚线，并调整好其位置。

②输入文字，并设置标题文字为“44磅”“宋体”，二级标题文字为“17磅”“微软雅黑”，正文为“10磅”“微软雅黑”。

③插入图片，并调整其位置。效果如图5－1－4－13所示。

图5－1－4－13

（6）第6、7页：与第5页创建方法同。效果分别如图5－1－4－14、5－1－4－15所示。

图5－1－4－14

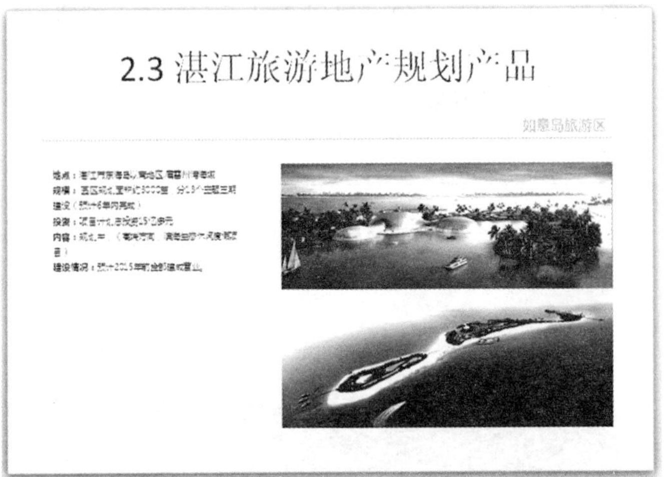

图 5-1-4-15

5. 设置动画。各页动画设置如表 5-1-4-1 所示。

表 5-1-4-1

页码	对象	动画	方向	开始	期间
1	SmartArt 图	缩放	对象中心	与上一动画同时	快速
	艺术字	擦除	自顶部	上一动画之后	快速
2	标题	擦除	自左侧	与上一动画同时	中速
	二级标题	淡出		上一动画之后	中速
	正文	淡出		上一动画之后	中速
	地图	擦除	自左侧	上一动画之后	快速
	表格	擦除	自左侧	上一动画之后	快速
3	标题	擦除	自左侧	与上一动画同时	中速
	二级标题	淡出		上一动画之后	中速
	正文	淡出		上一动画之后	中速
	左图表	擦除	自左侧	上一动画之后	快速
	右图表	擦除	自顶部	上一动画之后	快速
4	标题	擦除	自左侧	与上一动画同时	中速
	二级标题	淡出		上一动画之后	中速
	正文	淡出		上一动画之后	中速
	左图表	擦除	自顶部	上一动画之后	快速
	右图表	擦除	自左侧	上一动画之后	快速

续表5－1－4－1

页码	对象	动画	方向	开始	期间
5	标题	擦除	自左侧	与上一动画同时	中速
	虚线条	擦除	自左侧	上一动画之后	快速
	二级标题	淡出		上一动画之后	中速
	正文	淡出		上一动画之后	中速
	码头图片	阶梯状	左下	上一动画之后	快速
6	标题	擦除	自左侧	与上一动画同时	中速
	虚线条	擦除	自左侧	上一动画之后	快速
	二级标题	淡出		上一动画之后	中速
	正文	淡出		上一动画之后	中速
	左上图片	擦除	自顶部	上一动画之后	快速
	左下图片	擦除	自左侧	上一动画之后	快速
	中下图片	擦除	自左侧	上一动画之后	快速
	右下图片	擦除	自左侧	上一动画之后	快速
7	标题	擦除	自左侧	与上一动画同时	中速
	虚线条	擦除	自左侧	上一动画之后	快速
	二级标题	淡出		上一动画之后	中速
	正文	淡出		上一动画之后	中速
	上图片	擦除	自顶部	上一动画之后	快速
	下图片	擦除	自左侧	上一动画之后	快速
8	文字	擦除	自左侧	与上一动画同时	中速
	所有 LOGO	擦除	自左侧	上一动画之后	快速

提示：要设置不同对象具有相同的动画，可以考虑使用动画刷哦！

动画刷的使用方法：

先选择已经设置了动画效果的对象，单击动画刷，然后单击要应用相同动画效果的另一对象即可。如果要多次应用，可双击动画刷。

6．幻灯片切换。各页切换方式如表 5－1－4－2 所示。

表 5－1－4－2

页码	第 1 页	第 2~7 页	第 8 页
切换方式	覆盖	平移（自左侧）	涟漪

7．保存文件。

模块六　基础知识与技能

项目　计算机的组成和基本操作

本项目以计算机基础知识为主，了解计算机的组成，使学生掌握计算机的基本操作，从而了解和掌握计算机在我们生活和工作中的应用。本项目推荐课时为 8 课时。

知识目标

计算机的组成和选配。

掌握 IE 浏览器的使用方法。

掌握电子邮箱的申请方法和电子邮件的收发。

掌握网络信息的搜索和工具软件的下载方法。

任务一　自助装机配置清单

🕮任务描述

当同学们第一次来上机时，需要了解自己所使用的计算机的配置。在采购计算机之前，必须规划好要购买的零部件规格，并了解各部件大致的价钱，到了卖场才不会受商家推销人员的影响。

🕮任务分析

通过认识主要部件，填写装机配置清单，掌握装机配置的方法。

🕮知识链接

计算机硬件的组成：从基本结构上来讲，计算机是由主机（主要部分）、输出设备（显示器）、输入设备（键盘和鼠标）三大件组成。而主机是计算机的主体，在主机箱中有主板、CPU、内存、电源、显卡、声卡、网卡、硬盘等硬件。其中，主板、CPU、内存、电源、显卡、硬盘是必需的，主机要工作，这几样缺一不可。

计算机系统组成如图 6－1－1－1 所示。

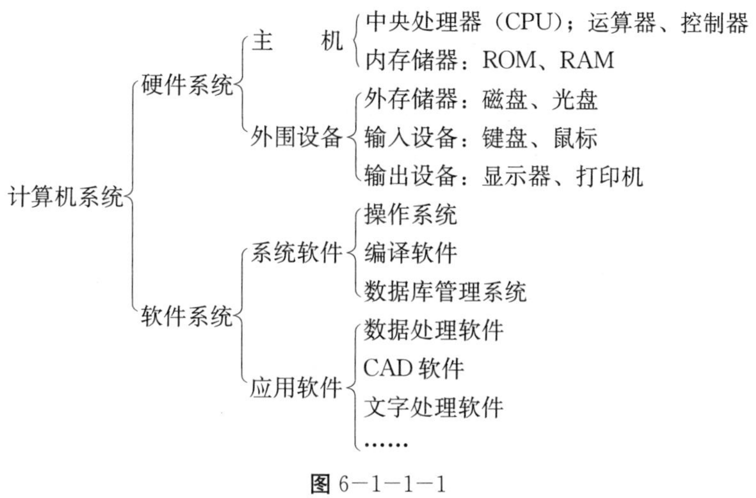

图 6—1—1—1

任务实施

一、认识计算机的主要部件

计算机的主要部件如图 6—1—1—2 所示。

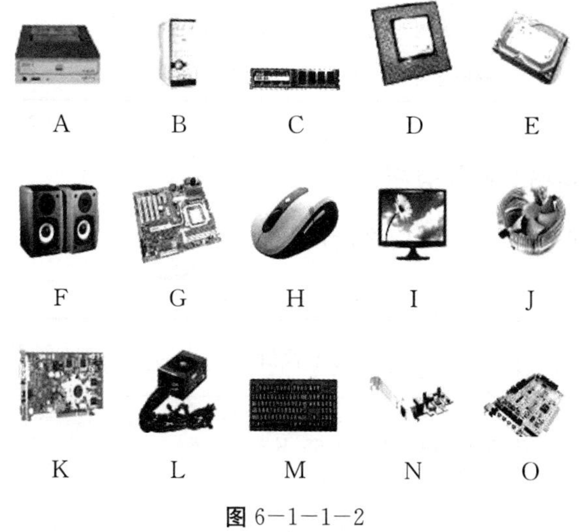

图 6—1—1—2

二、计算机主要部件及其功能一览表

计算机主要部件及其功能如表 6—1—1—1 所示。

表 6—1—1—1

编号	配件名称	功能
A	光驱/刻录机	读取光盘的设备，目前多为刻录机，既可以对可刻写光盘刻录与读取数据，也可读取只读光盘的数据
B	机箱	放置和固定计算机各配件，屏蔽外部干扰，提供稳定工作环境

续表表6－1－1－1

编号	配件名称	功能
C	内存条	主存储器，临时存放 CPU 处理数据的存储设备
D	CPU	计算机的大脑，是计算机的核心部件，由运算器和控制器两部分组成，是完成数据处理和计算工作的关键部件，其质量好坏直接决定计算机处理数据的能力
E	硬盘	用于存储大批量的数据资料，如操作系统、各种应用软件以及用户文档等
F	音箱	能将音频信号变换为声音输出
G	主板	也叫母板，是一块控制和驱动计算机的印刷电路板，提供许多插槽与接口，用于连接 CPU、内存、显卡等其他组件
H	鼠标	基本的输入设备，输入坐标定位信息
I	显示器	将显示信号在屏幕上进行显示
J	散热风扇	有助于 CPU 的散热，以降低 CPU 的温度
K	显卡	用于连接显示器并输出信号，是显示器能够显示出图像的计算机扩展卡
L	电源	通过将 220V 交流电转换为低压直流电，为主机各部件供电
M	键盘	基本的输入设备，输入各种字符
N	网卡	计算机同局域网等的连接设备，实现局域网内计算机间通信
O	声卡	声音的采样输入或声音信号的输出

三、创建自助装机配置清单

1. 典型的配置单如表 6－1－1－2 所示。

表 6－1－1－2

配件		品牌型号	是否主板集成	单价（元）
	CPU	AMD 速龙Ⅱ X4 651K		435
	散热系统	超频红海豪华版		150
	主板	微星 A55M－S41		395
	内存	金士顿 DDR3 1333 4GB		140
	硬盘	西部数据 500G 16M SATA3 蓝盘		445

续表6-1-1-2

配件		品牌型号	是否主板集成	单价（元）
	显卡	大白鲨 HD6450 1GB DDR3 超值		299
	网卡	主板集成	是	0
	声卡	主板集成	是	0
	刻录机	华硕 DRW-24D1ST		200
	显示器	AOC 绿影 e951F		899
	鼠标	雷柏 1800Pro 加强版键鼠套装		99
	键盘	雷柏 1800Pro 加强版键鼠套装		0
	机箱	先马绝影 4		199
	电源	长城静音大师 300SD		229
	音箱	三诺 N-35G		528
价格总计				4018

2．明确装机需求。

按需选购是装机的基本原则之一。组装前应明确计算机的大致用途和基本的预算，在此基础上确定具体的装机方案，用户主要回答两个问题：准备买多少钱的？主要用途是什么？

3．配置单。

根据需求，到电脑城实地考察或者浏览网络上的计算机市场（如：太平洋电脑网虚拟自助装机平台：http：//mydiy. pconline. com. cn），在在线模拟攒机平台上组装计算机，并填写配置单，自行配置自己所需的计算机。

需求一：小李是学计算机专业的，可家里经济比较困难，现在需要为自己配置一台计算机，除一般办公需要外，还要考虑可在家上宽带网，对游戏要求不高，需要存储大量多媒体资料并可刻录 DVD 数据，速度要快。请根据当前市场价格，完成报价单，预算为 3000 元。

需求二：小强是公司里的一名平面设计师，平时需要对大量图像进行文件进行处理，空闲时会玩些大型的游戏如极品飞车、魔兽争霸，预算组装一台7000～9000元的计算机，请同学生给个配置方案。

任务二　安装病毒防治软件

任务描述

计算机里有我们很多个人信息和个人隐私，如银行、QQ、邮箱的账号和密码等，网络上有很多的木马或病毒会入侵电脑窃取信息，所以在装好系统后，安装杀毒软件就变得举足轻重了。

知识链接

计算机病毒：在《中华人民共和国计算机信息系统安全保护条例》中有明确定义，病毒指“编制者在计算机程序中插入的破坏计算机功能或者破坏数据，影响计算机使用并且能够自我复制的一组计算机指令或者程序代码”。

杀毒软件，也称反病毒软件或防毒软件，是用于消除计算机病毒、特洛伊木马和恶意软件的一类软件。同学们在自己的计算机上安装病毒防治软件，可以有效地防御计算机病毒对个人计算机的破坏，防止黑客入侵盗窃个人密码。

任务实施

一、安装金山毒霸2012

操作步骤：

1. 访问教师机FTP文件系统：打开“我的电脑”，在“地址（D）”中输入“ftp://192.168.1.168”（不包含引号）。不同的机房，教师机的IP地址也不相同。

2. 复制文件：找到金山毒霸2012软件，复制到学生机的桌面。

3. 安装金山毒霸2012软件：双击setup.exe文件，运行安装向导，点击“立即安装”按钮，进行安装。

二、病毒查杀

操作步骤：

1. 根据不同用户的需要，金山毒霸提供了三种常用的病毒查杀模式，在“病毒查杀”页面可以直接进行选择“全盘查杀”，如图6－1－2－1所示，此模式将对电脑的全部磁盘文件系统进行完整扫描。某些病毒入侵系统后不仅仅破坏系统文件，也会在其他部分进行一些恶意破坏行为，选择此模式将对您的电脑系统中全部文件逐一进行过滤扫描，彻底清除非法侵入并驻留系统的全部病毒文件。并可强力修复系统异常问题。

图6－1－2－1

2. 快速查杀：此模式只对电脑中的系统文件夹等敏感区域进行独立扫描。一般病毒入侵系统后均会在此区域进行一些非法的恶意修改，有针对性地扫描此区域即可发现并解决大部分病毒问题，同时由于扫描范围较小，扫描速度会较快，通常只需若干分钟，并可快速查杀木马及修复系统异常问题。

3. 自定义查杀：此模式将只对您指定的文件路径进行扫描。您可以根据扫描需求任意选择一个或多个区域。

三、文件实时防毒

文件实时防毒可以监控对文件的一切操作，发现并拦截带毒文件的访问并停止该文件访问的进程活动。文件实时防毒开启后，在用户开机时即抢先加载并驻留于内存中，在用户使用电脑的过程中于后台默默运行，全程对病毒及木马等危害进行监控。

操作步骤：

1. 文件实时防毒默认为开启状态，如需关闭只需要点击“关闭”按钮即可。如有必要，您还可以对该功能做进一步设置。

2. 单击界面右上角的“设置”入口打开设置对话框，找到“文件实时防毒”“U盘病毒免疫”“云安全防御”“自保护”“网上聊天保护”“下载保护”等选项进行详细设置，一般默认状态已经设为最优状态。

3. 当下载或执行带病毒的文件时，金山毒霸会提示“已清除病毒”，表明杀毒软件已经正常工作。

任务三　IE 操作

🕮任务描述

IE 的基本操作：使用 IE 浏览网页（浏览学校网站，通过学校网站上的链接访问广东省职业技能鉴定指导中心网站、广东省教育厅网站等，在页面上寻找图片和文字超链接，通过工具栏上【前进】和【后退】按钮在访问过的页面之间跳转），保存网页及网页中的图片（保存页面到你的电脑上，将学校网站 Logo 图片保存到电脑里），将学校网站设为主页并加入收藏。

🕮任务目标

掌握 IE 基本操作，了解 IE 的基本设置。

🕮知识链接

Internet Explorer：微软公司推出的一款网页浏览器（一般简称 IE）。

🕮任务实施

一、使用 IE 浏览网页

1. 执行【开始】菜单→【程序】子菜单中的【Internet Explorer】命令，或者双击桌面上的【Internet Explorer】图标，启动 IE 浏览器，IE 自动连接到默认主页。

2. 在地址栏中输入 www.zjjdxx.com 并按回车键，浏览器窗口将打开湛江机电学校的首页，如图 6－1－3－1 所示。单击湛江机电学校网站首页上的“校园信息”“学生园地”“校园风采”等超级链接，打开相应的网页进行浏览，同时注意地址栏的变化。通过单击工具栏上的【前进】和【后退】按钮在访问过的页面之间进行跳转。

图 6－1－3－1

二、收藏喜欢的网站

1. 启动 IE 浏览器，在地址栏中输入“http://www.edu6.cn/bbs/”并按回车键，浏览器窗口将打开“紫薇学苑校园社区”的首页。

2. 执行【收藏夹】中的【添加到收藏夹】命令，在【添加到收藏夹】对话框的【名称】文本框中可以修改其名称，如图 6－1－3－2 所示，点击【添加】按钮，该网页地址即被保存到收藏夹中。如果下次要访问“紫薇学苑校园社区”的首页，就可以单击【收藏夹】菜单，在弹出的下拉菜单中选择“紫薇学苑校园社区”，就可以进入该网站。

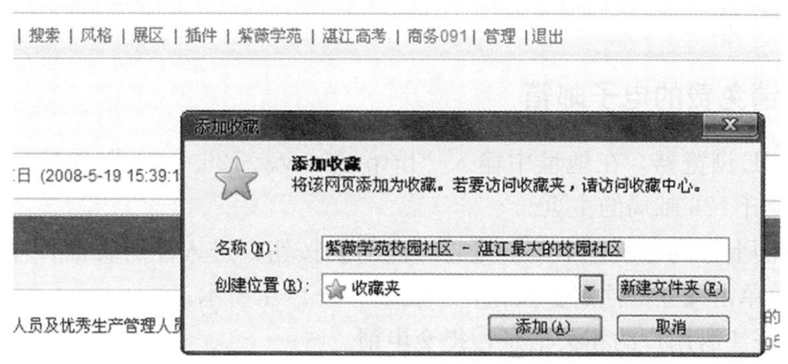

图 6—1—3—2

3. 在 IE 浏览器中打开“百度 www. baidu. com”“163 网易 www. 163. com”“新浪网 www. sina. com”，“碧海银沙网 www. yinsha. com”“腾讯网 www. qq. com”“湛江新闻网 www. gdzjdaily. com. cn”等，并把它们添加到收藏夹中。

三、保存网页中需要的内容

1. 启动 IE 浏览器，打开湛江机电学校网站的主页。

2. 执行【文件】→【另存为】命令→【保存网页】对话框，在该对话框中可以根据需求设置保存的位置、文件名、保存类型等→单击【保存】按钮，该网页的内容就被保存到本地磁盘中了。

3. 在湛江机电学校网站的主页顶部图片上单击鼠标右键，在弹出的快捷菜单中选择【图片另存为】命令，弹出【保存图片】对话框，在该对话框中可以设置保存路径、文件名等。

四、设置 IE 浏览器

1. 在 IE 浏览器窗口中，执行【工具】→【Internet 选项】命令→【Internet 选项】对话框→【常规】选项卡→设置主页为“http://www. zjjdxx. com/”。

2. 在【Internet 选项】对话框中，单击【删除文件】按钮可以删除临时文件，在【历史记录】选项中还可以设置保存历史记录的天数。

任务四　电子邮箱申请和邮件收发

📖任务描述

在 IE 中，进入 www. 126. com 电子邮箱，申请一个免费邮箱。在 Web 中，与你旁边的同学互发电子邮件。

📖知识链接

电子邮箱是通过网络电子邮局为网络用户提供的网络交流电子信息空间。电子邮箱具有存储和收发电子信息的功能，是因特网中重要的信息交流工具。

📖任务实施

一、申请免费的电子邮箱

1. 启动 IE 浏览器，在地址中输入“http://www.126.com/”并按回车键，浏览器窗口中将打开 126 邮局的主页。

2. 在页面上方的导航栏中单击【立即注册】按钮，进入注册页面，输入邮件地址和密码，接着单击【立即注册】按钮，如图 6−1−4−1 所示。

3. 填写完注册用户的相关信息，提交申请。

图 6−1−4−1

二、在 Web 中使用免费电子邮箱

1. 启动 IE 浏览器，打开“126 邮箱”的主页。

2. 在“126 邮箱”主页用户登录区域中输入“用户名”和“密码”，然后单击“登录”按钮，即可进入免费电子邮箱系统。在免费电子邮箱系统中，使用窗口中相应按钮就可以收发邮件。

3. 进入邮箱后，点击“收信”进入“收件箱”，在中间的窗口中点击邮件的主题阅读最新收到的电子邮件。

4. 点击“写信”，收件人写老师的电子邮件的地址，如“wdc@zjjdxx.com”；主题写“学号+姓名+作业”，如“11081 江小燕的作业”；内容写上自己学校的名称和班别。还可以使用信纸，最后点击“发送”按钮。

5. 点击“写信”，再点击上面的“贺卡”或“明信片”，发送一份贺卡或明信片给老师或同学。

三、在 Outlook Express 中设置账户

1. 启动 Outlook Express，打开 Outlook Express 窗口。

2. 【工具】→【账号】→【Internet 账号】对话框→单击【添加】按钮→【邮件】。

3. 在“显示名称”一栏输入用户名（由英文字母、数字等组成）→单击【下一步】

→输入电子邮件地址→单击【下一步】→分别输入发送和接收电子邮件服务器名，如图6－1－4－2 所示。

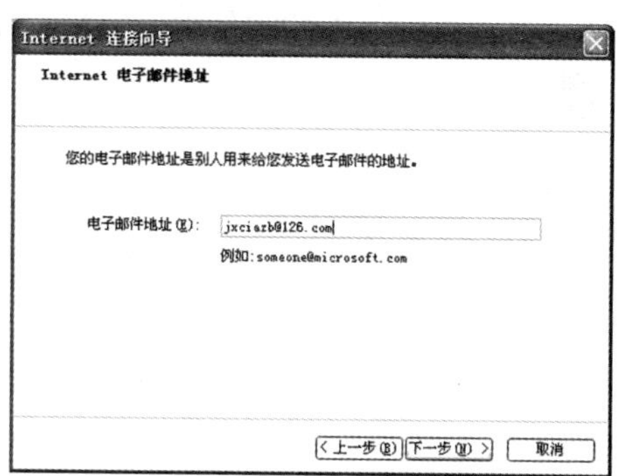

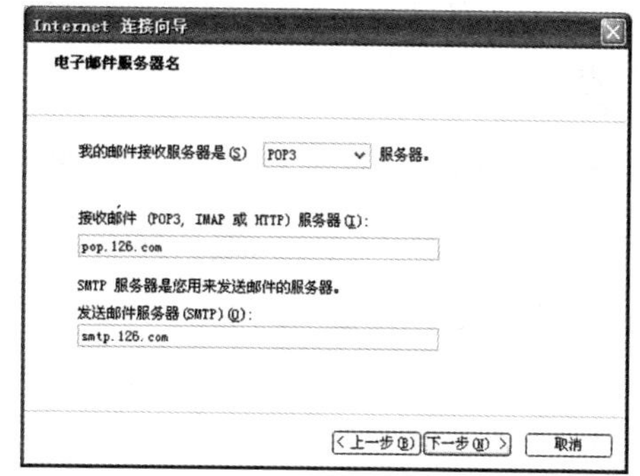

图 6－1－4－2

4. 设置邮件服务器之后单击【下一步】按钮，弹出对话框，输入【账户名】和【密码】，单击【下一步】按钮，弹出对话框，单击【完成】按钮，这样刚才添加的电子邮件就显示在其中。

四、用 Outlook Express 收发邮件（Windows 7 不带此软件）

1. 启动 Outlook Express ，打开 Outlook Express 窗口，单击【创建邮件】按钮，打开【新邮件】窗口。

2. 在【新邮件】窗口中的【发件人】下拉列表框中选择自己的电子邮件地址；在【收件人】文本框中输入其他同学的电子邮件地址，还可以同时输入多个电子邮件地址，用“;”或“,”分隔开即可；在【抄送】文本框中可以输入另外一个同学的电子邮件地址，同样可以输入多个电子邮件地址；在【主题】文本框中可以输入该邮件的主题；在下面的【文本区】输入邮件的内容。如图 6－1－4－3 所示。

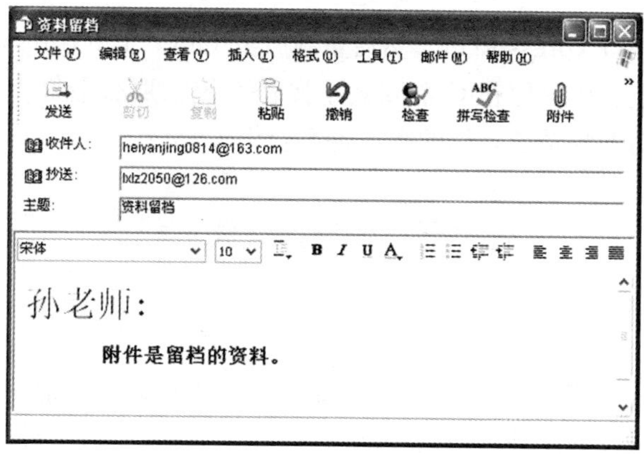

图 6－1－4－3

3. 单击窗口工具栏中的【发送】按钮，就可以把邮件发送出去，发送结束后即返回到 Outlook Express 窗口。

4. 如果要接收邮件，可以单击窗口工具栏中的【发送/接收】按钮，这样就可以接收邮件了。

5. 邮件接收完毕返回到 Outlook Express 窗口。单击窗口右上角的【收件箱】，再在窗口右侧的邮件列表中单击接收到的邮件主题，则在窗口下方的邮件内容窗格中显示邮件的内容。

五、在 Outlook Express 通讯簿中添加联系人

1. 启动 Outlook Express，打开 Outlook Express 窗口，单击工具栏上的【地址】按钮，弹出【通讯簿】对话框。

2. 在该对话框中单击【新建】按钮，在弹出的菜单中选择【新建联系人】命令，弹出【属性】对话框，在【姓】和【名】文本框中输入联系人的姓名，如“王小叶”；在【电子邮件地址】文本框中输入联系人的电子邮件地址；其他内容可以根据实际需要输入。

3. 单击【确定】按钮就可以将“王小叶”添加到“联系人”窗格中，使用相同的方法再将其他同学也添加到“联系人”中，这样添加的联系人姓名将出现在 Outlook Express 窗口左下角的“联系人”中。

4. 在 Outlook Express 窗口左下角的“联系人”窗口中，双击联系人的“姓名”，即可弹出【新邮件】窗口，联系人的“姓名”就被添加到“收件人”文本框中，写完邮件内容后单击【发送】按钮，电子邮件就发送给联系人。

六、设置邮件保存路径

1. 启动 Outlook Express，打开 Outlook Express 窗口，执行【工具】→【选项】命令，弹出【选项】对话框，切换到【维护】选项卡，单击【存储文件夹】按钮，弹出【存储位置】对话框，单击【更改】按钮，然后指定新的存储路径。完成后单击【确定】按钮。

2. 关闭 Outlook Express 窗口，然后重新打开 Outlook Express，这样你的邮件将被存储在新的路径下。如果你在 C 盘安装了操作系统，那么最好将邮件保存到其他盘符下，这样即使重新安装系统，你的邮件也不会丢失。

任务五　信息搜索和下载

🕮任务描述

使用搜索引擎查询信息：在百度、Google 中，以关键词搜索相关信息，搜索某个网站（查找你中学母校的网站），查找某个软件的下载地址（查寻网际快车软件的下载地址）。文件下载：网页下载保存、网页图片文件下载保存、下载安装软件（网际快车）。

🕮任务目标

通过本任务的学习，要求掌握使用搜索引擎搜索需要的信息，并下载文件。

📖任务实施

一、搜索网站

操作步骤：

1. 启动 IE 浏览器，在地址栏中输入“www. baidu. com”并按回车键，浏览器窗口中将打开“百度”的主页。

2. 在“百度”主页的文本框内输入“湛江机电学校”，单击【百度一下】按钮，如图 6－1－5－1 所示，稍后即可显示百度搜索的结果。

图 6－1－5－1

3. 在百度搜索结果的页面中，单击“湛江机电学校”超级链接，就可以打开“湛江机电学校”的主页。单击其他超级链接，还可以打开其他网页进行浏览。

二、下载软件

1. 启动 IE 浏览器，在地址栏中输入“http://www. baidu. com/”并按回车键，浏览器窗口中将打开“百度”的主页，在文本框中输入“下载暴风影音”，稍后就可看到搜索结果页面。

2. 在百度搜索结果的页面中单击暴风影音官方站超级链接，如图 6－1－5－2 所示，即可打开“暴风影音官方站”的主页。

图 6－1－5－2

3. 在“暴风影音官方站”的主页中单击【立即下载】按钮，即可弹出【文件下载

—安全警告】对话框，单击【保存】按钮，然后设置保存的位置，文件就可以开始下载。下载完毕后可以单击【打开】按钮运行下载的文件，也可以单击【取消】按钮以后再运行。

注意事项：

1. 除了百度，还可以用 Google 等搜索引擎。

2. 搜索的关键词一定要准确，突出重点，否则会搜索出大量无用的信息。

3. 下载软件时要到官方网站上下载最新的软件。

4. 建议不要到小网站下载破解版软件，因为很多计算机病毒就藏在破解版软件中。

操作与提高

1. 在教师的指导下，根据市场的调查研究，写出一份自己装机的配置单，提交到教师机。

2. 安装瑞星杀毒软件，查杀自己计算机的病毒，导出查杀毒病毒的日志，提交到教师机。

3. 安装 360 杀毒软件，查杀自己计算机的病毒，导出查杀毒病毒的日志，提交到教师机。（注：建议多款杀毒软件不同时安装）

4. 通过 IE 浏览器，访问中国教育和科研计算机网（www. edu. cn），找到最新的头条新闻，另存为. txt 文本文件。

5. 发一份电子邮件给教师，主题为“元旦快乐”。

6. 通过百度搜索，找到“一点通路由模拟软件 V3. 31”，下载该软件。

附录 ASCII码对照表

十六进制	十进制	字符	十六进制	十进制	字符	十六进制	十进制	字符	十六进制	十进制	字符
0	0	nul	20	32	sp	40	64	@	60	96	,
1	1	soh	21	33	!	41	65	A	61	97	a
2	2	stx	22	34	"	42	66	B	62	98	b
3	3	etx	23	35	#	43	67	C	63	99	c
4	4	eot	24	36	$	44	68	D	64	100	d
5	5	enq	25	37	%	45	69	E	65	101	e
6	6	ack	26	38	&	46	70	F	66	102	f
7	7	bel	27	39	、	47	71	G	67	103	g
8	8	bs	28	40	(	48	72	J	68	104	j
9	9	ht	29	41	)	49	73	I	69	105	i
oa	10	nl	2a	42	*	4a	74	J	6a	106	j
0b	11	vt	2b	43	+	4b	75	K	6b	107	k
0c	12	ff	2c	44	,	4c	76	L	6c	108	l
0d	13	er	2d	45	—	4d	77	M	6d	109	m
0e	14	so	2e	46	.	4e	78	N	6e	110	n
0f	15	si	2f	47	/	4f	79	O	6f	111	o
10	16	dle	30	48	0	50	80	P	70	112	p
11	17	dc1	31	49	1	51	81	Q	71	113	q
12	18	dc2	32	50	2	52	82	R	72	114	r
13	19	dc3	33	51	3	53	83	S	73	115	s
14	20	dc4	34	52	4	54	84	T	74	116	t
15	21	nak	35	53	5	55	85	U	75	117	u
16	22	syn	36	54	6	56	86	V	76	116	v
17	23	etb	37	55	7	57	87	W	77	119	w
18	24	can	38	56	8	58	88	X	78	120	x
19	25	em	39	57	9	59	89	Y	79	121	y
1a	26	sub	3a58	:	5a	90	Z	7a	122	z	

续表

<table>
<tr><th>十六进制</th><th>十进制</th><th>字符</th><th>十六进制</th><th>十进制</th><th>字符</th><th>十六进制</th><th>十进制</th><th>字符</th><th>十六进制</th><th>十进制</th><th>字符</th></tr>
<tr><td>1b</td><td>27</td><td>esc</td><td>3b</td><td>59</td><td>；5b</td><td>91</td><td>[</td><td>7b</td><td>123</td><td>{</td><td></td></tr>
<tr><td>1c</td><td>28</td><td>fs</td><td>3c</td><td>60</td><td><</td><td>5c</td><td>92</td><td>\</td><td>7c</td><td>124</td><td>|</td></tr>
<tr><td>1d</td><td>29</td><td>gs</td><td>3d</td><td>61</td><td>=</td><td>5d</td><td>93</td><td>]</td><td>7d</td><td>125</td><td>}</td></tr>
<tr><td>1e</td><td>30</td><td>re</td><td>3e</td><td>62</td><td>></td><td>5e</td><td>94</td><td>^</td><td>7e</td><td>126</td><td>~</td></tr>
<tr><td>1f</td><td>31</td><td>us</td><td>3f</td><td>63</td><td>?</td><td>5f</td><td>95</td><td>_</td><td>7f</td><td>127</td><td>del</td></tr>
</table>

参考文献

[1] 陈魁. PPT 演义——100%幻灯片设计密码 [M]. 北京：电子工业出版社，2009.

[2] Excel Home. Excel 高效办公——会计实务 [M]. 北京：人民邮电出版社，2008.

[3] 教育部考试中心. 全国计算机等级考试一级教程——计算机基础及 MS Office 应用（2013 年版）[M]. 北京：高等教育出版社，2013.

[4] 刘德玲. 计算机信息技术基础案例教程 [M]. 武汉：武汉大学出版社，2011.

[5] 刘德玲. 计算机信息技术基础实训指导 [M]. 北京：化学工业出版社，2011.

[6] 齐向阳，孙玉明. 计算机应用基础 [M]. 北京：化学工业出版，2009.

[7] 全国计算机等级考试命题研究中心，未来教育教学与研究中心. 全国计算机等级考试上机专用题库——一级 MS Office [M]. 北京：人民邮电出版社，2013.

[8] 许晞. 计算机应用基础 [M]. 北京：高等教育出版社，2007.

[9] 叶丽珠. 大学计算机基础项目教程——Windows 7 + Office 2010 [M]. 北京：北京邮电大学出版社，2013.

[10] 张学勇. 计算机应用基础（项目式教程）[M]. 北京：机械工业出版社，2010.